Projektierung von Automatisierungsanlagen

Thomas Bindel · Dieter Hofmann

Projektierung von Automatisierungsanlagen

Eine effektive und anschauliche Einführung

3., erweiterte Auflage

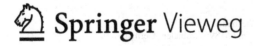 Springer Vieweg

Thomas Bindel
Hochschule für Technik
und Wirtschaft Dresden
Dresden, Deutschland

Dieter Hofmann
TU Dresden
Dresden, Deutschland

ISBN 978-3-658-16415-7   ISBN 978-3-658-16416-4   (eBook)
DOI 10.1007/978-3-658-16416-4

Die Deutsche Nationalbibliothek verzeichnet diese Publikation in der Deutschen Nationalbibliografie; detaillierte bibliografische Daten sind im Internet über http://dnb.d-nb.de abrufbar.

Springer Vieweg
© Springer Fachmedien Wiesbaden GmbH 2009, 2013, 2017

Gedruckt auf säurefreiem und chlorfrei gebleichtem Papier

Springer Vieweg ist Teil von Springer Nature
Die eingetragene Gesellschaft ist Springer Fachmedien Wiesbaden GmbH
Die Anschrift der Gesellschaft ist: Abraham-Lincoln-Str. 46, 65189 Wiesbaden, Germany

Vorwort zur dritten Auflage

Die zahlreichen Hinweise vieler Leser zur ersten und zweiten Auflage berücksichtigend, wurden in der nun vorliegenden dritten Auflage Inhalte zu Hilfsenergieversorgung sowie Prozesssicherung präzisiert bzw. ergänzt und wurde der wichtigen Nahtstelle „Stelleinrichtung" noch stärkere Aufmerksamkeit als in den ersten beiden Auflagen gewidmet.

Diesem Anliegen folgend, werden auch in der dritten Auflage – ausgehend vom allgemeinen Aufbau einer Automatisierungsanlage – Kernprojektierung (Basic- sowie Detail-Engineering), Projektierung der Hilfsenergieversorgung und Maßnahmen zur Prozesssicherung erläutert, wobei Darstellungen zu Einsatz von CAE-Systemen sowie Angebotserstellung und -kalkulation das Themengebiet abrunden. Besonderer Wert wurde dabei wie in den ersten beiden Auflagen auf die Veranschaulichung grundlegender Prinzipien gelegt, d. h. die Autoren haben wegen der enormen thematischen Breite – wo sinnvoll erscheinend – bewusst Abstriche am Umfang vorgenommen, um Leserinnen und Lesern das Verständnis wichtiger Zusammenhänge zu erleichtern.

Ohne die durchgängige Lesbarkeit des Buches zu mindern, werden in bewährter Weise auch in der dritten Auflage Fußnoten verwendet, die einerseits auf vorausgesetztes notwendiges Grundfachwissen des Lesers hinweisen, andererseits kapitelübergreifende Zusammenhänge sowie Besonderheiten bzw. Ausnahmen hervorheben und erläutern.

Wird aus DIN-Normen zitiert, so erfolgt die Wiedergabe mit Erlaubnis des DIN Deutsches Institut für Normung e. V. Maßgebend für das Anwenden der DIN-Norm ist deren Fassung mit dem neuesten Ausgabedatum, die bei der Beuth Verlag GmbH, Burggrafenstraße 6, 10787 Berlin, erhältlich ist.

Die Autoren danken allen Kolleginnen und Kollegen – nicht zuletzt Herrn Prof. Dr.-Ing. habil. Hans-Joachim Zander – sowie Studierenden, die das Zustandekommen des vorliegenden Buches durch zahlreiche Diskussionen, wertvolle Hinweise sowie Studien- bzw. Diplomarbeiten tatkräftig unterstützt haben. Unser besonderer Dank gilt auch Herrn Horst Bindel für die kritische Durchsicht des Manuskripts sowie dem Springer Vieweg Verlag für die stets konstruktive Zusammenarbeit.

Leipzig, Dresden, im Mai 2017
Thomas Bindel
Dieter Hofmann

Inhaltsverzeichnis

1 Einführung

Die Projektierung moderner Automatisierungsanlagen für industrielle Prozesse stellt hohe Anforderungen an den Projektierungsingenieur, weil solides Fachwissen aus unterschiedlichen Ingenieurdisziplinen erforderlich ist. Der Erwerb dieses Fachwissens ist mit einer schrittbasierten Herangehensweise effektiv und anschaulich möglich. So gelingt es, in vertretbarer Zeit die notwendigen Fähigkeiten für die Ausführung und Realisierung von Projektierungsaufgaben aus der Verfahrenstechnik und verwandten industriellen Feldern zu entwickeln.

Zunächst soll die Vielfalt industrieller Prozesse näher betrachtet werden. Am Beispiel einer Brauerei, deren Produkt den interessierten Lesern sicherlich bekannt und in angenehmer Weise bereits begegnet ist, soll diese Vielfalt veranschaulicht werden.

Der Brauprozess beginnt im Sudhaus (Bild 1-1).

Bild 1-1:   Teilansicht des Sudhauses einer modernen Brauerei [1]

Dieser Prozessabschnitt ist durch für verfahrenstechnische Prozesse typische Komponenten wie Behälter und Rohrleitungen geprägt, die im Fall des Brauprozesses die wesentliche apparatetechnische Basis bilden. Ein weiterer Prozessabschnitt umfasst Flaschentransport und -abfüllung (Bild 1-2).

Bild 1-2: Teilansichten der Abfüllanlage [1]

Diese beiden Prozessabschnitte repräsentieren für das Projektieren von Automatisierungsanlagen wesentliche Basisbeispiele und können gleichzeitig auch Möglichkeiten zur Strukturierung industrieller Prozesse aufzeigen. Ausgehend davon, dass im Sudhaus zum Beispiel Prozessgrößen wie Temperatur und Füllstand geregelt werden, liegt es nahe, darin einen kontinuierlichen Prozess zu sehen – die sich anschließenden Tätigkeiten, wie z. B. Abfüllen des Bieres in Flaschen und Büchsen, sind typische Stückgut- oder ereignisdiskrete Prozesse.[1] Bild 1-3 zeigt diese beiden Prozessklassen als Möglichkeit einer sinnvollen Klassifikation industrieller Prozesse, auf die in den weiteren Ausführungen immer wieder Bezug genommen wird.

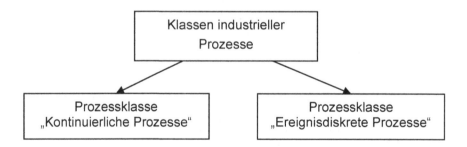

Bild 1-3: Klassifikation industrieller Prozesse

Für beide Prozessklassen muss jeweils die Anlagentechnik mit entsprechenden Messeinrichtungen (Sensorik) sowie Stelleinrichtungen (Aktorik) ausgerüstet werden.[2]

---

1 Nach [2] umfassen kontinuierliche Prozesse physikalische Vorgänge, chemische Reaktionen oder technologische Abläufe, deren Zustandsgrößen zeitlich kontinuierlich veränderliche Größen darstellen, während ereignisdiskrete Prozesse durch Folgen von diskreten Zuständen gekennzeichnet sind.

2 Messeinrichtungen (Sensorik) bestehen aus Sensoren und Wandlern, Stelleinrichtungen (Aktorik) im Allgemeinen aus Stellern und Stellgliedern. Mechanisch betätigten Stellgliedern sind außer Stellern zusätzlich Stellantriebe vorgeschaltet.

Signale der Messeinrichtungen sind Basis der Informationsverarbeitung mittels Steu-
er- bzw. Regelalgorithmen, die im Standardfall in Kompaktreglern bzw. speicherprogrammierbarer Steuerungstechnik (SPS-Technik) im separaten Einsatz und/oder als
integraler Bestandteil eines Prozessleitsystems (PLS) implementiert sind. Diese in-
formationsverarbeitenden Systeme, wozu auch separate[3] Wandler (Bsp. vgl. Fußnote 74 auf S. 79) oder Rechenglieder gehören, werden unter dem Begriff „Prozessorik" zusammengefasst. Die von den Steuer- bzw. Regelalgorithmen berechneten
Stellsignale steuern die Stelleinrichtungen und realisieren dadurch die erforderlichen
Stelleingriffe. Mittels Bedien- und Beobachtungseinrichtungen wird das Zusammenwirken von Prozess und Automatisierungsanlage vom Mensch überwacht und – falls
erforderlich – eingegriffen. Bild 1-4 zeigt diese für alle zu automatisierenden Prozessklassen (vgl. Bild 1-3) anwendbare Struktur.

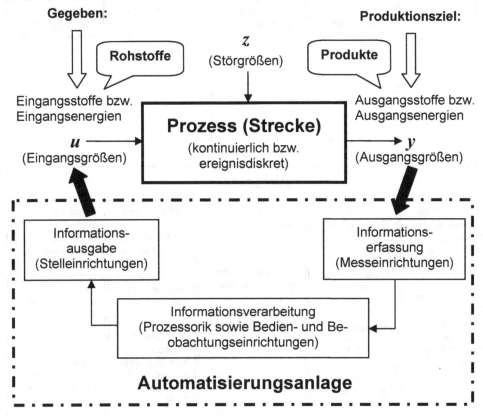

Bild 1-4:   Kopplung von Prozess und Automatisierungsanlage

Die Kommunikation innerhalb der Automatisierungsanlage basiert auf Einheitssignalen bzw. Bussystemen (vgl. Abschnitt 3.2.2). Die wesentlichen Projektierungsleistungen umfassen also die erforderliche Instrumentierung des verfahrenstechnischen Pro-

---

3   Das Adjektiv „separat" drückt aus, dass es sich nicht um Wandler handelt, die Be-
    standteile von Mess- oder Stelleinrichtungen sind.

zesses mit Sensorik bzw. Aktorik, den Einsatz darauf abgestimmter Prozessorik sowie eine einheitssignal- und/oder auch busbasierte Datenkommunikation. Neben diesen Basisaufgaben sind für die Gesamtlösung Anforderungen weiterer Fachkategorien zu berücksichtigen (Bild 1-5).

Das vorliegende Buch hat demnach das Ziel, dem Auszubildenden aber auch dem bereits in der Praxis Tätigen die aus den im Bild 1-5 genannten Aufgaben resultierende fachliche Vielfalt näher zu bringen und ihre systematische Anwendung auf die Projektierung einer Automatisierungsanlage für kontinuierliche sowie ereignisdiskrete Prozesse zu vermitteln.

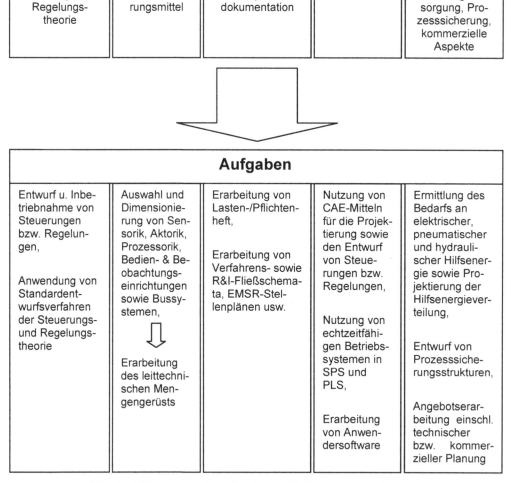

Projektierung von Automatisierungsanlagen

Bild 1-5: Fachkategorien und daraus resultierende Aufgaben für die Projektierung von Automatisierungsanlagen

2 Allgemeiner Ablauf von Automatisierungs- projekten

In der Projektierungspraxis ist ein im Wesentlichen aus drei nacheinander abzuarbei- tenden Phasen bestehender Projektablauf zu erkennen:

- Akquisitionsphase (Bild 2-1),
- Abwicklungsphase (Bild 2-2) und
- Servicephase (Bild 2-3).

In der Akquisitionsphase soll sich die Projektierungsfirma (Anbieter) beim Kunden[4] darum bemühen, den Zuschlag für den Auftrag zu erhalten. Bild 2-1 veranschaulicht diesen Sachverhalt und zeigt, wie Projektierungsingenieure in die Projektakquisition eingebunden sind.

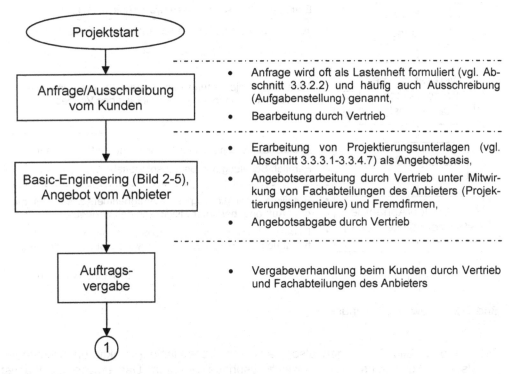

Bild 2-1: Akquisitionsphase

---

4 In der Akquisitionsphase werden die beteiligten Partner Kunde (potentieller Auf- traggeber) bzw. Anbieter (potentieller Auftragnehmer) genannt, die nach Auftrags- vergabe zu Auftraggeber bzw. Auftragnehmer werden.

Die Abwicklungsphase (Bild 2-2) erfordert das exakte Zusammenspiel zwischen den für Vertrieb sowie Abwicklung verantwortlichen Bearbeitern (z. B. Vertriebsingenieure, Projektierungsingenieure, Kaufleute des Anbieters) und die erfolgreiche Lösung zugeordneter Aufgaben. Fertigung, Factory-Acceptance-Test (Werksabnahme), Montage und Inbetriebsetzung sowie Site-Acceptance-Test (Probebetrieb/Abnahme) werden während der Abwicklungsphase in der Umsetzung (vgl. Bild 2-2) durchlaufen.

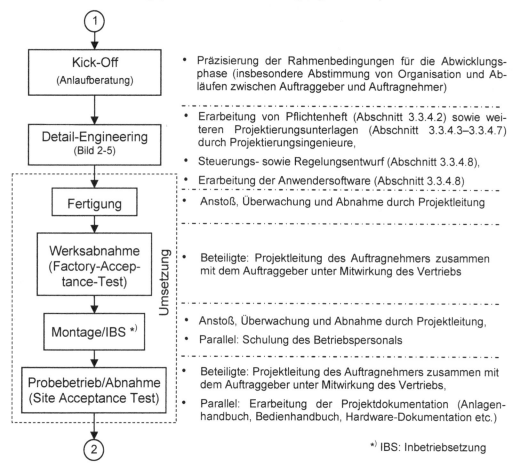

Bild 2-2:   Abwicklungsphase

Bild 2-1 bzw. Bild 2-2 zeigen also, dass sich wesentliche Projektierungsleistungen jeweils auf Akquisitions- bzw. Abwicklungsphase verteilen. Das erscheint zunächst ungewöhnlich, erklärt sich aber aus der Tatsache, dass ein bestimmter Teil der Projektierungsleistungen bereits in der Akquisitionsphase zu erbringen ist. Wesentliche Grundlage ist dabei das R&I-Fließschema (vgl. Abschnitt 3.3.3.1), das entweder vom Kunden bereits vorgegeben ist oder anhand des Verfahrensfließschemas (vgl. Abschnitt 3.3.2.3) vom Anbieter, d. h. von den Projektierungsingenieuren, zu erarbeiten ist. Aus dem R&I-Fließschema lassen sich gleichzeitig die erforderlichen Automatisierungsstrukturen (z. B. Ablauf- oder Verknüpfungssteuerung, einschleifiger Regelkreis,

Kaskaden-, Split-Range-, Mehrgrößenregelung etc.) ableiten und in allgemeinen Funktionsplänen[5] dokumentieren.

Schließlich werden in der Servicephase (Bild 2-3) die zum erfolgreichen Dauerbetrieb wesentlichen Wartungs- und Instandhaltungsleistungen für die errichtete Automatisierungsanlage definiert und erbracht.

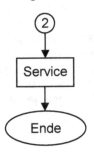

* Regulierung von Gewährleistungsansprüchen,
* Wartung und Instandhaltung,
* Anlagenmodernisierung (Softwareupdates, Austausch älterer Automatisierungsmittel – z. B. Messeinrichtungen, Rechner)

Bild 2-3: Servicephase

Zusammenfassend ist festzustellen, dass der Ablauf eines Automatisierungsprojekts umfangreiche Aktivitäten zu Akquisition, sich anschließender Abwicklung sowie Service umfasst. Der Auftragnehmer wird folglich mit einer komplexen Planungs- und Koordinierungsaufgabe konfrontiert (Bild 2-4), die er sowohl funktionell als auch ökonomisch erfolgreich lösen muss.

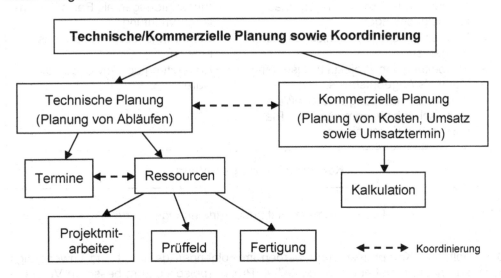

Bild 2-4: Technische/kommerzielle Planung sowie Koordinierung

---

5 Oft auch als Regelschema bezeichnet und nicht zu verwechseln mit der im Abschnitt 3.4.5.2 erläuterten und zur Konfiguration und Parametrierung von speicherprogrammierbaren Steuerungen (SPS) häufig verwendeten Fachsprache „Funktionsplan (FUP)"!

Aus den bisherigen Erläuterungen ist erkennbar, dass unter dem Begriff „Projektierung" die Gesamtheit aller Entwurfs-, Planungs- und Koordinierungsmaßnahmen zu
verstehen ist, mit denen die Umsetzung eines Automatisierungsprojekts vorbereitet
wird (vgl. Bild 2-2). Dies umfasst alle diesbezüglichen Ingenieurtätigkeiten (vgl. Bild
2-5) für die hier betrachteten Prozessklassen (vgl. Bild 1-3 auf S. 2).

Die weiteren Ausführungen beziehen sich vorrangig auf das in Akquisitions- bzw. Abwicklungsphase zu erbringende Basic- bzw. Detail-Engineering (vgl. Abschnitt 3.3.3
bzw. Abschnitt 3.3.4), weil darin Hauptbetätigungsfelder für Projektierungsingenieure
liegen. Wie Bild 2-1 und Bild 2-2 zeigen, bilden Basic- sowie Detail-Engineering den
Kern des Projektierungsablaufs und werden deshalb unter dem Begriff „Kernprojektierung" zusammengefasst. Bild 2-5 zeigt den Kernprojektierungsumfang und nennt
gleichzeitig diejenigen Ingenieurtätigkeiten, welche der Projektierungsingenieur bei
der Kernprojektierung ausführt.

Kernprojektierung

Basic-Engineering (vgl. Abschnitt 3.3.3)

- Erarbeitung R&I-Fließschema,
- Auswahl und Dimensionierung von
  Sensorik, Aktorik, Prozessorik, Bussystemen sowie Bedien- und Beobachtungseinrichtungen,
- Erarbeitung des leittechnischen Mengengerüsts,
- Erarbeitung von Projektierungsunterlagen als Angebotsbasis,
- Angebotserarbeitung einschließlich
  technischer bzw. kommerzieller Planung sowie Koordinierung

Detail-Engineering (vgl. Abschnitt 3.3.4)

- Erarbeitung des Pflichtenheftes,
- Erarbeitung von EMSR-Stellenplänen und weiteren Projektierungsunterlagen als Basis der An-
  lagenerrichtung,
- Steuerungs- sowie Regelungsentwurf,
- Erarbeitung der Anwendersoftware

Kernprojektierungsumfang

Bild 2-5:   Kernprojektierungsumfang mit zugeordneten Ingenieurtätigkeiten[6]

Die Inhalte der Kernprojektierung werden im Folgenden detailliert und anwendungsbezogen erläutert, wobei die vorgestellten Prozessbeispiele zum besseren Verständnis beitragen sollen. Diese Prozessbeispiele sind Komponenten des Experimentierfeldes „Prozessautomatisierung", das die Autoren im Zusammenwirken mit den Firmen
Festo Didactic und Siemens AG als experimentelle Basis für die Ausbildung im Fach-

---

6 Bezüglich Prozesssicherung Hinweis auf S. 14 beachten!

gebiet „Prozessautomatisierung" entwickelt haben und u. a. auch für den anschaulichen Wissenserwerb zur Projektierung nutzen.[7]

Für die Auswahl der Prozessbeispiele wurde von der bereits in der Einführung getroffenen Einteilung industrieller Prozesse in kontinuierliche und ereignisdiskrete ausgegangen (vgl. Bild 1-3 auf S. 2). So konnten mit der sogenannten Kleinversuchsanlagentechnik[8] (Bild 2-6) die Prozesskomponenten Füllstands-, Durchfluss- und Temperaturregelung als typische Module kontinuierlicher verfahrenstechnischer Prozesse entwickelt werden. Diese Module wurden mit modernen Automatisierungsstrukturen – basierend auf „klassischer" Verdrahtung, Feldbustechnik wie „Profibus DP" und „AS-Interface" – sowie mit einem WinCC-basierten Prozessleitsystem ausgerüstet.

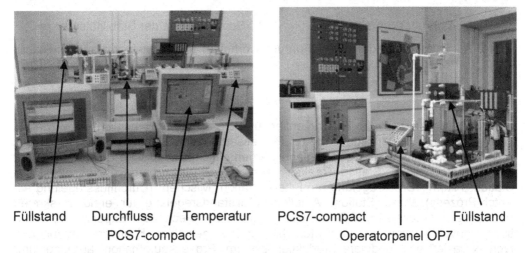

Füllstand   Durchfluss   Temperatur   PCS7-compact   Füllstand
               PCS7-compact   Operatorpanel OP7

Bild 2-6:   Kleinversuchsanlagentechnik des Experimentierfeldes „Prozessautomatisierung"

Hinsichtlich der Aufgabenstellung „Projektierung" wurden für diese Kleinversuchsanlagentechnik Feldinstrumentierung, Prozessleitsystem sowie die zugehörigen Kommunikationssysteme projektiert und realisiert. Auf diese Weise ist die Kleinversuchsanlagentechnik für Regelstreckenidentifikation (Prozessanalyse), darauf aufbauenden Reglerentwurf sowie Regelkreisinbetriebnahme nutzbar. Das experimentelle Arbeiten wird beispielhaft anhand der WinCC-Bedienoberflächen im Bild 2-7 gezeigt.

---

7 Das Experimentierfeld „Prozessautomatisierung" befindet sich am Institut für Automatisierungstechnik der Technischen Universität Dresden und wird in der Ausbildung auch von der Fakultät „Elektrotechnik" der Hochschule für Technik und Wirtschaft Dresden genutzt.

8 Die Kleinversuchsanlagentechnik wird an der TU-Dresden sowie der Hochschule für Technik und Wirtschaft Dresden im Lehrbetrieb genutzt und durch die Firma Festo Didactic unter dem Begriff „MPS-PA" (**M**odulares **P**roduktions**s**ystem – **P**rozessautomation) angeboten bzw. vertrieben.

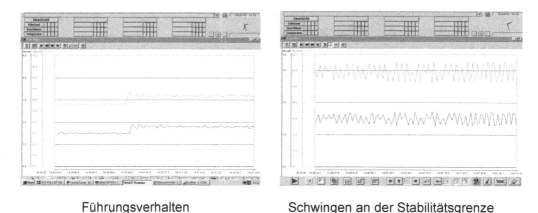

Führungsverhalten   Schwingen an der Stabilitätsgrenze

Bild 2-7: Durchflussregelkreis – Führungsverhalten und Schwingen an der Stabilitätsgrenze

Eine weitere wirkungsvolle Experimentier- und Demonstrationsmöglichkeit wurde mit dem modularen Produktionssystem „Prozessautomation" der Fa. Festo Didactic (Bild 2-8) geschaffen. Mit dieser Anlage werden gleichfalls typische Beispiele aus der Verfahrenstechnik wie Station „Reaktor" (Temperaturregelung am Rührkesselreaktor), Station „Filtern" (Druckregelung am Filter), Station „Mischen" (Durchflussregelung am Batch-Prozess) sowie Station „Abfüllen" (Füllstandsregelung für ereignisdiskreten Abfüllprozess) realisiert und für die Durchführung entsprechender Experimente didaktisch sinnvoll konfiguriert. Im Unterschied zur vorgestellten Kleinversuchsanlagentechnik basiert das modulare Produktionssystem „Prozessautomation" auf einer umfangreicheren mit ausgeprägt industriellen Automatisierungsmitteln realisierten Automatisierungsstruktur, verbunden mit erweiterter Funktionalität sowie Nutzung in Aus- und Weiterbildung.

Des Weiteren werden in diesem Rahmen auch die projektierungsrelevanten Inhalte der Auswahl und Dimensionierung von Sensorik bzw. Aktorik zum Beispiel an Hand einer Stelleinrichtung (Versuchsstand vgl. Bild 2-9) hinsichtlich Aktorik behandelt. Diese Stelleinrichtung als zentrale Komponente der mit dem Versuchsstand realisierten Durchflussregelstrecke ist entsprechend auszulegen und zu erproben.

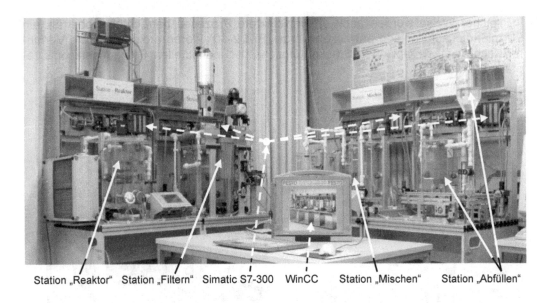

Station „Reaktor" Station „Filtern" Simatic S7-300 WinCC Station „Mischen" Station „Abfüllen"

Bild 2-8: Modulares Produktionssystem „Prozessautomation" (MPS – PA)

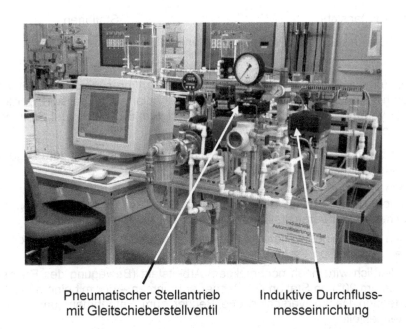

Pneumatischer Stellantrieb   Induktive Durchfluss-
mit Gleitschieberstellventil   messeinrichtung

Bild 2-9: Versuchsstand zur Auswahl und Dimensionierung von Stelleinrichtungen

In gleicher Weise wurden auch ereignisdiskrete Prozesse betrachtet, wobei als ein Beispiel die Abfüllanlage entwickelt wurde (Bild 2-10), deren ereignisdiskrete Verfahrenstechnik einen typischen Stückgutprozess der industriellen Fertigungstechnik repräsentiert.

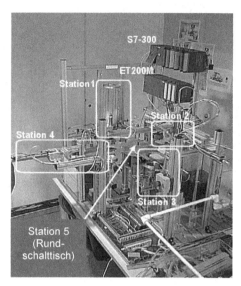

Gesamtansicht   Stationen

Bild 2-10:   Ereignisdiskreter Prozess „Abfüllanlage"

Damit kann für die Prozessverfahrenstechnik das Zuführen, Befüllen, Verschließen und Entnehmen (und Verpacken) eines Bechers geplant und realisiert werden. Das heißt, dieser verfahrenstechnische Prozess benötigt im Einzelnen fünf Stationen (vgl. Bild 2-10), die wie folgt beschrieben werden:

1. An Station 1 – Becher zuführen – wird jeweils ein Becher dem sogenannten Rundschalttisch (Station 5) zugeführt.

2. Nach Ablauf eines Arbeitstaktes (Bewegung des Rundschalttisches um 90°) erreicht dieser Becher Station 2 – Becher füllen. An dieser Station wird der Becher mit der voreinstellbaren Menge einer Flüssigkeit gefüllt.

3. Nach Ablauf eines weiteren Arbeitstaktes steht der Becher an Station 3 – Becher verschließen – zum Verschließen bereit.

4. Schließlich wird nach nochmaligem Arbeitstakt (Bewegung des Rundschalttisches um 90°) an Station 4 – Becher entnehmen – der mit einem mechanisch rastenden Deckel verschlossene Becher zum Entnehmen (und Verpacken) bereitgestellt.

Für die jeweilige Bewegung des Rundschalttisches um 90° wird die Station 5 – Rundschalttisch – eingesetzt. Damit steht für die Projektierung ereignisdiskreter Prozesse gleichfalls eine effiziente und anschauliche Beispielanlage zur Verfügung, welche typische Aufgaben für das Projektieren von Automatisierungsanlagen bereithält. Es wird dabei z. B. veranschaulicht, dass die zur Automatisierung ereignisdiskreter Prozesse erforderlichen binären Steueralgorithmen theoretisch fundiert zu entwerfen und in eine technische Realisierung zu überführen sind (vgl. Abschnitt 3.4).

Als eine industrielle Komponente des Experimentierfeldes „Prozessautomatisierung" steht u. a. auch eine industrielle Durchflussregelstrecke zur Verfügung (Bild 2-11), die gleichfalls über eine moderne Feldinstrumentierung sowie Datenkommunikationsstruktur verfügt und damit ein praxisrelevantes Beispiel für die technische Auslegung industrieller Sensorik, Aktorik, Prozessorik, Bedien- und Beobachtungseinrichtungen sowie den Regelkreisentwurf repräsentiert.

Bild 2-11:   Industrielle Durchflussregelstrecke

3 Kernprojektierung

3.1 Projektierungsumfang und Einordung der Kernprojektierung

Aus der Projektierungspraxis abgeleitet, umfasst ein Automatisierungsprojekt im Wesentlichen drei Projektkomponenten (Bild 3-1). Die bereits im Abschnitt 2 eingeführte Kernprojektierung ist eine dieser Projektkomponenten. Das Basic- sowie Detailengineering beinhaltend, ist sie für den Projektierungsingenieur das wichtigste Kompetenzfeld, welches deshalb im Abschnitt 3.3 ausführlich behandelt wird. Überlegungen zum Entwurf von Prozesssicherungsstrukturen beeinflussen sowie erweitern die Tätigkeiten der Kernprojektierung und sind an verschiedenen Stellen innerhalb des Basic- sowie Detailengineerings anzustellen. Jeweils an diesen Stellen darauf einzugehen, hätte eine diesbezüglich zersplitterte Darstellung zur Folge. Die Autoren halten es für zweckmäßiger, Erläuterungen zur Prozesssicherung in einem eigenen Abschnitt zu bündeln, so dass bei den Ausführungen zu Basic- sowie Detailengineering (vgl. Abschnitt 3.3.3 sowie 3.3.4) hinsichtlich Prozesssicherung auf Abschnitt 5 verwiesen wird.

Die neben der Kernprojektierung erforderliche Projektierung der Hilfsenergieversorgung und -verteilung wird im Abschnitt 4 behandelt. Auf die Montageprojektierung wird im Rahmen des vorliegenden Buches nicht eingegangen, weil die projektausführende Firma meist eine Fremdfirma damit beauftragt.

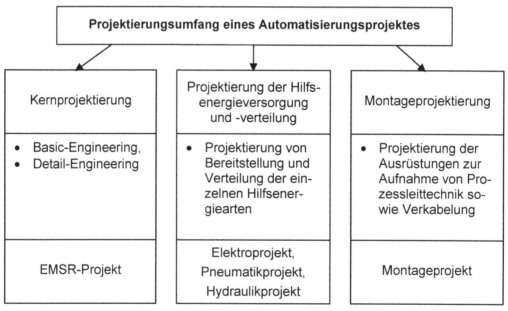

Bild 3-1: Einordnung der Kernprojektierung in den Projektierungsumfang eines Automatisierungsprojektes

3.2 Allgemeiner Aufbau einer Automatisierungsanlage

3.2.1 Überblick

Die Kernprojektierung basiert auf den bereits eingeführten Komponenten einer Auto-matisierungsanlage (vgl. Bild 1-4 auf S. 3), die sich in der im Bild 3-2 dargestellten Weise in das Ebenenmodell als den in den vergangenen Jahrzehnten für den Aufbau von Automatisierungsanlagen herausgebildeten allgemeinen Standard einfügen. Das Ebenenmodell zeigt, dass alle Automatisierungsanlagen prinzipiell gleichartig aufge-baut sind, was einerseits das Gebiet „Prozessleittechnik" (vgl. Bild 3-2) überschau-barer macht und andererseits die Tätigkeiten bei der Instrumentierung[9] effizienter gestaltet.

Werden zur Automatisierung Prozessleitsysteme eingesetzt, so ist festzustellen, dass sie im Vergleich zur ursächlichen Nutzung – Steuerung, Regelung, Bedienung- und Beobachtung industrieller Prozesse – heute integraler Bestandteil der „DV-Land-schaft"[10] eines Unternehmens sind. Ursache ist der verstärkte Kostendruck, dem die Produzenten mit ihren Erzeugnissen am Markt zunehmend ausgesetzt sind. Dem begegnen sie u. a. auch durch intensivere Nutzung des Potentials moderner Prozess-leittechnik. Dabei sind folgende wesentliche Trends zu beobachten:

- zentralisierte Bedienung und Beobachtung örtlich verteilter Produktionsanlagen,

- intensiver Datenaustausch zwischen Prozessleit- und übergeordneter Betriebs-leit- bzw. Unternehmensleitebene, d. h. Verknüpfung von „Büro-" und „Anlagen-welt".

Insbesondere letztgenannter Trend ist wohl auch eine Folge fortschreitender räumli-cher Expansion von Unternehmen bei gleichzeitiger Bündelung immer größerer Ver-antwortung in den Händen von immer weniger Personen, die Entscheidungen in im-mer kürzeren Zeiträumen bei gleichzeitig wachsender Tragweite zu treffen haben. Basis dieser Entscheidungen muss der sich in Informationen abbildende jeweils aktu-elle Unternehmenszustand sein. Um diese Informationen als Entscheidungsgrundlage zur Verfügung zu haben, müssen „just-in-time" nach dem Prinzip „Zu jeder Zeit kos-tenloser Zugriff auf jedes Datum an jedem Ort der Welt!" Daten zur Verfügung gestellt und zu Informationen aufbereitet werden. Hierzu werden heute verstärkt MES[11]- bzw. ERP[12]-Systeme eingesetzt. Dies setzt die sogenannte vertikale Integration voraus, die sich über die Steuerungs- und Regelungsebene bis hin zur Unternehmensleitebene erstreckt, wobei „Bürowelt" (Betriebs- und Unternehmensleitebene) und „Anlagenwelt" (Feldebene und Prozessleitebene) auch über größere räumliche Entfernungen hinweg miteinander zu koppeln sind.

---

9 Zur Definition des Begriffs „Instrumentierung" vgl. Abschnitt 3.3.3.3, S. 45!

10 DV: Abkürzung für Datenverarbeitung

11 Nach [3] umfassen MES-Systeme Softwarelösungen für die Betriebsleitebene und verbinden so im Sinne der vertikalen Integration Prozessleitsysteme in der Pro-zessleitebene mit ERP-Systemen in der Unternehmensleitebene.

12 Nach [3] unterstützen ERP-Systeme die durchgängige Ressourcenplanung, -opti-mierung und -verwaltung vom Auftragseingang bis hin zum Warenversand. Als Beispiel eines bekannten ERP-Systems wird in [3] die Software SAP/R3 genannt.

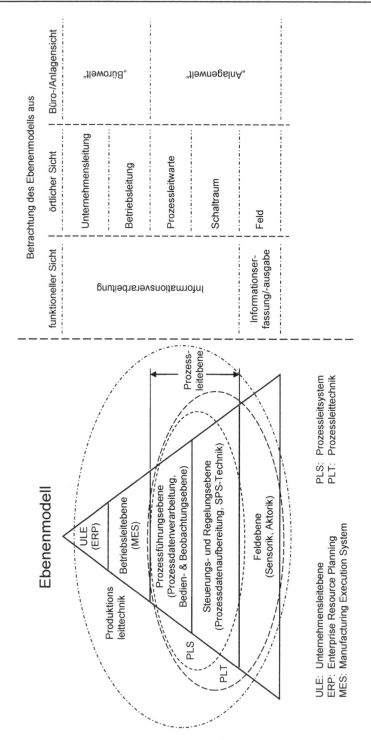

Bild 3-2: Ebenenmodell für den Aufbau von Automatisierungsanlagen

3.2.2 Basisstruktur

Aus dem im Bild 3-2 dargestellten Ebenenmodell lässt sich die Basisstruktur einer Automatisierungsanlage ableiten (Bild 3-3).

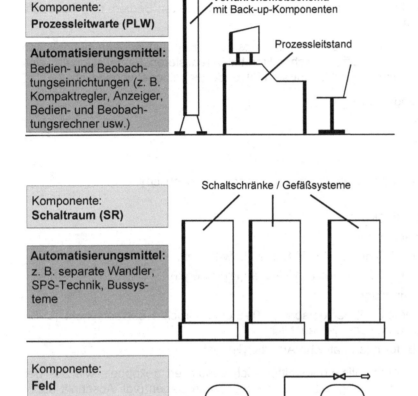

Bild 3-3: Basisstruktur einer Automatisierungsanlage[13]

---

13 Örtliche Bedien- und Beobachtungseinrichtungen sowie örtlicher Leitstand sind nicht dargestellt.

Damit umfasst also eine Automatisierungsanlage im Kern

- Feldebene mit Feldinstrumentierung (Sensorik, Aktorik) und <u>Feld</u>bussystemen,
- Schaltraum mit Prozessorik (separate Wandler[14], Rechenglieder, SPS-Technik sowie Hard- und Softwarekomponenten für die Prozessdatenaufbeitung[15] bzw. -kommunikation), Bussystemen sowie Einspeisung von elektrischer bzw. pneumatischer Hilfsenergie,
- Prozessleitwarte mit konventionellen bzw. rechnerbasierten Bedien- und Beobachtungseinrichtungen.[16]

Das Verbinden von in Feld- sowie Steuerungs- und Regelungsebene befindlichen Automatisierungsmitteln unterschiedlicher Hersteller realisieren Einheitssignale, welche internationaler Standard sind. Dafür sind folgende Signalpegel verbindlich:

- elektrische Analogsignale:
    - 4 bis 20 mA,
    - 0 bis10 VDC,
    - vereinzelt: 0 bis 20 mA; –10 bis +10 VDC,
- pneumatische Analogsignale (heute kaum noch gebräuchlich):
    - 0,2…1 bar,
    - <u>modernere</u> Aktorik: ca. 2,5…10 bar,
- elektrische Binärsignale:
    - Spannung 0 VDC entspricht „0"-Signal (Low-Pegel),
    - Spannung 24 VDC entspricht „1"-Signal (High-Pegel).
- pneumatische Binärsignale:
    - 0,2/1 bar (Druck 0,2 bar entspricht „0"-Signal, Druck 1 bar entspricht „1"-Signal; heute kaum noch gebräuchlich),
    - 0/6 bar (z. B. für pneumatische Arbeitszylinder).

Zunehmend werden Automatisierungsmittel auch busbasiert gekoppelt, wie aus der Basisstruktur nach Bild 3-3 abgeleitete Strukturvarianten zeigen (vgl. Abschnitt 3.2.3, Bild 3-6).

---

14 Erläuterungen zu Bild 3-5 beachten!

15 Nach Bild 3-2 ist die Prozessdatenaufbereitung dem Schaltraum, die Prozessdatenverarbeitung der Prozessleitwarte zugeordnet. Abhängig vom konkreten Anwendungsfall kann diese Trennung aus örtlicher Sicht manchmal auch aufgehoben sein und sich daher sowohl Prozessdatenaufbereitung als auch -verarbeitung im Schaltraum befinden.

16 In einigen Industriezweigen – z. B. Kraftwerkstechnik, Metallurgie, Papierindustrie u. a. – gibt es neben bzw. statt Prozessleitwarten örtliche Leitstände. Diese Variante wird hier nicht weiter betrachtet, sondern im Rahmen des vorliegenden Buches davon ausgegangen, dass die Bedienung und Beobachtung vorzugsweise in Prozessleitwarten erfolgt.

3.2.3 Typische Strukturvarianten

Allgemein geht man bei der „klassischen" Strukturvariante (Bild 3-4) davon aus, dass Sensoren natürliche elektrische bzw. pneumatische Signale liefern, die im Feld auf sogenannten Montagerahmen, auch als „örtliche Verteiler" oder „Unterverteiler" bezeichnet, aufgelegt und für jeweils verfahrenstechnisch abgrenzbare Anlagenabschnitte zu separaten Wandlern im Schaltraum geführt werden (daher enthält die Feldebene nur den Sensor der Messeinrichtung). Die einzelnen elektrischen Signalleitungen – auch Stichkabel genannt – werden in Stammkabeln gebündelt, die man auf Kabelpritschen bzw. in Kabelkanälen verlegt. Im Schaltraum werden natürliche elektrische Signale in Einheitssignale gewandelt, welche in die Prozessleitwarte weitergeführt werden. Gleiches gilt in ähnlicher Weise für pneumatische Signalleitungen.

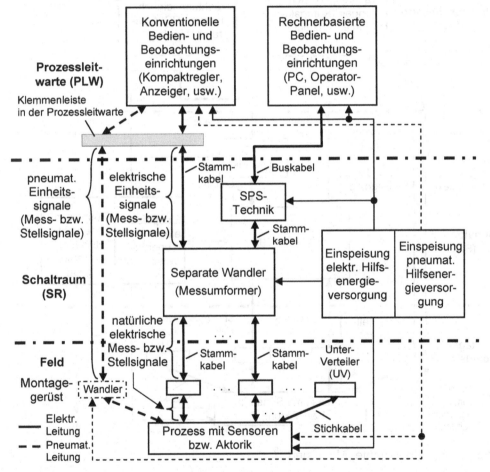

Bild 3-4:   Strukturvariante „Klassisch" [17]

---

17 Örtliche Bedien- und Beobachtungseinrichtungen, örtlicher Leitstand sowie im Allgemeinen nur für Aktorik benötigte hydraulische Hilfsenergieversorgung sind nicht dargestellt.

Im Rahmen ständiger Innovation der Sensorik bzw. Aktorik sind in der Feldinstrumentierung separate Wandler (z. B. Messumformer) im Allgemeinen direkt in Mess- bzw.
Stelleinrichtungen integriert worden, so dass elektrische Einheitssignale unmittelbar
ab Sensorik im Feld zur Verfügung stehen bzw. von Aktorik direkt aufgenommen werden. Damit wird der Schaltraum entlastet, wodurch seine Funktionalität nur noch aus
Verteilung der elektrischen bzw. pneumatischen Hilfsenergie sowie dem sogenannten
Rangieren besteht. Auch in dieser im Bild 3-5 dargestellten modifizierten Strukturvariante kommen für die Signalübertragung noch Stich- bzw. Stammkabel zum Einsatz.

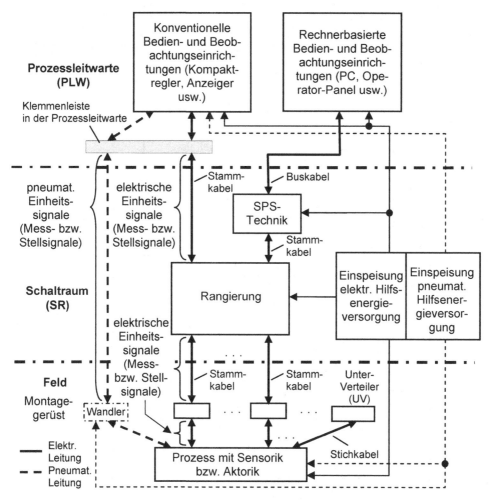

Bild 3-5:   Strukturvariante „Modifiziert"[18]

---

18 Örtliche Bedien- und Beobachtungseinrichtungen, örtlicher Leitstand sowie im Allgemeinen nur für Aktorik benötigte hydraulische Hilfsenergieversorgung sind nicht
   dargestellt.

Wird – anders als im Bild 3-4 bzw. Bild 3-5 – durchgängig busfähige Sensorik bzw. Aktorik für die Feldinstrumentierung eingesetzt, vereinfacht sich die Verkabelung erheblich, weil die umfangreiche Einzelverdrahtung jeder Mess- bzw. Stelleinrichtung durch wenige Buskabel (Koaxialkabel) ersetzt wird. Jedes Mess- bzw. Stellsignal (Einzelsignal) wird dabei digitalisiert und mittels Buskabel übertragen. Durch diese Busverbindungen entfallen Signalumformung sowie Rangierung im Schaltraum, und die im Feld montierte Sensorik bzw. Aktorik ist im Allgemeinen über SPS-Technik direkt mit in der Prozessleitwarte befindlichen Bedien- und Beobachtungseinrichtungen verbunden. Die sich daraus ergebende Strukturvariante „Busbasiert" zeigt (Bild 3-6).

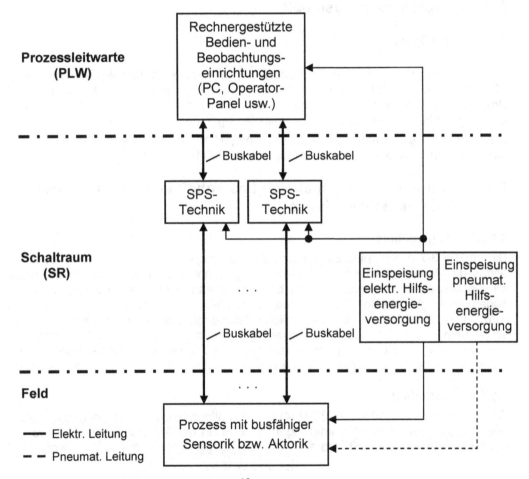

Bild 3-6:　Strukturvariante „Busbasiert"[19]

---

19 Örtliche Bedien- und Beobachtungseinrichtungen, örtlicher Leitstand sowie im Allgemeinen nur für Aktorik benötigte hydraulische Hilfsenergieversorgung sind nicht dargestellt.

Zunächst ist damit aufgezeigt, welche Strukturen eine Automatisierungsanlage prinzipiell aufweisen kann. Gleichzeitig ist aber dazu anzumerken, dass auch „Mischstrukturen" – zum Beispiel durch den teilweisen Einsatz von Bussystemen und entsprechender klassischer Verdrahtung – projektierbar sind und so auch realisiert werden.

Im Folgenden wird nun dargelegt, wie die im Rahmen der Kernprojektierung zu erbringenden Projektierungsleistungen durch zugeordnete Ingenieurleistungen detailliert zu realisieren sind.

3.3   Kernprojektierungsinhalt

3.3.1 Überblick

Ausgehend vom im Abschnitt 2 erläuterten Projektablauf, Kernprojektierungsumfang (Bild 2-5) sowie im Bild 3-1 dargestellter Einordnung der Kernprojektierung in den Projektierungsumfang hat sich in der Projektierungspraxis als Orientierung die im Bild 3-7 dargestellte Einordnung der Kernprojektierung in den Projektablauf bewährt.

Die im Bild 3-7 genannten Inhalte der Kernprojektierung, denen entsprechende Ingenieurtätigkeiten zugeordnet sind, werden nun ausführlich erläutert.

3.3.2 Einordnung und Inhalt von Lastenheft sowie Grund- bzw. Verfahrensfließschema

3.3.2.1   Allgemeines

Die im Bild 3-7 dargestellte Einordnung der Kernprojektierung setzt voraus, dass als erstes die Projektanforderungen in einem sogenannten Lastenheft, in der Projektierungspraxis auch als Ausschreibung bekannt, zusammengestellt wurden, wobei im Allgemeinen gleichzeitig das Verfahrensfließschema vom Kunden mit übergeben wird.[20] Das Lastenheft ist eine wesentliche Vertragsgrundlage für die mit der Planung sowie dem Bau der Automatisierungsanlage beauftragten Firmen und die späteren Betreiber. Daher soll im Folgenden zunächst der Aufbau eines Lastenheftes näher erläutert werden, bevor darauf aufbauend das Verfahrensfließschema betrachtet wird.

3.3.2.2   Lastenheft

Das Lastenheft nach VDI/VDE 3694 [4] definiert allgemein, d. h. sowohl hersteller- als auch produkt*neutral*, die Anforderungen, welche an die Automatisierungsanlage gestellt werden. Im Lastenheft wird also hersteller- sowie produkt*neutral* festgelegt,

Was und Wofür

zu bearbeiten ist. VDI/VDE 3694 [4] empfiehlt, das Lastenheft nach den in Tabelle 3-1 genannten Gliederungspunkten aufzubauen.

---

20 DIN EN ISO 10628 unterscheidet neben Verfahrensfließ- sowie R&I-Fließschema (Rohrleitungs- und Instrumentenfließschema) noch das Grundfließschema, das für die Kernprojektierung jedoch von eher untergeordneter Bedeutung ist. Für Beispiele zum Grundfließschema wird auf DIN EN ISO 10628 [5] verwiesen.

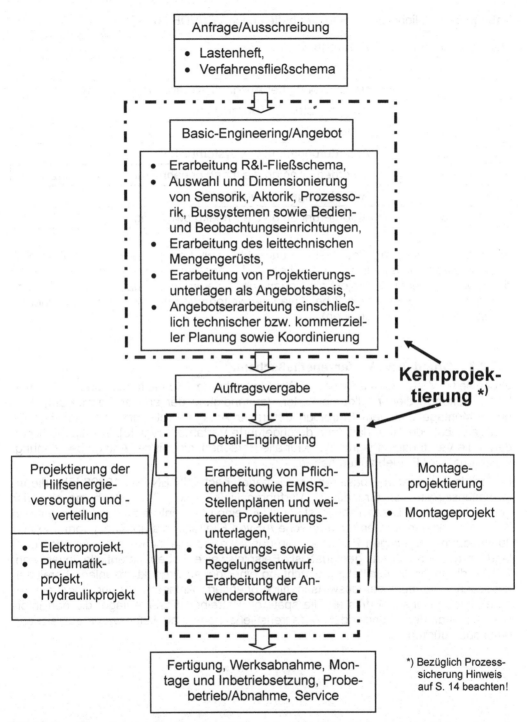

Bild 3-7: Einordnung der Kernprojektierung mit zugeordneten *wesentlichen* Ingenieurtätigkeiten in den Projektablauf

Tabelle 3-1: Gliederung des Lastenheftes nach VDI/VDE 3694 [4]

Gliederungspunkt	Benennung
1	Einführung in das Projekt
2	Beschreibung der Ausgangssituation (Istzustand)
3	Aufgabenstellung (Sollzustand)
4	Schnittstellen
5	Anforderungen an die Systemtechnik
6	Anforderungen an die Inbetriebnahme und den Einsatz
7	Anforderungen an die Qualität
8	Anforderungen an die Projektabwicklung

Bezüglich Untersetzung dieser Gliederungspunkte wird auf [4] verwiesen. Mit welcher Ausführlichkeit sie jeweils auszuarbeiten sind, hängt im Wesentlichen davon ab, ob das jeweils vorliegende Projekt als Neuanlage, Anlagenumbau bzw. -erweiterung einzuordnen ist (z. B. ist Punkt 2 bei Anlagenerweiterungen wesentlich ausführlicher zu beschreiben als bei Neuanlagen).

3.3.2.3   Grund- bzw. Verfahrensfließschema

Grundfließ-, Verfahrensfließ- sowie R&I-Fließschema (Rohrleitungs- und Instrumentenfließschema) dienen allgemein „der Verständigung der an der Entwicklung, Planung, Montage und dem Betreiben derartiger Anlagen beteiligten Stellen über die Anlage selbst oder über das darin durchgeführte Verfahren" (vgl. [5], Teil 1). Sie bilden daher die Verständigungsgrundlage für alle Personen, die mit der Anlage bei Planung, Errichtung oder Betrieb zu tun haben.

In Tabelle 3-2 werden – basierend auf Kriterien nach DIN EN ISO 10628 [5] – die Informationsinhalte von Grundfließ-, Verfahrensfließ- sowie R&I-Fließschema einander gegenübergestellt. Diese Tabelle ist somit wie eine Kriterienliste zu verstehen, anhand derer entschieden werden kann, welche Art von Fließschema abhängig vom Informationsbedürfnis derjenigen Personen, die das jeweilige Fließschema als Arbeitsgrundlage verwenden wollen, geeignet ist. Beispielsweise haben potentielle Investoren, welche die Investitionsmittel zur Errichtung einer neuen Produktionsanlage bereitstellen sollen, eine mehr betriebswirtschaftlich orientierte Anlagensicht und damit ein anderes Informationsbedürfnis als die späteren Betreiber dieser Anlage, die den Informationsgehalt des Grund- oder Verfahrensfließschemas als keineswegs ausreichend empfinden dürften.

Tabelle 3-2: Vergleich der Informationsinhalte von Grundfließ-, Verfahrensfließ- sowie R&I-Fließschema (Vergleichskriterien nach DIN EN ISO 10628)

Information	Grundfließ-schema	Verfahrens-fließschema	R&I-Fließ-schema
Benennung der Ein- und Ausgangs-stoffe	x		
Durchflüsse bzw. Mengen der Ein- und Ausgangsstoffe/Hauptstoffe	x	x	
Benennung von Energien/Energie-trägern	x	x	
Durchflüsse/Mengen von Ener-gien/Energieträgern	x	x	x
Fließweg und -richtung von Ener-gien/Energieträgern	x	x	x
Fließweg und Fließrichtung der Hauptstoffe	x		
Art der Apparate und Maschinen		x (außer Antriebe)	x
Bezeichnung der Apparate und Maschinen		x (außer Antriebe)	x
Charakteristische Betriebsbedin-gungen	x	x	
Kennzeichnende Größen von Apparaten und Maschinen		x	x
Kennzeichnende Daten von Antriebsmaschinen		x	x
Anordnung wesentlicher Armaturen		x	x
Bezeichnung von Armaturen			x
Höhenlage wesentlicher Apparate/ Maschinen		x	x
Werkstoffe von Apparaten und Maschinen		(x)	x
Bezeichnung von Nennweite, Druckstufe, Werkstoff und Aus-führung der Rohrleitungen		(x)	x
Angaben zur Dämmung von Appa-raten, Maschinen, Rohrleitungen und Armaturen		(x)	x
Aufgabenstellung für Messen/Steu-ern/Regeln		(x)	x
Art wichtiger Geräte für Messen, Steuern, Regeln			x

Weiterhin ist aus Tabelle 3-2 ersichtlich, dass der Informationsgehalt – beginnend beim Grund- über das Verfahrensfließschema bis hin zum R&I-Fließschema – wächst und beim R&I-Fließschema am größten ist. Bezüglich des Kriteriums „Aufgabenstellung für Messen/Steuern/Regeln" wurde das „x" in der Spalte „Verfahrensfließschema" in Klammern gesetzt, weil die Aufgabenstellung für Messen/Steuern/Regeln zwar aus dem Verfahrensfließschema ableitbar, jedoch im Allgemeinen noch nicht darin dargestellt wird. Das geschieht erst, wenn das Verfahrensfließschema durch Ergänzung mit sogenannten EMSR-Stellen (Elektro-, Mess-, Steuer- und Regelstellen) zum R&I-Fließschema ergänzt wird (vgl. Abschnitt 3.3.3.1). Bezüglich der Kriterien „Werkstoffe von Apparaturen, ...", Bezeichnung von Nennweite, ..." sowie „Angaben zur Dämmung, ..." halten es die Autoren für sinnvoll, dass diese Angaben auch schon im Verfahrensfließschema angegeben werden können. Daher wurde auch hier das „x" in der Spalte „Verfahrensfließschema" in Klammern gesetzt.

Das im Folgenden zu betrachtende Verfahrensfließschema dokumentiert die erforderliche Prozesstechnologie einer Produktionsanlage, welche zum Beispiel durch Behälter, Pumpen, Kolonnen, Armaturen etc. realisiert wird, die mittels normgerechter grafischer Symbole nach DIN EN ISO 10628 [5] dargestellt werden. Wie bereits im Abschnitt 3.3.2.1 erläutert, soll es vom Kunden als Bestandteil der Ausschreibung mit übergeben werden.[21] Bild 3-8 zeigt ein Verfahrensfließschema, das an Hand eines Reaktors mit Temperaturregelstrecke als Beispiel für einen überschaubaren verfahrenstechnischen Prozess dient.

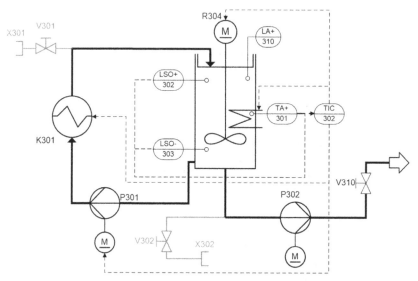

Bild 3-8: Beispiel eines Verfahrensfließschemas (Reaktor des MPS-PA, vgl. S. 11)[22]

---

21 Häufig wird diese Aufgabe auch vom Kunden an Unternehmen (z. B. Ingenieurbüros) übertragen, die in seinem Auftrag Ausschreibung, Vergabe, Projektplanung, -steuerung und -überwachung übernehmen.

22 Im Allgemeinen enthält ein Verfahrensfließschema keine EMSR-Stellen. Wie bereits ausgeführt, sind jedoch nach Tabelle 3-2 Ausnahmen möglich. Man beschränkt sich in diesen Fällen auf die Darstellung der *wichtigsten* EMSR-Stellen (wie z. B. im Bild 3-8).

Wie gleichfalls bereits erläutert, wird mit dem Verfahrensfließschema die zu realisierende Verfahrenstechnologie dokumentiert, wobei bereits in diesem Schema die wichtigsten EMSR-Stellen als Vorgabe für die zu projektierende Automatisierungsanlage eingetragen werden können. Aus dem im Bild 3-8 dargestellten Verfahrensfließschema sind deshalb für die Automatisierungsanlage folgende allgemeine Anforderungen, die anschließend im Lastenheft niederzulegen sind, abzuleiten:

- Über ein Heizmodul ist in Verbindung mit einem Widerstandsthermometer sowie einem Rührer die Temperatur im Behälter zu regeln. Der Rührer soll für die gleichmäßige Durchmischung der Flüssigkeit im Behälter sorgen.

- Als Anforderung für den zu projektierenden Temperaturregelkreis zeigt die schon als Vorgabe in das Verfahrensfließschema eingetragene EMSR-Stelle TIC 302 eine Split-Range-Struktur (mit einem Stellsignal, das hierzu in zwei disjunkte Signalbereiche aufgeteilt wird, lassen sich gleichzeitig zwei Stelleinrichtungen ansteuern).

- Der Füllstand soll mittels binärer Grenzwertsensoren überwacht werden, um auf diese Weise den Trockenlaufschutz – sowohl für Kreiselpumpe P 301 des Kühlkreislaufes als auch für Kreiselpumpe P 302 – zum Abtransport der Flüssigkeit aus dem Behälter zu realisieren. Gleichzeitig sollen diese Sensoren das Überhitzen der Heizung durch Einschalten bei leerem Behälter verhindern. Auch dafür sind bereits entsprechende EMSR-Stellen im Verfahrensfließschema enthalten.

- Schließlich ist mittels der Ventile V301 bzw. V302 (im Bild 3-8 grau dargestellt) die Kopplung zu den benachbarten Anlagengruppen zu realisieren.

Um die im Bild 3-8 verwendete Symbolik besser verstehen und anwenden zu können, wird nun im Folgenden darauf näher eingegangen. Ergänzend zu DIN EN ISO 10628 [5] ist dabei DIN 2429 [6] zu beachten.[23] Damit wird beispielsweise ermöglicht, bereits im Verfahrensfließschema den Stellantrieb einer Absperrarmatur (z. B. Ventil) zu spezifizieren (z. B. als Membranstellantrieb) und mit einem entsprechenden Symbol im Verfahrensfließschema darzustellen (Bild 3-9).

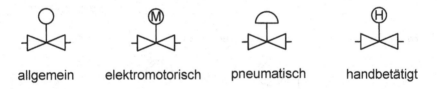

| allgemein | elektromotorisch | pneumatisch | handbetätigt |

Bild 3-9: Spezifizierung von Stellantrieben für Absperrarmaturen nach DIN 2429 [6]

Eine Auswahl häufig in Verfahrensfließschemata und damit gleichzeitig auch in R&I-Fließschemata verwendeter Symbole ist in Bild 3-10 bis Bild 3-13 dargestellt.

---

23 Im Zuge der Ablösung von DIN 19227 [8] durch DIN EN 62424 [9] (vgl. Fußnote 26 auf S. 32) wurde DIN 2429 zurückgezogen und bis auf die Spezifikation von Stellantrieben in DIN EN ISO 10628 (Version von 2014) eingearbeitet.

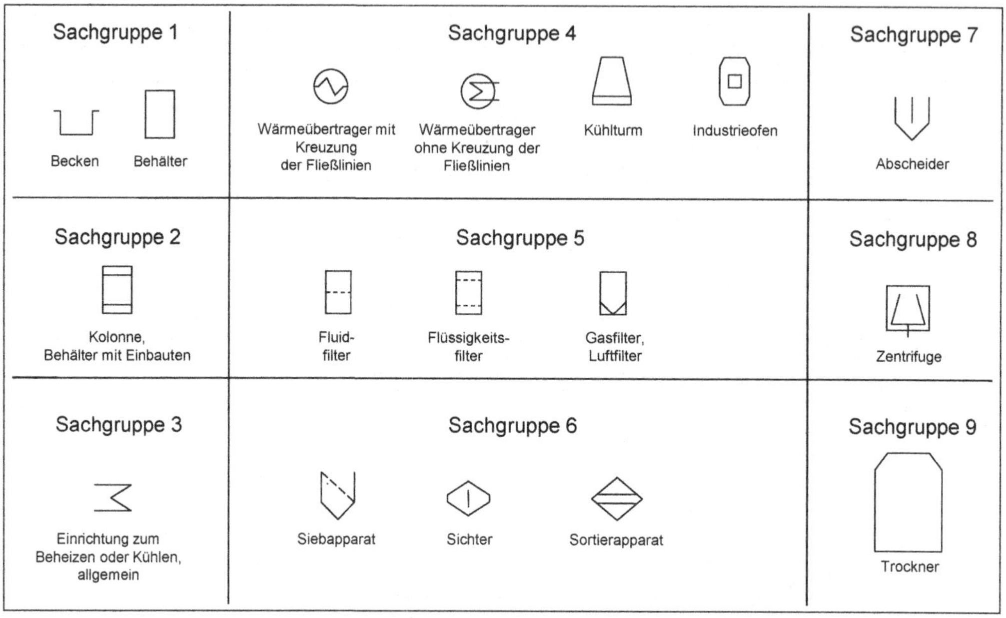

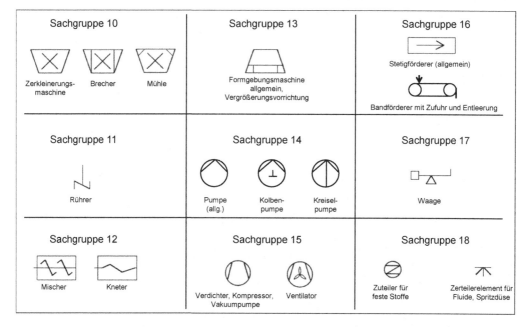

Bild 3-10:   Ausgewählte Symbole für Verfahrensfließ- sowie R&I-Fließschemata nach DIN EN ISO 10628 (Sachgruppe 1-9)

Bild 3-11:   Ausgewählte Symbole für Verfahrensfließ- sowie R&I-Fließschemata nach DIN EN ISO 10628 (Sachgruppe 10-18)

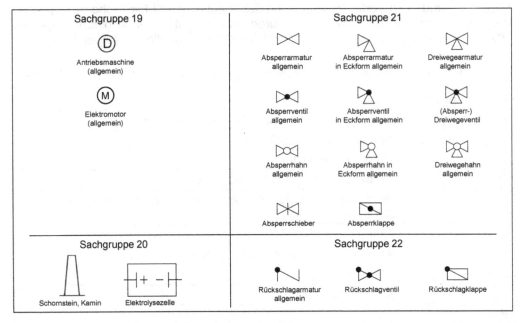

Bild 3-12: Ausgewählte Symbole für Verfahrensfließ- sowie R&I-Fließschemata nach DIN EN ISO 10628 (Sachgruppe 19-22)

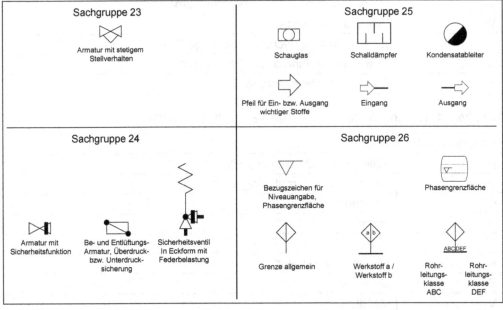

Bild 3-13: Ausgewählte Symbole für Verfahrensfließ- sowie R&I-Fließschemata nach DIN EN ISO 10628 (Sachgruppe 23-26)

Außerdem werden im Verfahrensfließ- und daher auch im R&I-Fließschema Apparate, Maschinen und Geräte sowie Armaturen häufig mit Kennbuchstaben gemäß DIN 28004 (Teil 4) [7] versehen, die in Tabelle 3-3 bzw. Tabelle 3-4 aufgeführt sind.

Tabelle 3-3: Kennbuchstaben für Maschinen, Apparate und Geräte nach DIN 28004

Kennbuchstabe	Bedeutung
A	Apparat, Maschine (soweit in nachstehenden Gruppen nicht einzuordnen)
B	Behälter, Tank, Silo, Bunker
C	Chemischer Reaktor
D	Dampferzeuger, Gasgenerator, Ofen
F	Filterapparat, Flüssigkeitsfilter, Gasfilter, Siebapparat, Siebmaschine, Abscheider
G	Getriebe
H	Hebe-, Förder-, Transporteinrichtung
K	Kolonne
M	Elektromotor
P	Pumpe
R	Rührwerk, Rührbehälter mit Rührer, Mischer, Kneter
S	Schleudermaschine, Zentrifuge
T	Trockner
V	Verdichter, Vakuumpumpe, Ventilator
W	Wärmeaustauscher
X	Zuteil-, Zerteileinrichtung, sonstige Geräte
Y	Antriebsmaschine außer Elektromotor
Z	Zerkleinerungsmaschine

Tabelle 3-4: Kennbuchstaben für Armaturen nach DIN 28004

Kennbuchstabe	Bedeutung
A	Ableiter (Kondensatableiter)
F	Filter, Sieb, Schmutzfänger
G	Schauglas
H	Hahn
K	Klappe
R	Rückschlagarmatur
S	Schieber
V	Ventil
X	Sonstige Armatur
Y	Armatur mit Sicherheitsfunktion

Mit den vorliegenden Erläuterungen sind somit die Grundlagen dafür geschaffen, Verfahrensfließschemata zu verstehen bzw. solche selbstständig zu entwickeln.

3.3.3 Basic-Engineering

3.3.3.1 R&I-Fließschema

Auf Basis des bereits erläuterten Verfahrensfließschemas wird nun das sogenannte R&I-Fließschema (Rohrleitungs- und Instrumentenfließschema)[24] als eines der wichtigsten Engineeringdokumente des Automatisierungsprojekts erarbeitet und dem Kunden zusammen mit der Kalkulation als Bestandteil des Angebotes übergeben.[25]

Das R&I-Fließschema (Beispiel vgl. Bild 3-14) beinhaltet das Verfahrensfließschema, erweitert um die für die Automatisierung erforderlichen EMSR-Stellen (Elektro-, Mess-, Steuer- und Regelstellen), welche man synonym oft auch als PLT-Stellen (Prozessleittechnische Stellen) bezeichnet. Darüberhinaus enthält das R&I-Fließschema, wie in Tabelle 3-2 auf S. 25 bereits dargestellt, häufig auch Angaben zu relevanten verfahrenstechnischen Kenngrößen wie Maximaldrücken, Behältervolumina, Rohrleitungsnennweiten und weiteren Kenngrößen (z. B. Höhenniveaus).

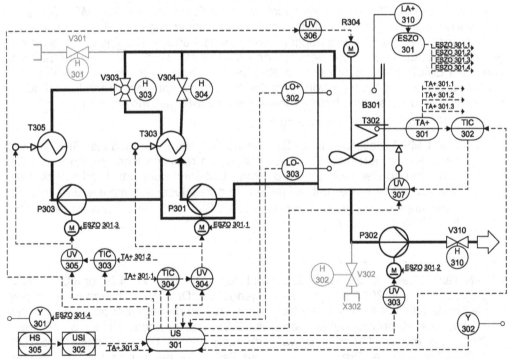

Bild 3-14: Beispiel eines R&I-Fließschemas (Station „Reaktor – erweitert" des MPS-PA, vgl. S. 11)

---

24 Zum Informationsgehalt des R&I-Fließschemas siehe Tabelle 3-2 auf S. 25!

25 Ausführungen zu Angebotsaufbau und Kalkulation folgen im Abschnitt 7.

Mit dem R&I-Fließschema erarbeitet der Projektierungsingenieur die erste verbindliche Unterlage. Bevor nun das R&I-Fließschema mit detaillierten Unterlagen untersetzt werden kann, muss zunächst die für die Kennzeichnung der im R&I-Fließschema dargestellten EMSR-Stellen benutzte Symbolik erläutert werden. Den allgemeinen Aufbau eines EMSR-Stellensymbols nach DIN 19227 [8] zeigt Bild 3-15.[26]

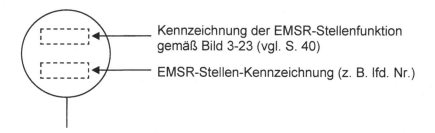

Kennzeichnung der EMSR-Stellenfunktion gemäß Bild 3-23 (vgl. S. 40)

EMSR-Stellen-Kennzeichnung (z. B. lfd. Nr.)

Bild 3-15:   Allgemeiner Aufbau eines EMSR-Stellensymbols nach DIN 19227 [8]

Im oberen Teil des EMSR-Stellensymbols wird die Funktionalität der EMSR-Stelle mit Kennbuchstaben dargestellt, auf die später noch eingegangen wird. Der untere Teil enthält identifizierende Bezeichnungen, wofür meist laufende Nummern entsprechend der Nomenklatur einer Projektierungsfirma verwendet werden.[27] Aus der äußeren Form des EMSR-Stellensymbols sind ebenfalls wichtige Informationen ableitbar. Bevor darauf näher eingegangen wird, gibt Bild 3-16 zunächst einen Überblick zu den in der Anlagenautomatisierung häufig verwendeten EMSR-Stellensymbolen.

Zu Bild 3-16 sind folgende Hinweise zu beachten:

1. Die EMSR-Stellensymbole für EMSR-Aufgaben, die mittels SPS-Technik (Prozessrechner) bzw. Prozessleitsystemen realisiert werden und deren Bedienung und Beobachtung im örtlichen Leitstand oder örtlich erfolgt, sind der Vollständigkeit halber mit aufgeführt. In der Anlagenautomatisierung überwiegend angewendet werden jedoch die im Bild 3-16 mit „*" gekennzeichneten EMSR-Stellensymbole.

---

26 DIN 19227, Teil 1 ist zurückgezogen und durch DIN EN 62424 [9] ersetzt worden, galt aber bis Juli 2012 weiter. Grundlegende aus DIN 19227 bekannte Prinzipien bleiben in DIN EN 62424 weitgehend erhalten – Änderungen ergeben sich hauptsächlich bei Kennbuchstaben nach Bild 3-23 (vgl. Fußnote 33 auf S. 39 sowie [10]). Aus diesem Grund und weil erfahrungsgemäß die Systematik nach DIN 19227, Teil 1 in der Praxis noch längere Zeit, d. h. auch über Juli 2012 hinaus, dominieren wird, stützen sich die prinzipiellen Erläuterungen auf DIN 19227, Teil 1.

27 In diesem Zusammenhang bezeichnet man auch die Systematik der Kennzeichnung von Anlagenkomponenten und EMSR-Stellen als Anlagen- und Apparatekennzeichen (AKZ). Innerhalb einer Industrieanlage ermöglicht deshalb das AKZ die eindeutige Zuordnung von Anlagenkomponenten und EMSR-Stellen zu Teilanlagen und Anlagen. Im Bereich der Kraftwerksautomatisierung wird hierfür beispielsweise das Kraftwerkskennzeichnungssystem (KKS) benutzt.

2. DIN 19227 wortwörtlich folgend, sollen die in der dritten Zeile dargestellten Symbole für EMSR-Aufgaben verwendet werden, die mit *Prozessrechner* realisiert werden (Bild 3-16). Um Bild 3-16 sowie die nachfolgenden Ausführungen konkretisieren zu können, wird anstelle des älteren Begriffs „Prozessrechner" der modernere Begriff „*SPS-Technik*" verwendet.

Darstellung von ╲ Bedienung und Beobachtung (B&B)	örtlich	im örtlichen Leitstand	in der Prozessleitwarte
EMSR-Aufgaben allg. bzw. EMSR-Aufgaben, die konventionell realisiert werden	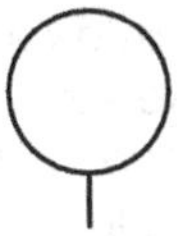 ○ *	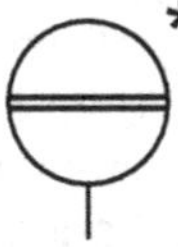 ⊖ *	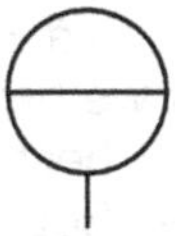 ⊖ *
EMSR-Aufgaben, die mit SPS-Technik (Prozessrechner) realisiert werden	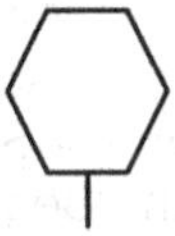 ⬡	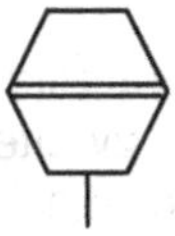 ⬡	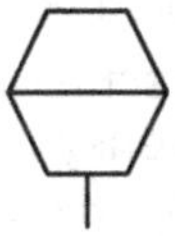 ⬡ *
EMSR-Aufgaben, die mit Prozessleitsystem realisiert werden	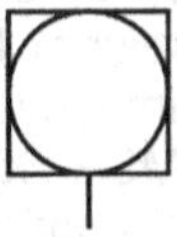 ▢○	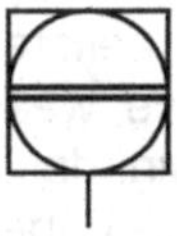 ▢⊖	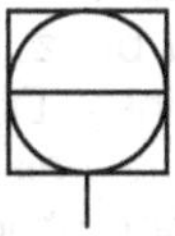 ▢⊖ *

* in der Anlagenautomatisierung überwiegend angewendete Symbole

Bild 3-16: Überblick häufig verwendeter EMSR-Stellensymbole nach DIN 19227 [8]

Für umfangreichere Kennbuchstabengruppen zur Beschreibung komplexerer Funktionalität einer EMSR-Stelle werden die im Bild 3-16 dargestellten EMSR-Stellensymbole auch in gestreckten Formen – d. h. als Langsymbole – verwendet (Bild 3-17).

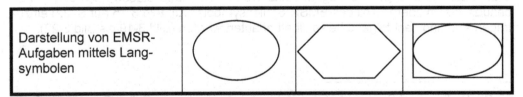

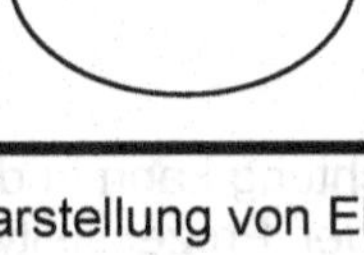

Bild 3-17: Langsymbole zur Darstellung von EMSR-Aufgaben

Für die Interpretation von Bild 3-16 ist sowohl eine zeilenweise als auch eine spalten-weise Betrachtung erforderlich. Zunächst wird Bild 3-16 *zeilenweise* betrachtet.

Symbole zur Darstellung von EMSR-Aufgaben allgemein bzw. von EMSR-Aufgaben, die konventionell realisiert werden (zweite Zeile im Bild 3-16), wendet man bei Instru-mentierungen im Standardfall – kurz Standardinstrumentierung genannt – an. Die EMSR-Stelle besteht in diesem Fall im Allgemeinen aus Messeinrichtung, Stelleinrich-tung sowie der einzig dieser Mess- sowie Stelleinrichtung zugeordneten konventionel-len (d. h. nicht auf SPS-Technik basierenden) Prozessorik (z. B. in Form eines Kom-paktreglers, konventionellen Anzeigers etc.; vgl. auch Bild 3-4 oder Bild 3-5 sowie Bild 3-18). Die Symbole für EMSR-Aufgaben, die mittels *nicht vernetzter* SPS-Technik (mit oder ohne daran angeschlossener Bedien- und Beobachtungseinrichtung[28]) reali-siert werden (dritte Zeile im Bild 3-16), finden gleichfalls bei Standardinstrumentierun-gen Anwendung, wobei die EMSR-Stelle aus Mess- bzw. Stelleinrichtung sowie als Prozessorik der separaten SPS (ggf. auch integriert in ein Operatorpanel), besteht (vgl. Bild 3-18). Die Symbole für EMSR-Aufgaben, die mit Prozessleitsystemen reali-siert werden (vierte Zeile im Bild 3-16), weisen auf den Einsatz eines Prozessleitsys-tems (bestehend aus miteinander *vernetzter* SPS-Technik sowie daran angeschlos-sener Bedien- und Beobachtungseinrichtung[29]) hin, das aber wie bei der bereits er-wähnten Standardinstrumentierung ebenfalls mit Mess- bzw. Stelleinrichtungen im Feld zu verbinden ist.

Betrachtet man nunmehr Bild 3-16 *spaltenweise*, so handelt es sich bei den EMSR-Stellensymbolen in der zweiten Spalte um EMSR-Stellen, die sich ausschließlich im Feld befinden und daher die Bedienung und Beobachtung (B&B) mit örtlichen Bedien- und Beobachtungseinrichtungen zu realisieren ist. Sind die Symbole durch zwei waa-gerechte Linien mittig geteilt (dritte Spalte), so erstrecken sich die EMSR-Stellen vom Feld bis zum örtlichen Leitstand (z. B. örtlicher Maschinenleitstand einer Kraftwerks-turbine). Die durch eine waagerechte Linie mittig geteilten Symbole in der vierten Spalte weisen darauf hin, dass sich die EMSR-Stellen – wie bei Standardinstrumentie-rungen üblich – vom Feld über den Schaltraum bis in die Prozessleitwarte erstrecken und demzufolge die Bedien- und Beobachtungseinrichtungen in der Prozessleitwarte installiert sind.

Bild 3-18 vermittelt den Zusammenhang zwischen der in Bild 3-15 bis Bild 3-17 erläu-terten EMSR-Stellensymbolik und dem in Bild 3-3 bis Bild 3-6 bereits im Überblick erläuterten allgemeinen Aufbau von Automatisierungsanlagen, wobei EMSR-Stellen-symbole, die bezüglich Anlagenautomatisierung nahezu keine Relevanz haben, im Bild 3-18 mit einer Klammer versehen und daher dort nicht bildlich untersetzt wurden.

Schließlich ist die Funktionalität der EMSR-Stelle (z. B. separate Messstelle, Regel-kreis, oder Steuerung) festzulegen. Dafür werden Kennbuchstaben nach DIN 19227 benutzt, die im oberen Teil des EMSR-Stellensymbols (vgl. Bild 3-15 auf S. 32) einzu-tragen sind und nachfolgend beispielhaft erläutert werden (Bild 3-19 bis Bild 3-22).

---

28 Die Bedien- und Beobachtungseinrichtung kann in diesem Fall z. B. aus einem vor
   Ort, im örtlichen Leitstand oder in der Prozessleitwarte installierten Bedien- und
   Beobachtungsrechner bestehen.

29 z. B. Bedien- und Beobachtungsrechner oder Operator-Panel

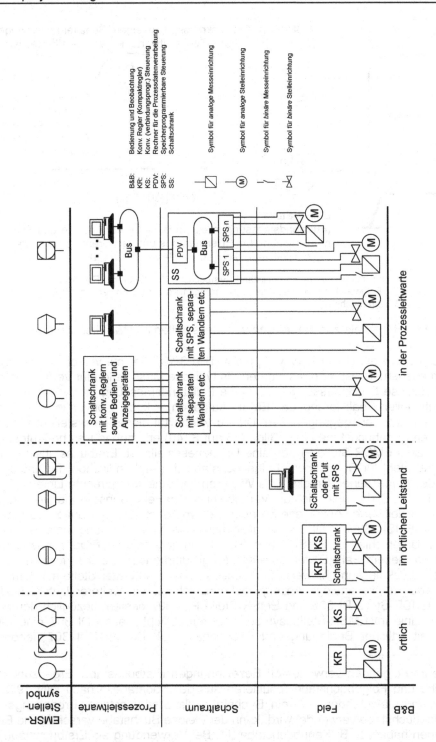

Bild 3-18: Zusammenhang zwischen EMSR-Stellensymbolik und allgemeinem Aufbau von Automatisierungsanlagen

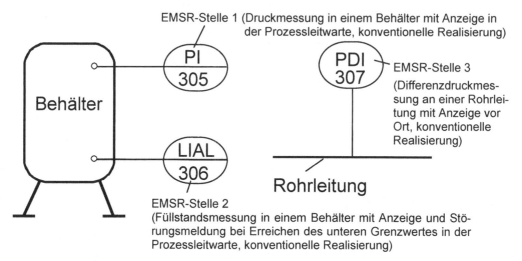

EMSR-Stelle 1 (Druckmessung in einem Behälter mit Anzeige in der Prozessleitwarte, konventionelle Realisierung)

PI 305

PDI 307 — EMSR-Stelle 3 (Differenzdruckmessung an einer Rohrleitung mit Anzeige vor Ort, konventionelle Realisierung)

Behälter

LIAL 306

Rohrleitung

EMSR-Stelle 2 (Füllstandsmessung in einem Behälter mit Anzeige und Störungsmeldung bei Erreichen des unteren Grenzwertes in der Prozessleitwarte, konventionelle Realisierung)

Legende: **P** – Druck (Erstbuchstabe), **L** – Füllstand (Erstbuchst.), **D** – Differenz (Ergänzungsbuchst.); **I** – Anzeige (1. Folgebuchst.), **A** – Alarmierung/Störungsmeldung (2. Folgebuchst.); **L** – unterer Grenzwert (3. Folgebuchst.)

Bild 3-19: Beispiele zur Darstellung von Messstellen im R&I-Fließschema

Betrachtet wird ein Behälter bzw. Apparat (Bild 3-19), der mit verschiedenen EMSR-Stellen ausgerüstet ist, d. h. es wurden als typische Messstellen für verfahrenstechnische Prozesse Druckmessungen und eine Füllstandsmessung projektiert, wobei von konventioneller Realisierung der EMSR-Aufgaben – kurz „Konventionelle Realisierung" genannt – ausgegangen wird. Die Funktionalität dieser Messstellen ist aus den jeweiligen Kennbuchstaben (vgl. Bild 3-23 auf S. 40) erkennbar. Das bedeutet im Einzelnen, dass EMSR-Stelle PI 305 eine Druckmessstelle ist: Erstbuchstabe[30] „P" (engl. pressure) steht für Druck sowie Folgebuchstabe „I" (engl. indication) für analoge Anzeige des gemessenen Drucks. Des Weiteren zeigt die waagerechte Linie im Symbol dieser EMSR-Stelle, dass sich die Verkabelung vom Feld (Sensor/Aktor vor Ort) bis in die Prozessleitwarte (Anzeigegerät) erstreckt (vgl. auch Bild 3-4 auf S. 19 bzw. Bild 3-18). In EMSR-Stelle PDI 307 ist gleichfalls eine Druckmessung installiert, bei der aber im Unterschied zu EMSR-Stelle PI 305 ein sogenannter Ergänzungsbuchstabe auftritt, in diesem Fall „D" für Differenz (engl. difference), welcher folglich auf eine Differenzdruckmessung hinweist, und schließlich wird an dritter Stelle mit dem Folgebuchstaben „I" die analoge Anzeige gekennzeichnet. Ein weiterer Unterschied zwischen EMSR-Stelle PI 305 und EMSR-Stelle PDI 307 besteht bezüglich der waagerechten Linie im EMSR-Stellensymbol und verdeutlicht, dass PDI 307 eine EMSR-Stelle mit örtlicher Bedienung und Beobachtung ist. Die zu PDI 307 gehörenden

---

30 Die im Folgenden verwendeten Bezeichnungen Erstbuchstabe, Ergänzungsbuchstabe und Folgebuchstabe resultieren aus der Kodetabelle nach DIN 19227 [8]. *Achtung:* Je nachdem, ob ein Buchstabe als Erstbuchstabe, Ergänzungs- oder Folgebuchstabe verwendet wird, kann der gleiche Buchstabe verschiedene Bedeutungen haben, z. B. Kennbuchstabe „L": Bei Verwendung als Erstbuchstabe steht „L" für die Messgröße „Füllstand" (engl. level), bei Verwendung als Folgebuchstabe steht „L" für unteren Grenzwert (engl. low)!

Mess- sowie konventionellen Bedien- und Beobachtungseinrichtungen sind also im Feld angeordnet. Für EMSR-Stelle LIAL 306 schließlich ist eine Füllstandsmessung projektiert: Erstbuchstabe „L" (engl. level) steht für Füllstand, erster Folgebuchstabe „I" für analoge Anzeige des Füllstandes, zweiter Folgebuchstabe „A" (engl. alarm) und dritter Folgebuchstabe L (engl. low) für Störungsmeldung bei Erreichen des unteren Füllstandsgrenzwertes. Es ist bereits nach diesen Beispielen hervorzuheben, dass es eine Standardaufgabe des Projektierungsingenieurs ist, für jede erforderliche EMSR-Stelle die richtigen Kennbuchstaben auszuwählen.

Als weitere Beispiele werden EMSR-Stellen für einen Durchfluss- und einen Füllstandsregelkreis vorgestellt, wobei erneut von konventioneller Realisierung der EMSR-Aufgaben ausgegangen wird. Für beide EMSR-Stellen ist auch die im R&I-Fließschema übliche Kennzeichnung von Regelgröße x und Stellgröße y erkennbar, wobei die Verbindungen zwischen Messorten und EMSR-Stellensymbolen durch Voll- bzw. zwischen EMSR-Stellensymbolne und Stellorten durch strichlierte Linien dargestellt werden (vgl. Bild 3-20).[31] [32]

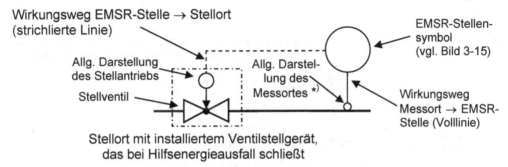

Stellort mit installiertem Ventilstellgerät,
das bei Hilfsenergieausfall schließt

*) Alternativ kann der Kreis zur Darstellung des Messortes auch weggelassen werden.

Bild 3-20:   Darstellung der Wirkungswege zwischen EMSR-Stellensymbol und Mess- bzw. Stellort

EMSR-Stelle FIC 315 (Bild 3-21a) zeigt einen Durchflussregelkreis. Dabei wird die zu regelnde Prozessgröße „Durchfluss" (Regelgröße) mit dem Erstbuchstaben „F" (engl. flow) für Durchfluss/Durchsatz gekennzeichnet und der erste Folgebuchstabe „I" für die analoge Anzeige des momentanen Durchflusswertes verwendet. Der zweite Folgebuchstabe „C" (engl. control) kennzeichnet die Funktion des selbsttätigen Regelns. Die zweite EMSR-Stelle LIC 320 (Bild 3-21b) repräsentiert einen Füllstandsregelkreis, wobei die zu regelnde Prozessgröße „Füllstand" durch den Erstbuchstaben „L" gekennzeichnet ist und der erste Folgebuchstabe „I" wieder die analoge Anzeige des

---

31 Die Linienstärke für diese Voll- bzw. strichlierten Linien beträgt üblicherweise 50 % der Linienstärke für Rohrleitungen, Armaturen, Behälter, Maschinen und Apparate.

32 Wie in Fußnote 26 auf S. 32 bereits erläutert, ist DIN 19227, Teil 1 zurückgezogen und durch DIN EN 62424 [9] ersetzt worden. Danach wird auch die Wirkungslinie von der EMSR-Stelle zum Stellort als Volllinie dargestellt, strichlierte Linien werden nur für Wirkungslinien zwischen EMSR-Stellen verwendet. Weitere Erläuterungen sind [10] zu entnehmen.

momentanen Wertes der Regelgröße „Füllstand" sowie der zweite Folgebuchstabe „C" das selbsttätige Regeln kennzeichnet. Die in beiden EMSR-Stellen eingetragene waagerechte Linie zeigt, dass nach Bild 3-16 (vgl. S. 33) Bedienung und Beobachtung in der Prozessleitwarte realisiert werden und sich daher die Verkabelung beider EMSR-Stellen von der Feldebene über den Schaltraum bis in die Prozessleitwarte erstreckt.

a)

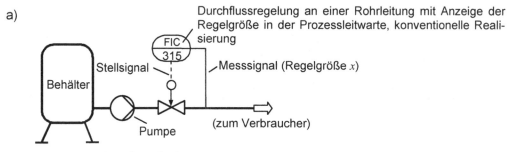

Durchflussregelung an einer Rohrleitung mit Anzeige der Regelgröße in der Prozessleitwarte, konventionelle Realisierung

Legende zu a: **F** - Durchfluss (Erstbuchst.), **I** - Anzeige (1. Folgebuchst.), **C** - Regelung (2. Folgebuchst.)

b)

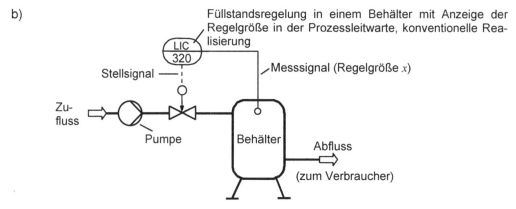

Füllstandsregelung in einem Behälter mit Anzeige der Regelgröße in der Prozessleitwarte, konventionelle Realisierung

Legende zu b: **L** - Füllstand (Erstbuchst.), **I** - Anzeige (1. Folgebuchst.), **C** - Regelung (2. Folgebuchst.)

Bild 3-21: Beispiele zur Darstellung von Regekreisen im R&I-Fließschema

Ein weiteres Beispiel soll die Darstellung binärer Steuerungen im R&I-Fließschema erläutern, wobei auch hier wieder von konventioneller Realisierung der EMSR-Aufgaben ausgegangen wird. Im Bild 3-22 wird gezeigt, wie neben der bereits bekannten EMSR-Stelle LIC 320 für die Füllstandsregelung mittels EMSR-Stelle LSO± 322 eine (binäre) Steuerung im R&I-Fließschema dargestellt wird. Die Kennzeichnung dieser EMSR-Stelle beginnt mit dem Erstbuchstaben „L" entsprechend der zu steuernden Prozessgröße (hier Füllstand). Der erste Folgebuchstabe „S" kennzeichnet die Funktion der Ablauf-/Verknüpfungssteuerung. Mit dem zweiten Folgebuchstaben „O" wird ein Sichtzeichen im Sinne einer binären Anzeige für jeweils oberen („H" oder „+") bzw. unteren („L" oder „–") Grenzwert deklariert. Im Unterschied zu den EMSR-Stellen für Regelkreise oder Messstellen zeigt Bild 3-22 anhand der EMSR-Stelle LSO± 322 auch, dass mehrere Eingangssignale, zum Beispiel hier die Binärsignale der Sensoren für den oberen bzw. unteren Füllstandsgrenzwert, dem in dieser EMSR-Stelle realisierten Steueralgorithmus zugeführt und verarbeitet werden können. Dazu wird die Verbindung zwischen Messorten, in denen Binärsensoren eingebaut sind, und EMSR-Stellensymbol als Volllinie sowie in entsprechender Weise die Verbindung zwischen EMSR-Stellensymbol und Stellorten, in denen Stelleinrichtungen eingebaut sind, strichliert dargestellt.

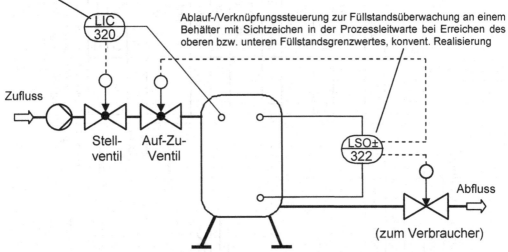

Füllstandsregelung in einem Behälter mit Anzeige der Regelgröße in der Prozessleitwarte, konventionelle Realisierung

Ablauf-/Verknüpfungssteuerung zur Füllstandsüberwachung an einem Behälter mit Sichtzeichen in der Prozessleitwarte bei Erreichen des oberen bzw. unteren Füllstandsgrenzwertes, konvent. Realisierung

Legende: **L** – Füllstand (Erstbuchstabe), **S** – Ablauf-/Verknüpfungssteuerung (1. Folgebuchstabe), **O** – Sichtzeichen, **±** – oberer (High, +) bzw. unterer (Low, –) Grenzwert

Bild 3-22:   Beispiel zur Darstellung binärer Steuerungen im R&I-Fließschema

Nachdem die Anwendung von Kennbuchstaben der EMSR-Technik nach DIN 19227 [8] an ausgewählten Beispielen demonstriert wurde, zeigt Bild 3-23 eine an [11] angelehnte zusammenfassende Zuordnung der Kennbuchstaben zur jeweiligen Bedeutung. Bild 3-23 enthält in

- Tabelle 1 bzw. Tabelle 2 Kennbuchstaben, welche als Erst- bzw. Ergänzungsbuchstaben verwendet werden und eine Messgröße oder andere Eingangsgröße sowie ein Stellglied kennzeichnen,
- Tabelle 3 Kennbuchstaben, die als Folgebuchstaben verwendet werden und die Verarbeitung der in Tabelle 1 bzw. Tabelle 2 aufgeführten Messgrößen oder anderen Eingangsgrößen sowie des Stellgliedes kennzeichnen.[33]

---

33 DIN 19227, Teil 1 ist zurückgezogen und durch DIN EN 62424 [9] ersetzt worden. Änderungen ergeben sich hauptsächlich bei Kennbuchstaben nach Bild 3-23: In Tabelle 1 wird Kennbuchstabe **A** für Analysen (D für Dichte und M für Feuchte entfallen → Zuordnung zu Q), **N** für Stelleingriff durch motorgetriebene Stellglieder, **U** für PCE-Leitfunktion, **V** für Vibration (nicht mehr Viskose → Zuordnung zu Q) sowie **Y** für Stelleingriff durch Drosselstellglied eingeführt. Ferner werden Tabelle 2 und Tabelle 3 aus Bild 3-23 zu einer einzigen Tabelle zusammengefasst, wobei in dieser Tabelle die bisher in Tabelle 3 enthaltenen Kennbuchstaben E, J, T, U sowie V ersatzlos entfallen und zusätzlich der Kennbuchstabe **B** für Beschränkung eingeführt wird. Näheres ist [10] zu entnehmen.

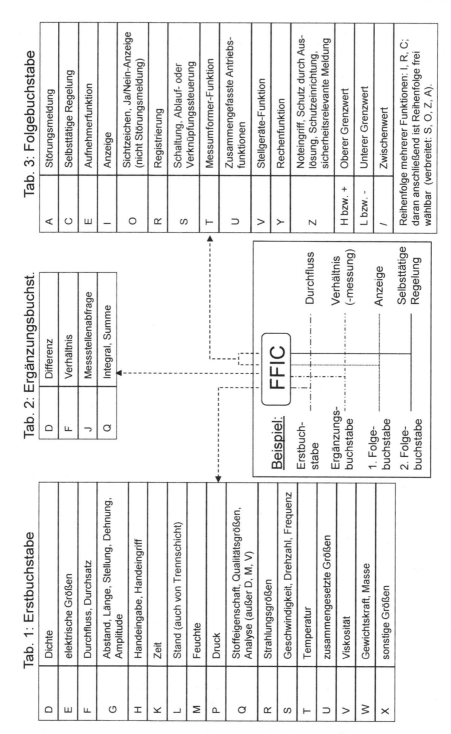

Bild 3-23:   Kennbuchstaben für die EMSR-Technik nach DIN 19227

Soll aus einem R&I-Fließschema die durch die im Bild 3-23 aufgeführten Kennbuch-staben beschriebene EMSR-Stellenfunktion dekodiert werden, so bietet sich hierfür an, folgendes Schema zu bearbeiten (5 „W-Fragen"):

1. Welche Anlagenkomponente?
2. Welche Prozessgröße?
3. Welche Verarbeitungsfunktionen?
4. Welche Art der Bedienung und Beobachtung (örtlich, örtlicher Leitstand, Pro-zessleitwarte)?
5. Welche Art der technischen Realisierung (konventionell, SPS-Technik, Pro-zessleitsystem)?

Beispiele dieser Systematik zeigen Bild 3-19, Bild 3-21 sowie Bild 3-22.

So überschaubar die Anwendung der Kennbuchstaben gemäß Bild 3-23 zunächst scheint, so schwierig erweist sie sich im Detail. Das betrifft im Besonderen die Ver-wendung von

- Kennbuchstabe „S" als Folgebuchstabe (vgl. Bild 3-23, Tabelle 3),
- Kennbuchstabenkombination „US" sowie
- Kennbuchstabenkombination „EU".

Deshalb wird im Folgenden auf diese Problemkreise näher eingegangen.

Verwendung des Kennbuchstabens „S" als Folgebuchstabe

Aufgrund in DIN 19227 noch nicht enthaltener diesbezüglicher Anwendungshinweise wird hier – unabhängig davon, ob dem Kennbuchstaben „S" weitere Kennbuchstaben folgen – folgende Verwendung vorgeschlagen:

- Ist die betrachtete EMSR-Stelle nicht mit einer übergeordneten EMSR-Stelle (z. B. Steuerung oder Regelung) verbunden, so steht der Folgebuchstabe „S" für *Ab-lauf-/Verknüpfungssteuerung*, d. h. in diesem Fall ist der Folgebuchstabe „S" sinn-vollerweise ohne „+" und/oder „–" zu verwenden

- Ist die betrachtete EMSR-Stelle mit einer übergeordneten EMSR-Stelle (z. B. Steuerung oder Regelung) verbunden, so steht der Folgebuchstabe „S" mit „+" und/oder „–" für *Schaltung* bei Erreichen des oberen bzw. unteren Grenzwertes.

Aus diesem Vorschlag kann man entnehmen, dass z. B. zur Darstellung der Verarbei-tung des oberen Grenzwertes (erzeugt in einer „Ursprungs"-EMSR-Stelle) in einer übergeordneten EMSR-Stelle im Buchstabencode der „Ursprungs"-EMSR-Stelle der Folgebuchstabe „S" in Verbindung mit dem „+"-Zeichen verwendet werden soll (Bei-spiel vgl. Bild 3-61 auf S. 82), d. h. die alleinige Verwendung des Folgebuchstabens „O" (Sichtzeichen; vgl. Bild 3-23) würde nicht ausreichen.

Verwendung der Kennbuchstabenkombination „US"

Werden Stelleinrichtungen in Abhängigkeit von Signalen anderer EMSR-Stellen durch einen Steueralgorithmus gesteuert (vgl. z. B. Bild 3-61 auf S. 82), dann ist es sinnvoll, hierfür eine EMSR-Stelle mit der Kennbuchstabenkombination „US" vorzusehen, die mit denjenigen EMSR-Stellen, welche die Eingangssignale für den Steueralgorithmus liefern, durch eine strichlierte Wirkungslinie verbunden ist. In der EMSR-Stelle mit der

Kennbuchstabenkombination „US" wird der Steueralgorithmus abgearbeitet, d. h. diese EMSR-Stelle steuert mit den entsprechenden Ausgangssignalen die jeweiligen Stelleinrichtungen. Die Stellorte, in denen die betreffenden Stelleinrichtungen ihrerseits eingebaut sind, verbindet man also ebenfalls durch strichlierte Wirkungslinien mit dieser EMSR-Stelle (Beispiel vgl. Bild 3-61 auf S. 82).

Verwendung der Kennbuchstabenkombination „EU"

EMSR-Stellen mit der Kennbuchstabenkombination „EU" charakterisieren nach DIN 19227 die sogenannte Motorstandardfunktion, die sich aus den Einzelfunktionen

- Handschaltung (Kennbuchstabenkombination „HS±"),
- Laufanzeige mit Sichtzeichen (Kennbuchstabenkombination „SOA-"),
- Anzeige des durch den Motor fließenden elektrischen Stroms (Kennbuchstabenkombination „EI")

zusammensetzt. Durch Zusammenfassung der genannten Einzelfunktionen zur Motorstandardfunktion wird einerseits das R&I-Fließschema übersichtlicher, andererseits bietet sich die Verwendung der Kennbuchstabenkombination „EU" in denjenigen Fällen an, bei denen der Elektromotor über einen in der Schaltanlage installierten Verbraucherabzweig versorgt wird,[34] womit die genannten Einzel-Funktionen in komfortabler Weise realisiert werden. Das EMSR-Stellensymbol, in welches die Kennbuchstabenkombination „EU" eingetragen ist, wird mit dem Symbol des Elektromotors durch eine *Volllinie* verbunden.

Des Weiteren verdeutlichen die in Bild 3-19 bis Bild 3-22 dargestellten Auszüge aus dem R&I-Fließschema der Gesamtanlage auch die unterschiedliche Nutzung der Stelltechnik, wobei Stelleinrichtungen mit pneumatischer Hilfsenergie und elektrischer Hilfsenergie betrachtet werden. Wie aus der eingetragenen Symbolik für diese Stelleinrichtungen ersichtlich wird, werden diese Stelleinrichtungen sowohl von Regelkreisen als auch von binären Steuerungen bedient. Dabei ist aus dem R&I-Fließschema eindeutig erkennbar, dass in Regelkreisen – bis auf Ausnahme des Zweipunkt- bzw. Dreipunktregelkreises – meistens analoge Stelleinrichtungen (z. B. analoge Ventilstelleinrichtungen) eingesetzt werden, während eine binäre Steuerung stets binäre Stelleinrichtungen (z. B. binäre Ventilstelleinrichtungen wie Auf-Zu-Ventilstelleinrichtungen) bedient. In diesem Zusammenhang spielt die sogenannte Vorzugsrichtung von Stellgeräten bei Ausfall der Hilfsenergieversorgung eine bedeutsame Rolle für die Anlagensicherheit, weil die Stellgeräte im Havariefall auch ohne Hilfsenergieversorgung selbsttätig einen sicheren Anlagenzustand herbeizuführen haben. Bild 3-24 zeigt die in der Anlagenautomatisierung typischen Verhaltensweisen am Beispiel von Ventilstellgeräten, wobei die ersten beiden Symbole für Ventilstellgeräte mit pneumatischen Stellantrieben charakteristisch sind, welche bei Hilfsenergieausfall das Ventilstellgerät

---

34 Verbraucherabzweige sind technische Einrichtungen, die alle zum Betrieb von Verbrauchern (z. B. Stellantriebe für Drosselstellglieder bzw. Arbeitsmaschinen) erforderlichen elektrischen Betriebsmittel – beginnend bei den Klemmen zum Anschluss an den Versorgungsstrang und endend an den Verbraucheranschlussklemmen – umfassen. Wesentliche elektrische Betriebsmittel eines Verbraucherabzweiges sind: Leitungsschutzschalter, Motorschutzrelais, Schütz (siehe hierzu Erläuterungen im Anhang 1).

öffnen oder schließen, während das dritte Symbol vorzugsweise auf Ventilstellgeräte mit elektrischen Stellantrieben zutrifft, welche im Unterschied zu pneumatischen Stellantrieben bei Hilfsenergieausfall in der jeweils erreichten Position verharren. Die Festlegung dieses Verhaltens ist für die Anlagensicherheit (Prozesssicherheit) von ausschlaggebender Bedeutung und daher ein wesentlicher Projektierungsschritt, durch den bereits im R&I-Fließschema eindeutig festgelegt wird, welche Vorzugslage ein Stellgerät einnimmt.

Es kann also festgestellt werden, dass mit dem R&I-Fließschema die erforderlichen EMSR-Stellen projektiert sowie die Anforderungen an die Automatisierungsanlage erfasst und dokumentiert sind.

Symbol	Bedeutung im R&I-Fließschema
	Ventilstellgerät, bei Hilfsenergieausfall *schließend* (Def. nach DIN 2429), d. h. es wird die Stellung für minimalen Massestrom oder Energiefluss eingenommen (Erläuterung nach DIN 19227)
	Ventilstellgerät, bei Hilfsenergieausfall *öffnend* (Def. nach DIN 2429), d. h. es wird die Stellung für maximalen Massestrom oder Energiefluss eingenommen (Erläuterung nach DIN 19227)
	Ventilstellgerät, bei Hilfsenergieausfall in der zuletzt eingenommenen Stellung *verharrend* (Erläuterung nach DIN 19227)

Bild 3-24: Typisches Verhalten von Stellgeräten bei Hilfsenergieausfall am Beispiel von Ventilstellgeräten[35]

Die Projektierung einer Automatisierungsanlage erfordert eine weitere Detaillierung der projektierten EMSR-Stellen, das heißt, es ist die Frage zu stellen, welche Automatisierungsmittel im Einzelnen für die technische Realisierung einer EMSR-Stelle einzusetzen sind. Diese Aufgabe wird durch Auswahl und Dimensionierung von Mess- bzw. Stelleinrichtungen, Prozessorik, Bedien- und Beobachtungseinrichtungen sowie Bussystemen gelöst (vgl. Abschnitt 3.3.3.3) – in der Projektierungspraxis als Instrumentierung bezeichnet.

3.3.3.2 EMSR Stellenliste sowie EMSR-Stellen- und Signalliste

Um die im R&I-Fließschema mittels EMSR-Stellen dargestellten Informationen im Projektierungsprozess strukturiert weiterverarbeiten zu können, ist eine Bündelung

---

35 Neben den im Bild 3-24 dargestellten Symbolen sind in DIN 19227 [8] weitere Symbole für das Verhalten von Stellgeräten bei Hilfsenergieausfall definiert, d. h. Bild 3-24 enthält nur die typischen und daher häufig verwendeten Symbole.

dieser Informationen erforderlich. Hierzu wird meist die EMSR-Stellenliste benutzt, in der tabellarisch alle EMSR-Stellen aus dem R&I-Fließschema mit wesentlichen ergänzenden Informationen wie z. B. zur Prozessgröße und den Verarbeitungsfunktionen erfasst werden. Mit welchem Detaillierungsgrad ergänzende Informationen in der EMSR-Stellenliste dargestellt werden, ist hauptsächlich vom jeweils vorliegenden Anwendungsfall abhängig. Bild 3-25 zeigt beispielhaft eine EMSR-Stellenliste. Abhängig vom jeweils vorliegenden Anwendungsfall ist auch eine komplexere Ausführung der EMSR-Stellenliste denkbar, aus der mit Blick auf die Erarbeitung der Anwendersoftware (vgl. Abschnitt 3.4.5) hervorgeht, welche Signale in der jeweils betrachteten EMSR-Stelle zu berücksichtigen sind. Hierdurch wird die EMSR-Stellenliste zur EMSR-Stellen- und Signalliste.

3.3.3.3 Auswahl und Dimensionierung von Mess- bzw. Stelleinrichtungen, Prozessorik, Bedien- und Beobachtungseinrichtungen sowie Bussystemen

Ausgehend von Bild 1-4 (vgl. S. 3) besteht eine Automatisierungsanlage aus Mess- bzw. Stelleinrichtungen, Prozessorik sowie Bedien- und Beobachtungseinrichtungen. Die Signalübertragung zwischen diesen Komponenten erfolgt ggf. auch busbasiert. Gegenstand der nachfolgenden Betrachtungen ist die Auswahl und Dimensionierung derartiger Komponenten, in der Projektierungspraxis auch als Instrumentierung bezeichnet. Dafür sind generell folgende allgemeingültige Forderungen zu beachten:

- **Zuverlässigkeit:** Die Ausfallsicherheit der eingesetzten Komponenten muss die notwendigen Anforderungen für den Betrieb der Produktionsanlage erfüllen (SIL-Nachweis entspr. DIN EN 61508 [12] sowie DIN EN 61511 [13]).[36]

- **Prozessbedingungen:** Die für den jeweiligen Produktionsprozess charakteristischen Prozessparameter wie Temperatur, Druck, Medieneigenschaften, Explosionsgefährdung, Strahlung, elektromagnetische Felder usw. sind, soweit erforderlich, bei der Auswahl von Komponenten zu berücksichtigen.

- **Kundenanforderungen:** Häufig gibt der Kunde vor, welche Hersteller die erforderlichen Komponenten liefern sollen.

- **Integrierbarkeit:** Die Erweiterung einer bereits bestehenden Automatisierungsanlage durch zusätzliche Komponenten soll mit möglichst geringem Aufwand realisierbar sein (z. B. kein Wechsel in der Art der Hilfsenergieversorgung).

- **Energieverbrauch:** Die von den Mess- bzw. Stelleinrichtungen, Prozessorik, Bedien- und Beobachtungseinrichtungen sowie Bussystemen aufgenommene Hilfsenergie ist durch entsprechende Auswahl und Dimensionierung zu minimieren und (bilanzierbar) zu erfassen.

---

36 „SIL" steht für Safety Integrated Level und ist ein durch DIN EN 61508 sowie DIN EN 61511 bestimmtes Maß, eingeteilt in vier Stufen, für die Zuverlässigkeit von Systemen (vgl. dazu auch Erläuterungen im Abschnitt 5.5).

Ldf. Nr.	EMSR-Stelle	EMSR-Stellen-Bezeichnung
1	US 1	Ablaufsteuerung am Rührkesselreaktor R1 mit Bedienung und Beobachtung in der PLW; Realisierung EMSR-Aufgaben mit PLS
2	LIS+/- 2	Füllstandsmessung am Rührkesselreaktor R1 mit Anzeige in der PLW sowie Schaltung bei Erreichen des ob. bzw. unt. Grenzwerts sowie eines Zwischenwerts; Realisierung EMSR-Aufg. mit PLS
3	TIS± 3	Temperaturmessung am Rührkesselreaktor R1 mit Anzeige in der PLW sowie Schaltung bei Erreichen des oberen bzw. unteren Grenzwerts; Realisierung EMSR-Aufgaben mit PLS
4	TI 4	Temperaturmessung am Rührkesselreaktor R1 mit örtlicher Anzeige; Realisierung EMSR-Aufgaben konventionell
5	GS±O± 5	Stellungsüberwachung an Armatur V1 mit Sichtzeichen für Endlage Auf/Zu in der PLW sowie Schaltung bei Erreichen der oberen bzw. unteren Endlage; Realisierung EMSR-Aufgaben mit PLS
6	GS±O± 6	Stellungsüberwachung an Armatur V2 mit Sichtzeichen für Endlage Auf/Zu in der PLW sowie Schaltung bei Erreichen der oberen bzw. unteren Endlage; Realisierung EMSR-Aufgaben mit PLS
7	GS±O± 7	Stellungsüberwachung an Armatur V3 mit Sichtzeichen für Endlage Auf/Zu in der PLW sowie Schaltung bei Erreichen der oberen bzw. unteren Endlage; Realisierung EMSR-Aufgaben mit PLS
8	GS±O± 8	Stellungsüberwachung an Armatur V4 mit Sichtzeichen für Endlage Auf/Zu in der PLW sowie Schaltung bei Erreichen der oberen bzw. unteren Endlage; Realisierung EMSR-Aufgaben mit PLS
9	GS±O± 9	Stellungsüberwachung an Armatur V5 mit Sichtzeichen für Endlage Auf/Zu in der PLW sowie Schaltung bei Erreichen der oberen bzw. unteren Endlage; Realisierung EMSR-Aufgaben mit PLS
10	UV 10	Stellgerätefunktion am Antriebsmotor M1 mit Bedienung und Beobachtung in der PLW; Realisierung EMSR-Aufgaben mit PLS
11	SO± 11	Laufüberwachung am Antriebsmotor M1 mit Sichtzeichen für den Laufzustand Ein/Aus in der PLW; Realisierung EMSR-Aufgaben mit PLS
12	UV 12	Stellgerätefunktion am Antriebsmotor M3 mit Bedienung und Beobachtung in der PLW; Realisierung EMSR-Aufgaben mit PLS
13	SO± 13	Laufüberwachung am Antriebsmotor M3 mit Sichtzeichen für den Laufzustand Ein/Aus in der PLW; Realisierung EMSR-Aufgaben mit PLS
14	UV 14	Stellgerätefunktion am Antriebsmotor M2 mit Bedienung und Beobachtung in der PLW; Realisierung EMSR-Aufgaben mit PLS
15	SO± 15	Laufüberwachung am Antriebsmotor M2 mit Sichtzeichen für den Laufzustand Ein/Aus in der PLW; Realisierung EMSR-Aufgaben mit PLS

						HTW Dresden	Dokumentenname
						Friedrich-List-Platz 1	EMSR-Stellenliste
C						01069 Dresden	
B							
A			Datum	14.10.2016			
			Bearb.	Helth			
F			Gepr.	Bindel			
E			Norm	DIN			Druckdatum 12.10.16
D							
Ind.	Änderung						
Ind.	Änderung	Name	Datum	Änderung			

Bild 3-25: Beispiel einer EMSR-Stellenliste (vgl. R&I-Fließschema im Bild 3-61)

- **Kostenbestimmung**:   Ein Preisvergleich der Komponenten unterschiedlicher Hersteller für die Lösung einer Automatisierungsaufgabe ist ein wesentlicher Ansatz zur Senkung der Projektkosten.

- **Sonstiges:**   Hierbei sind Aspekte wie z. B. Größe, Gewicht und Einbaumöglichkeit der eingesetzten Komponenten einschließlich Kundendienst etc. zu beachten.

Schließlich ist auch eine Wichtung o. g. Forderungen gegeneinander vorzunehmen. Das heißt zum Beispiel, die erforderliche Zuverlässigkeit der Automatisierungsanlage ist immer höher zu priorisieren als die Senkung der Kosten für die Mess- bzw. Stelleinrichtungen, Prozessorik, Bedien- und Beobachtungseinrichtungen sowie Bussysteme.

Bei der Projektierung einer EMSR-Stelle beginnt man zunächst mit der Auswahl und Dimensionierung der *Messeinrichtungen* (Sensorik). Diese Aufgabe gestaltet sich für den Projektierungsingenieur vergleichsweise einfach, denn durch Auswertung entsprechender Firmendokumentationen (Kataloge) wählt er anhand der vom Verfahrenstechniker im Allgemeinen vorgegebenen Messbereiche und unter Berücksichtigung der vorgenannten allgemeinen Forderungen (Zuverlässigkeit, Prozessbedingungen, Kundenanforderungen, Integrierbarkeit, Energieverbrauch etc.) die jeweils erforderliche Sensorik aus (vgl. Bild 3-26). Dafür sind zusätzlich auch die entsprechenden Prozessparameter wie Temperatur, Druck bzw. Medieneigenschaften zu berücksichtigen. Hinweise zur Auswahl der für den jeweils vorliegenden Anwendungsfall geeigneten Sensorik sind [14, 15, 16, 17, 18] zu entnehmen.

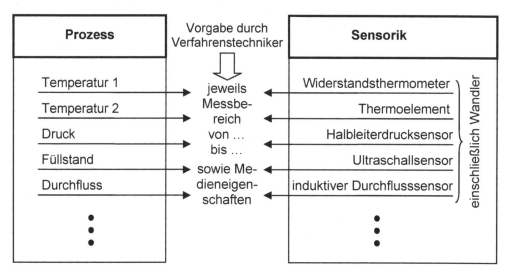

Bild 3-26:   Zur Auswahl der Sensorik

Bei Auswahl und Dimensionierung von *Stelleinrichtungen*, häufig auch als Aktorik bezeichnet, sind vom Projektierungsingenieur umfangreichere Überlegungen anzustellen. Die im Abschnitt 2 bereits vorgestellten Prozessbeispiele repräsentieren Durchfluss- bzw. Füllstandsregelung als typische Regelungsaufgaben. Für beide Regelungsaufgaben ist von einem Flüssigkeitsdurchfluss (häufig Wasser) auszugehen.

Folglich besteht die Regelungsaufgabe darin, jeweils einen Durchfluss entsprechend dem vom Regelalgorithmus erzeugten Stellsignal zu realisieren.

Weil in der Verfahrenstechnik vorrangig

- Kreiselpumpen,
- Kolbenhubpumpen und
- Stellarmaturen

als Stellglieder für die Stoffstromstellung zum Einsatz kommen, werden nachfolgend deren Funktionsweise und Einsatzbedingungen näher erläutert.[37]

Die _Kreiselpumpe_ (Bild 3-27) wird als erstes Stellglied für die Stoffstromstellung[38] vorgestellt.

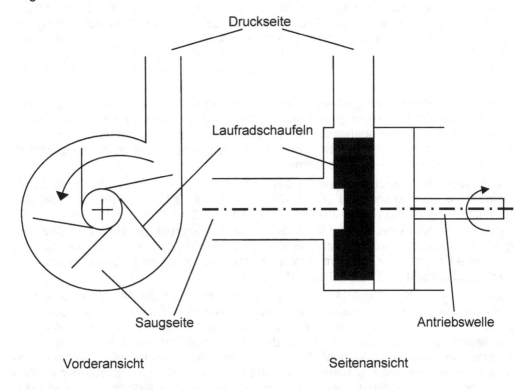

Bild 3-27: Aufbau einer Kreiselpumpe (Vorder- und Seitenansicht)

---

37 Zum besseren Verständnis der Funktionsweise dieser Stellglieder werden auch notwendige Grundlagen aus der Strömungsmechanik (zumindest in verbaler Form, d. h. nicht formelmäßig) kurz aufgegriffen und in die Erläuterungen zur Auswahl und Dimensionierung dieser Stelleinrichtungen einbezogen. Zur Vertiefung sei u. a. auf [19] verwiesen.

38 In der einschlägigen Fachliteratur werden statt des Begriffes „Durchfluss" häufig auch die Begriffe „Durchsatz", „Stoffstrom", „Volumenstrom" bzw. „Förderstrom" verwendet.

Die Kreiselpumpe saugt Flüssigkeit in das Pumpengehäuse, wobei das sich drehende Schaufelrad die Flüssigkeit beschleunigt und auf Grund der vorhandenen Zentrifugalkraft durch die Austrittsöffnung (Druckseite) wieder austreten lässt. Der somit erzeugte Förderstrom bewirkt einen Druckunterschied zwischen Pumpeneintritt und Pumpenaustritt. Dabei bildet sich durch das Wegströmen der Flüssigkeit von der Schaufelradachse am Pumpeneintritt ein Unterdruck aus. Das bedeutet, bei Ansaugen von Flüssigkeit aus einem tiefergelegenen Behälter wird die Saughöhe von der Differenz aus Behälterdruck und erreichbarem Unterdruck am Pumpeneintritt begrenzt. Bildet sich an der Saugseite der Pumpe ein Unterdruck aus, der geringer ist als der sogenannte Dampfdruck der Flüssigkeit, tritt Verdampfung ein, so dass beim Implodieren der entstandenen Dampfblasen an Stellen höheren Druckes eine Zerstörung des Schaufelrades eintreten kann. Diese Erscheinung wird Kavitation genannt. Der konstruktive Aufbau der Kreiselpumpe bewirkt weiterhin, dass sie im abgeschalteten Zustand nicht dicht schließt. Wird folglich der Gegendruck aus dem vorgelagerten Rohrleitungsabschnitt zu hoch, so entsteht eine entgegengesetzte Strömung. Um dies zu verhindern, ist in den Förderstutzen der Pumpe oder in die nachfolgende Rohrleitung ein Rückschlagventil einzubauen, welches sich nur bei Vorhandensein des Förderdrucks öffnet.

In diesem Zusammenhang ist weiterhin zu bemerken, dass eine Kreiselpumpe auch über kürzere Zeit gegen ein geschlossenes Ventil (Absperrventil) arbeiten kann, ohne dass dabei der Antrieb überlastet oder zerstört wird. Große Kreiselpumpen, zum Beispiel ab 2 kW aufgenommene elektrische Leistung, werden meist gegen ein geschlossenes Absperrventil an- bzw. abgefahren.

Zur Auswahl einer Kreiselpumpe für einen Anlagenabschnitt (Rohrleitungsabschnitt) werden die Pumpenkennlinie (Bild 3-28) bzw. bei regelbaren Kreiselpumpen das Pumpenkennlinienfeld (Bild 3-29) verwendet. Das heißt, auf der Abszisse ist der Förderstrom q aufgetragen und auf der Ordinate der Förderdruck Δp sowie der Wirkungsgrad η. Mit dieser Kennlinie bzw. diesem Kennlinienfeld wird damit jeweils für eine konstante Drehzahl der Zusammenhang zwischen Förderstrom, Förderdruck und Wirkungsgrad dargestellt (Bild 3-28 bzw. Bild 3-29).

Förderstrom von Null (Punkt A im Bild 3-28) bedeutet, dass die Kreiselpumpe entweder gegen geschlossenes Ventil fördert, oder der statische Druck in der auf der Pumpen-Druckseite angeschlossenen Rohrleitung ist gleich dem Förderdruck Δp_0. Die Kreiselpumpe ist in diesem Fall zwar in Betrieb, transportiert jedoch keine Flüssigkeit, so dass der Wirkungsgrad η gleich Null ist, weil die gesamte aufgenommene Antriebsenergie im Pumpengehäuse in Wärme umgesetzt wird. Steigt nun der Förderstrom an, erreicht die Pumpe in einem Arbeitspunkt (Nennförderstrom q_0, vgl. Punkt B im Bild 3-28) den maximalen Wirkungsgrad. Beim weiteren Ansteigen des Förderstroms (Punkt C im Bild 3-28) nimmt auch die aufgenommene Antriebsleistung zu, wobei sich bei sinkendem Förderdruck der Wirkungsgrad verschlechtert. Die erhöhte Leistungsaufnahme kann auch zur Überlastung des Antriebsmotors führen, weshalb ein bestimmter Förderstrom nicht überschritten werden darf. Die Auswahl einer Kreiselpumpe kann damit nach einer relativ überschaubaren Vorgehensweise erfolgen, wofür zwei Fälle unterschieden werden.

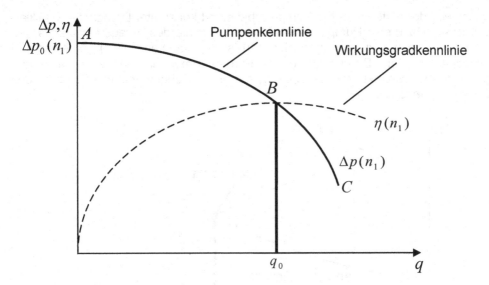

Bild 3-28: Pumpenkennlinie und Wirkungsgradkennlinie einer Kreiselpumpe bei konstanter Drehzahl

Im ersten Fall wird die Pumpe als binäre Stelleinrichtung für die Realisierung eines konstanten Förderstroms – z. B. in einer Rohrleitung – eingesetzt, wobei die Pumpe mit konstanter Drehzahl arbeitet. Im zweiten Fall wird die Pumpe als analoge Stelleinrichtung eingesetzt, wobei die Drehzahl zur Realisierung unterschiedlicher Förderströme verändert wird (Bild 3-29).

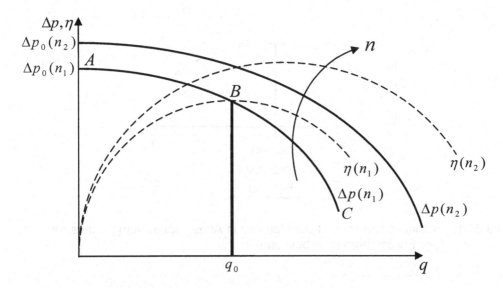

Bild 3-29: Pumpenkennlinienfeld und Wirkungsgradkennlinien einer Kreiselpumpe bei veränderlicher Drehzahl

Zunächst wird der erste Fall – die Pumpe arbeitet mit konstanter Drehzahl – detaillierter betrachtet. Dazu sind Pumpenkennlinie und Kennlinie des Anlagenabschnitts, der an die Druckseite der Pumpe angeschlossen ist (Anlagenkennlinie[39]) gemeinsam in ein Koordinatensystem (Druckabfall Δp über Förderstrom q, Bild 3-30) einzutragen und der geplante Arbeitspunkt der Kreiselpumpe durch den Schnittpunkt von Pumpen- und Anlagenkennlinie festzulegen.

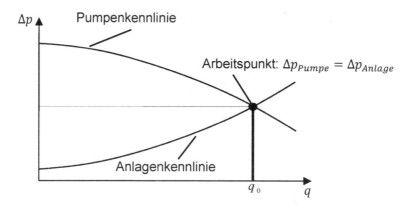

Bild 3-30: Zur Auswahl einer Kreiselpumpe an Hand der statischen Kennlinien von Anlagenabschnitt und Pumpe (q_o: Förderstrom im Arbeitspunkt)

Des Weiteren ist der Wirkungsgrad der Pumpe gleichfalls zur Bestimmung des Arbeitspunktes (d. h. der Nennverhältnisse) heranzuziehen (Bild 3-31).

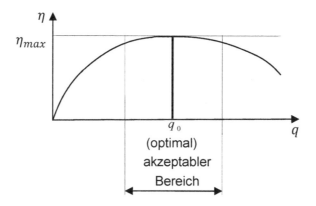

Bild 3-31: Wirkungsgrad einer Kreiselpumpe in Abhängigkeit vom Förderstrom (q_0: Förderstrom im Arbeitspunkt)

---

39 Die Anlagenkennlinie gibt an, wie groß der von der Anlage verursachte Druckabfall – bedingt durch in der Anlage vorhandene Strömungswiderstände – in Abhängigkeit vom durch die Anlage fließenden Förderstrom ist.

Entsprechend der erfolgten Pumpenauswahl ist hierbei ein Kompromiss für das Erreichen des Wirkungsgradmaximums η_{max} häufig nicht zu vermeiden. Die Auswahl bzw. Dimensionierung der Pumpe ist im Sinne der Planung akzeptabel, wenn für den Nennförderstrom q_0 noch eine Toleranz von zum Beispiel ±10% zum Wirkungsgradmaximum η_{max} eingehalten wird (vgl. Bild 3-31).

Für den zweiten Fall (drehzahlgeregelte Kreiselpumpe), ist das Pumpenkennlinienfeld (Bild 3-32) die Basis für die Auswahl und Dimensionierung. Dafür werden zum Beispiel für die Drehzahlen n_{min}, n_0 und n_{max} die zugehörigen Pumpenkennlinien eingetragen und an Hand der Anlagenkennlinie der Arbeitspunkt q_0 sowie der Arbeitsbereich der Kreiselpumpe durch q_{min} und q_{max} festgelegt. Sowohl die Vorgabe des Arbeitspunktes als auch der Arbeitsbereich werden dabei vom Verfahrenstechniker festgelegt.

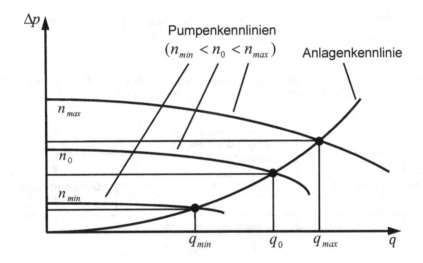

Bild 3-32: Anlagenkennlinie und Kennlinienfeld einer Kreiselpumpe
(q_0: Förderstrom im Arbeitspunkt)

Betrachtet man dazu noch das zugehörige Wirkungsgradkennlinienfeld (Bild 3-33), so soll sich für den Nennförderstrom q_0 und die Drehzahl n_0 das Wirkungsgradmaximum η_{max} ergeben. Berücksichtigt man nun den durch q_{min} und q_{max} vorgegebenen Arbeitsbereich, wird je nach Drehzahländerung der Wirkungsgrad η im Kennlinienfeld verschoben, wobei auch hier wie im ersten Fall darauf zu achten ist, dass der Wirkungsgrad den akzeptablen Toleranzbereich nicht verlässt.

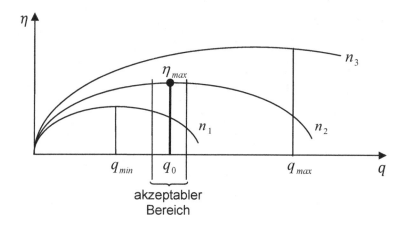

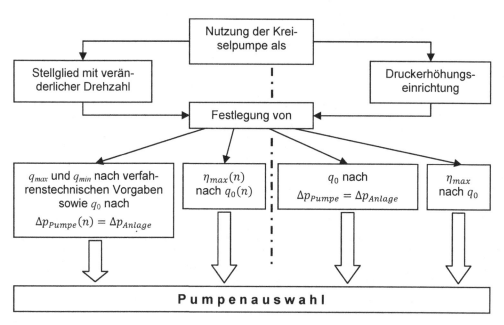

Bild 3-33: Wirkungsgradkennlinienfeld einer Kreiselpumpe in Abhängigkeit vom Förderstrom (q_0: Förderstrom im Arbeitspunkt)

Anhand des im Bild 3-34 dargestellten Auswahlalgorithmus lassen sich die einzelnen Schritte zur Auswahl einer Pumpe einprägsam nachvollziehen.

Bild 3-34: Algorithmus zur Auswahl einer Kreiselpumpe

Die **Kolbenhubpumpe** wird als weiteres Stellglied für die Stoffstromstellung vorgestellt. Im Unterschied zur Kreiselpumpe ist bei diesem Pumpentyp der Förderstrom
unabhängig vom Gegendruck, das heißt, die Pumpe arbeitet für jeden Förderstrom mit
konstantem Förderdruck. Im Bild 3-35 wird dieser Sachverhalt prinzipiell aufgezeigt.

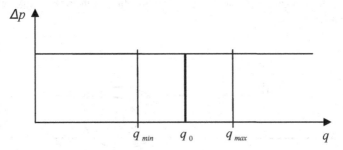

Bild 3-35: Statische Kennlinie einer Kolbenhubpumpe für den Zusammenhang zwischen Förderdruck und Förderstrom

Dieses für den Projektierungsingenieur durchaus günstige Verhalten erklärt sich aus
dem konstruktiven Aufbau dieses Pumpentyps, bei dem der Förderstrom mittels eines
Kolbens und zweier wechselnd wirkender Rückschlagventile erzeugt wird (Bild 3-36).

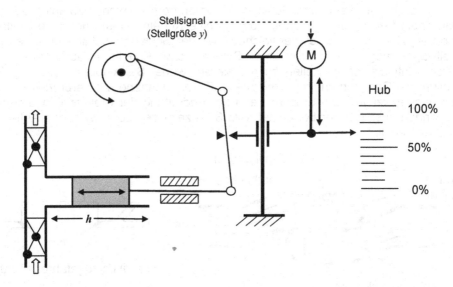

Bild 3-36: Prinzipieller Aufbau einer Kolbenhubpumpe

Damit wird ersichtlich, dass durch die Verstellung des Kolbenhubes zwischen 0 % und
100 % auch der Förderstrom zwischen 0 % und 100 % stellbar ist. Folglich ist auch
die Kolbenhubpumpe ein Stellglied zur kontinuierlichen Stoffstromstellung, dessen
Auswahl und Dimensionierung durch Nominalfördermenge (Fördermenge im Arbeitspunkt) und Druckbelastbarkeit des Pumpengehäuses hinreichend bestimmt ist.

Die **Stellarmatur** (Drosselstellglied) wird als drittes Stellglied für die Stoffstromstellung vorgestellt. Eine Stellarmatur hat die Aufgabe, in einem Rohrleitungssystem durch ihren veränderbaren Strömungswiderstand den Förderstrom zu beeinflussen. Zunächst werden im Bild 3-37 in schematischer Darstellung die in der Verfahrenstechnik üblichen Stellarmaturen gezeigt, wobei das Stellventil zweifelsohne die am häufigsten eingesetzte Stellarmatur ist.

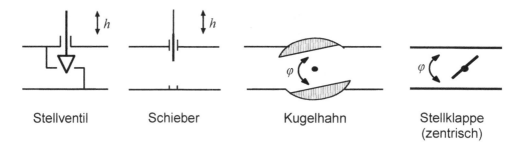

| Stellventil | Schieber | Kugelhahn | Stellklappe (zentrisch) |

Bild 3-37:   Stellarmaturen für die Stoffstromstellung

Der im Bild 3-37 dargestellte Schieber ist eine häufig in der Anlagentechnik eingesetzte Stellarmatur, die im Vergleich zum Stellventil entweder vollständig geöffnet oder geschlossen sein kann und damit den Förderstrom entweder komplett sperrt oder vollständig freigibt. Der gleichfalls dargestellte Kugelhahn ist auch eine Stellarmatur und verhält sich funktionell vergleichbar wie der Schieber. Schließlich ist es mit der Stellklappe möglich, im Vergleich zu Schieber bzw. Kugelhahn auch ein näherungsweise kontinuierliches Stellen zu realisieren, wobei Stellklappen vorrangig für das Stellen von Gasströmen, zum Beispiel im Zusammenhang mit Verbrennungsregelungen, eingesetzt werden. Entsprechend der Bedeutung der Stellventile werden sie im Folgenden ausführlicher betrachtet. Bild 3-38 zeigt den schematischen Aufbau eines solchen Ventils.

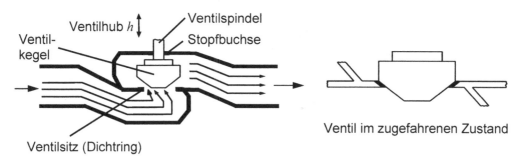

Bild 3-38:   Zum Aufbau eines Stellventils

Der Ventilkegel ist das ausschlaggebende Bauteil, da er durch seine geometrische Form das Durchflussverhalten des Stellventils beeinflusst. Im Normalfall ist das Stellventil nicht vollständig geschlossen, weil bei schließendem Aufsetzen des Ventilkegels auf dem Ventilsitz Beschädigungen der Ventilkegeloberfläche nicht auszuschließen sind. Der jeweils erforderliche Ventilhub h wird von einem Stellantrieb über die Ventilspindel realisiert. Besteht aus verfahrenstechnischen Gründen die Notwendigkeit, einen Rohrleitungsabschnitt vollständig zu sperren, wird zusätzlich ein „Auf/Zu"-Ventil eingesetzt. Stellt man sich nun die Aufgabe, ein Stellventil auszuwählen, so ist zunächst das grundsätzliche Verhalten dieses Stellglieds in einem Anlagenabschnitt (Rohrleitungsabschnitt) zu diskutieren. Dabei wirkt das Stellventil wie ein veränderlicher Strömungswiderstand, der einen dynamischen Druckabfall Δp erzeugt, welcher quadratisch von der Strömungsgeschwindigkeit bzw. dem Durchfluss abhängt (Bild 3-39). Das bedeutet, ein Teil der am Rohrleitungsanfang zum Beispiel durch eine Kreiselpumpe erzeugten Druckerhöhung Δp_0 wird durch das Stellventil abgebaut und bewirkt damit einen Energie-„Verlust".

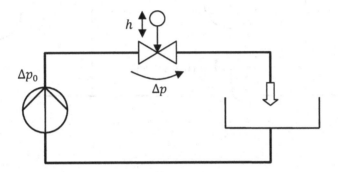

Bild 3-39: Zur Wirkung eines Stellventils in einem Rohrleitungsabschnitt

Im Allgemeinen verfügt eine verfahrenstechnische Anlage über eine Vielzahl dieser Stellventile, wobei je nach Rohrleitungsabschnitt unterschiedliche Strömungs- und Druckverhältnisse wirken. Es ist folglich nicht elementar, immer das richtige Stellventil auszuwählen, da eine Vielzahl unterschiedlicher verfahrenstechnischer Parameter zu berücksichtigen ist. Damit ergibt sich umso mehr die Notwendigkeit, dem Projektierungsingenieur eine systematische Vorgehensweise für die entsprechende Auswahl und Dimensionierung eines Stellventils bereitzustellen. Daher ist es zunächst erforderlich, wesentliche Parameter zur Klassifizierung solcher Stellventile zu definieren und ihre Nutzung für Auswahl und Dimensionierung zu erläutern.

Es wurde für einen stets (experimentell) reproduzierbaren Vergleich von Stellventilen ein Normzustand definiert, der auf einheitlichen und vergleichbaren Druck- und Durchflussverhältnissen basiert und von den Stellventilherstellern konsequent angewendet wird. In den USA wurde der sogenannte c_V-Wert (coefficient of valve) eingeführt und für den europäischen Markt einige Jahre später von K. H. Früh der sogenannte k_V-Wert (Ventilkapazität) entwickelt und etabliert (vgl. VDI/VDE 2173 [20]). Sowohl c_V-Wert als auch k_V-Wert basieren auf einer vergleichbaren Prüfstandskonfiguration (Bild 3-40) sowie vergleichbaren Prüfstandsexperimenten, die auch unter den Begriffen c_V-Wert-Methode bzw. k_V-Wert-Methode bekannt sind. Das bedeutet also, man montiert das nach Projektierungsvorgabe gefertigte Stellventil auf dem Prüfstand, so dass mit Hilfe einer stellbaren Kreiselpumpe unterschiedliche Förderströme durch das Stellventil gepumpt werden können. Als Medium wird dafür Wasser mit der Dichte $\rho = 1000$ kg/m³ bei einer Temperatur von 20° Celsius verwendet. Eine Differenzdruckregelung (Bild 3-40) sorgt dafür, dass der Differenzdruck über dem Stellventil unabhängig vom momentanen Ventilhub stets konstant bleibt.

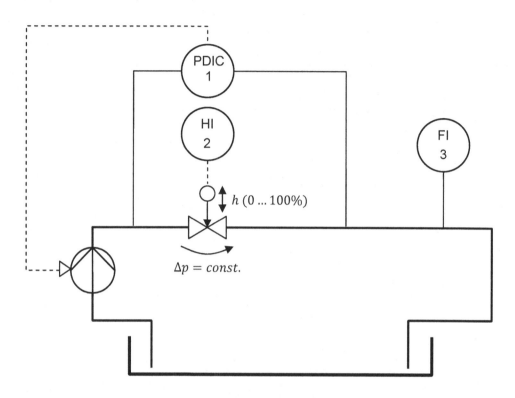

$\triangledown$ Symbol für allgemeine Darstellung eines Stellortes

Bild 3-40:   Prüfstand zur Bestimmung der Stellventilkennlinie

Der jeweils bei einem bestimmten Ventilhub h durch das Stellventil fließende Durchfluss wird gemessen und bei c_V-Wert-Methode in Gallonen pro Minute bzw. bei k_V-Wert-Methode in Kubikmeter pro Stunde angegeben. Für beide Methoden wird, wie bereits ausgeführt, der Differenzdruck über dem Stellventil konstant gehalten und beträgt bei c_V-Wert-Methode 1 psi bzw. bei k_V-Wert-Methode 0,98 bar (0,98·10⁵ Pa). Der sich unter diesen Bedingungen bei einem bestimmten Ventilhub h einstellende Durchfluss heißt daher c_V-Wert bzw. k_V-Wert. Werden c_V-Wert bzw. k_V-Wert als Messwerte über dem Ventilhub h in einem Diagramm eingetragen und diese Punkte anschließend miteinander verbunden, so entsteht die statische Kennlinie des Stellventils, die als Stellventilkennlinie oder auch Grundkennlinie bezeichnet wird. Bild 3-41 zeigt dazu die beiden grundsätzlichen Formen dieser Stellventilkennlinien, die man je nach Form als lineare bzw. gleichprozentige Kennlinie bezeichnet.[40]

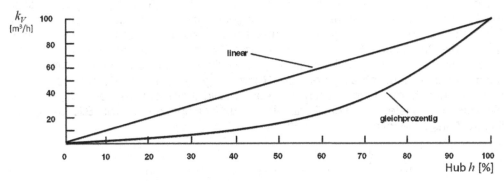

Bild 3-41:   Lineare bzw. gleichprozentige Stellventilkennlinie (Grundkennlinien)

Generell ist die Form der Stellventilkennlinien vom Projektierungsingenieur nach noch zu erläuternden Kriterien festzulegen und vom Stellventilhersteller für das jeweils angeforderte Stellventil zu realisieren. Wie bereits ausgeführt, schließen Stellventile bei Ventilhub Null im Allgemeinen nicht dicht, um Beschädigungen durch direktes Aufsetzen des Ventilkegels auf dem Ventilsitz zu vermeiden. Der auf diese Weise noch vorhandene Restförderstrom des Stellventils wird k_{V0}-Wert genannt (Bild 3-42).

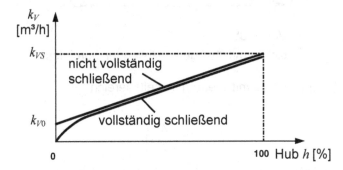

Bild 3-42:   Lineare Kennlinie eines vollständig schließenden bzw. nicht vollständig schließenden Stellventils

Diese Gegebenheit ist aus Kosten- und Funktionsgründen nicht als Nachteil zu betrachten, da für das vollständige Absperren einer Rohrleitung – wie bereits erläutert – häufig das vergleichsweise einfach aufgebaute „Auf/Zu"-Ventil eingesetzt wird. Dar-

---

40 Neben linearen bzw. gleichprozentigen Stellventilkennlinien existieren ferner gleichprozentig-lineare Stellventilkennlinien. Da gleichprozentig-lineare Stellventilkennlinien in der verfahrenstechnischen Praxis seltener benötigt werden, wird hier nicht näher darauf eingegangen.

über hinaus kann das Stellventil auch durch konstruktive Gestaltung, z. B. durch den Einsatz von Weichdichtungen, vollständig schließend ausgeführt werden.

Wonach richtet sich nun, ob im konkreten Einsatzfall ein Stellventil mit linearer oder mit gleichprozentiger Stellventilkennlinie einzusetzen ist? Aus regelungstechnischer Sicht ist prinzipiell eine lineare statische Anlagenkennlinie nach Bild 3-43 anzustreben. Sie ergibt sich durch Überlagerung von Rohrleitungskennlinie sowie Stellventilkennlinie. Da die Rohrleitungskennlinie, die aus dem Aufbau des Rohrleitungssystems einer Anlage bzw. eines Anlagenabschnittes <u>ohne</u> Stellventil resultiert und den Zusammenhang zwischen Druckabfall (über dem Rohrleitungssystem) und Durchfluss in selbigem beschreibt, im Allgemeinen nichtlinear ist (Bild 3-44), besteht somit die Aufgabe, mit einer geeigneten Stellventilkennlinie (z. B. gleichprozentig, vgl. Bild 3-44) eine lineare Anlagenkennlinie zu erzeugen.

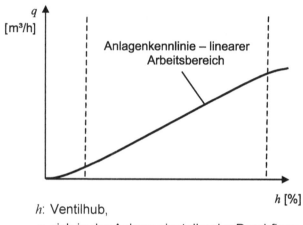

h: Ventilhub,
q: sich in der Anlage einstellender Durchfluss

Bild 3-43:   Anlagenkennlinie mit linearem Arbeitsbereich

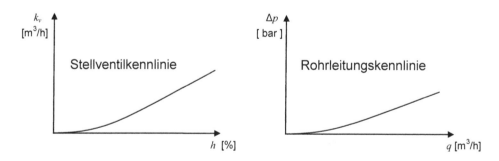

Bild 3-44:   Stellventilkennlinie (gleichprozentig) und Rohrleitungskennlinie

Dabei ist zu beachten, dass die im Bild 3-41 dargestellten Grundkennlinien beim Einbau von Stellventilen in Rohrleitungen zu Betriebskennlinien verformt werden, d. h. lineare Grundkennlinien können dadurch zu nichtlinearen Stellventilkennlinien verzerrt werden. Um in dieser Situation entscheiden zu können, ob im konkreten Einsatzfall eine lineare oder gleichprozentige Stellventilkennlinie zu verwenden ist, wird die Ventilautorität a_V herangezogen. Als Ventilautorität wird das Verhältnis des Druckabfalls über einem eingebauten voll geöffneten Stellventil ($\Delta p_{Stellventil\_100}$) zum Druckabfall über der _gesamten_ Anlage, also Druckabfall über dem _eingebauten_ voll geöffneten Stellventil ($\Delta p_{Stellventil\_100}$) zuzüglich Druckabfälle über vorhandenem Rohrleitungssystem der Anlage ($\Delta p_{Rohrleitung\_100}$) sowie Pumpe ($\Delta p_{Pumpe\_100}$), bezeichnet und nach der Beziehung $a_V = \dfrac{\Delta p_{Stellventil\_100}}{\Delta p_{Stellventil\_100} + \Delta p_{Rohrleitung_{100}} + \Delta p_{Pumpe\_100}} = \dfrac{\Delta p_{Stellventil\_100}}{\Delta p_{ges.}}$ berechnet. Die zur Berechnung der Ventilautorität erforderlichen Druckabfälle $\Delta p_{Stellventil\_100}$, $\Delta p_{Rohrleitung\_100}$ sowie Δp_{Pumpe_100} entnimmt man den theoretisch[41] bzw. experimentell ermittelten und im Bild 3-45 dargestellten Kennlinien.

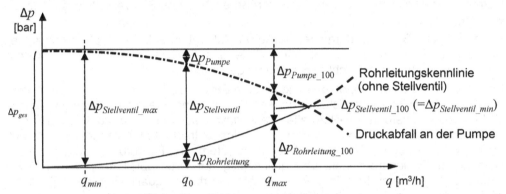

Bild 3-45:   Rohrleitungs- und Pumpenkennlinie im Zusammenwirken

Wie man der Beziehung $a_V = \dfrac{\Delta p_{Stellventil\_100}}{\Delta p_{ges.}}$ entnehmen kann, gilt: Je größer die Ventilautorität ist, desto mehr beeinflusst die Stellventilkennlinie die Anlagenkennlinie. Der Literatur (z. B. [21]) ist zu entnehmen, dass bei einer Ventilautorität $a_V > 0{,}3$ ein Stellventil mit linearer, bei einer Ventilautorität $a_V \leq 0{,}3$ mit gleichprozentiger Grundkennlinie einzusetzen ist, um eine lineare Anlagenkennlinie zu erhalten.

Als weiterer Ventilparameter wird mit Bild 3-42 neben dem bereits erwähnten k_{V_0}-Wert der k_{Vs}-Wert eingeführt. Berücksichtigt man hierbei – wie bereits festgestellt – dass der Verfahrenstechniker den Arbeitsbereich einer verfahrenstechnischen Anlage bestimmt, so kann man wieder auf die bereits bei der Pumpenauswahl erläuterten verfahrenstechnischen Parameter q_{min} und q_{max} zurückgreifen und diese für die Berechnung der Parameter k_{Vmin} (größer als k_{V_0}) und k_{Vmax} (kleiner als k_{Vs}) nutzen. Dazu wird die allgemeine Größengleichung $k_v = 0{,}032 \cdot q \sqrt{\dfrac{\rho}{\Delta p_{Stellventil}}}$ mit q als Durchfluss in m³/h, ρ als Dichte des strömenden Mediums in 10^3 kg/m³ sowie Δp als Druckabfall in bar über dem Stellventil verwendet [22]. Die Werte für q_{min} bzw. q_{max} sowie die zugehörigen

---

41 Zur Berechnung der Rohrleitungskennlinie stehen leistungsfähige CAE-Programme (z. B. Softwareprodukt „CC-SafetyNet" der Fa. Chemstations Deutschland GmbH) zur Verfügung. Die Kennlinie für den Druckabfall an der Pumpe (Pumpenkennlinie) wird im Allgemeinen vom Pumpenhersteller geliefert.

Druckabfälle $\Delta p_{Stellventil\_max}$ bzw. $\Delta p_{Stellventil\_min}$ (entspricht $\Delta p_{Stellventil\_100}$) werden den Kennlinien gemäß Bild 3-45 entnommen und jeweils in diese Gleichung eingesetzt. Daraus folgt für die Parameter $k_{v_{min}}$ bzw. $k_{v_{max}}$:

$$k_{v_{min}} = 0{,}032 \cdot q_{min} \sqrt{\frac{\rho}{\Delta p_{Stellventil\_max}}} \quad \text{bzw.} \quad k_{v_{max}} = 0{,}032 \cdot q_{max} \sqrt{\frac{\rho}{\Delta p_{Stellventil\_min}}}.$$ Anhand

des $k_{v_{min}}$- bzw. $k_{v_{max}}$-Wertes wird nun das Stellverhältnis $S = \frac{k_{v_{max}}}{k_{v_{min}}}$ berechnet, welches auch als theoretisches Stellverhältnis bezeichnet wird. Der Projektierungsingenieur ermittelt dieses Stellverhältnis als Orientierungsgrundlage für die Stellventilauswahl anhand von Firmenunterlagen der Stellventilhersteller, die entsprechende Vorzugsstellverhältnisse ausweisen. Dabei soll – ausgehend vom theoretischen Stellverhältnis – ein Stellventil mit dem nächstgrößeren Vorzugs-Stellverhältnis ausgewählt werden.

Anhand des im Bild 3-46 dargestellten Auswahlalgorithmus lassen sich die einzelnen Schritte zur Festlegung von Grundkennlinie des Stellventils sowie Stellverhältnis nachvollziehen und in der richtigen Reihenfolge abarbeiten.

Um überprüfen zu können, ob das angestrebte Entwurfsziel – Realisierung einer linearen Anlagenkennlinie – erreicht wurde, kann die sogenannte Vierquadrantenmethode [22] eingesetzt werden. Im Normalfall kann davon ausgegangen werden, dass eine Kreiselpumpe den erforderlichen Druck für den betrachteten Anlagenabschnitt aufbringt, wobei je nach Länge des Rohrleitungssystems der Förderdruck der Pumpe mit steigendem Förderstrom sinkt und gleichzeitig der Druckabfall über dem Rohrleitungssystem zunimmt. Im Bild 3-46 wird dieses Verhalten qualitativ dargestellt. Dabei wird deutlich, dass der von der Kreiselpumpe erzeugte Förderdruck $\Delta p_{ges.}$ mit zunehmenden Förderstrom an der Kreiselpumpe (Δp_{Pumpe}) und dem Rohrleitungssystem ($\Delta p_{Rohrleitung}$) nur soweit ab- bzw. aufgebaut wird, dass je nach momentanem Durchfluss ein bestimmter Restdruck ($\Delta p_{Stellventil}$) für das Stellventil verbleibt. Dieser Restdruck entspricht dem Druckabfall, der je nach vorhandenem Durchfluss q am eingebauten Stellventil abfällt. Auf dieser Tatsache baut die bereits erwähnte Vierquadrantenmethode [22] auf und führt zur Vorausberechnung der zu erwartenden Anlagenkennlinie. Dafür sind folgende Arbeitsgänge vorgesehen:

Arbeitsgang 1:   Eintragen der ausgewählten Grundkennlinie des Stellventils in das Vierquadrantenschema (vgl. Bild 3-48),

Arbeitsgang 2:   Ermittlung der am eingebauten Stellventil auftretenden Druckabfälle ($\Delta p_{Stellventil}$) in Abhängigkeit vom Durchfluss q gemäß Bild 3-46,

Arbeitsgang 3:   Berechnung der k_V-Wert-Kennlinie aus den Druckabfällen $\Delta p_{Stellventil}$ gemäß Beziehung $k_V = 0{,}032 \cdot q \sqrt{\frac{\rho}{\Delta p_{Stellventil}}}$,

Arbeitsgang 4:   Übertragen dieser k_V-Werte auf die Grundkennlinie des Stellventils (vgl. Bild 3-48).

Arbeitsgang 5:   Konstruktion der Anlagenkennlinie durch Schnittpunktbestimmung an Hand der ausgewählten diskreten Werte des Durchflusses im Intervall q_{min} bis q_{max} sowie der ausgewählten Stellventilkennlinie.

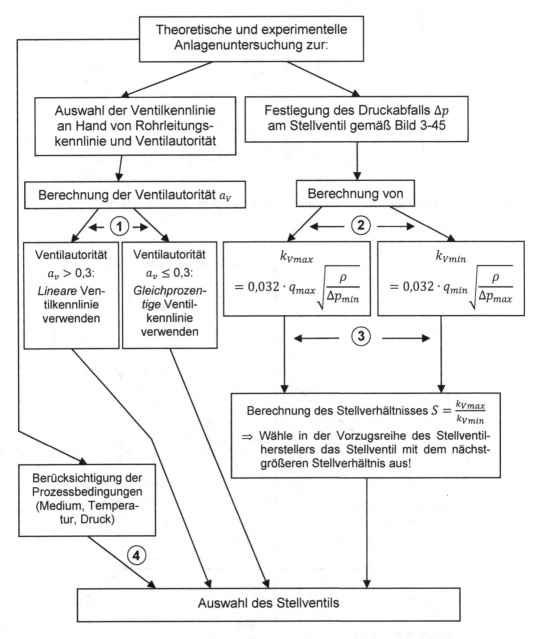

Die Ziffern 1 bis 4 geben die Abarbeitungsreihenfolge an.

Δp_{min} bzw. Δp_{max} stehen abkürzend für $\Delta p_{Stellventil\_min}$ bzw. $\Delta p_{Stellventil\_max}$.

Bild 3-46: Algorithmus zur Ermittlung von Stellverhältnis sowie Grundkennlinie des Stellventils

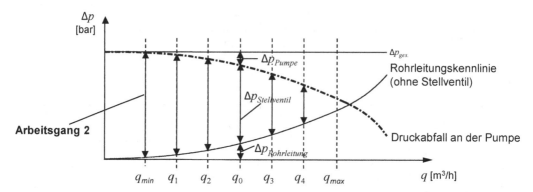

Bild 3-47: Ermittlung der am Stellventil auftretenden Druckabfälle $\Delta p_{Stellventil}$

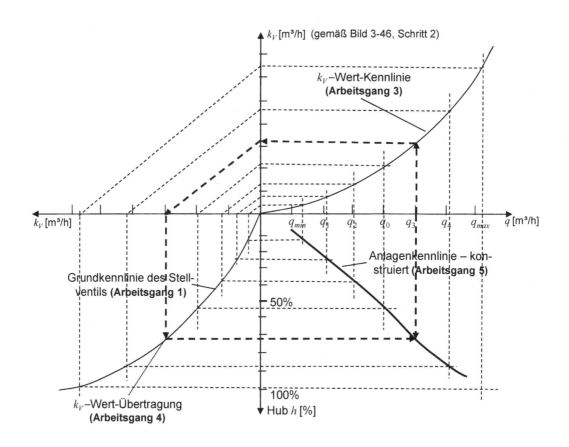

Bild 3-48: Vierquadrantenmethode

Mit der Vierquadrantenmethode kann man also die Anlagenkennlinie vorausbestimmen und damit für das ausgewählte Stellventil Projektierungssicherheit schaffen.

Ein weiterer Schwerpunkt der Projektierungsarbeit ist die Auswahl von **Prozessorik** sowie **Bedien- und Beobachtungseinrichtungen** für die Informationsverarbeitung. Das leittechnische Mengengerüst (vgl. Abschnitt 3.3.3.5) erfasst dazu systematisch und umfassend alle Geräte für die Informationsverarbeitung sowie die zugehörigen Signalpegel. Daher wird bezüglich Auswahl und Dimensionierung von Prozessorik sowie Bedien- und Beobachtungseinrichtungen auf entsprechende Erläuterungen zum leittechnischen Mengengerüst verwiesen.

Die Auswahl und Dimensionierung von **Bussystemen** ist in der Fachliteratur (z. B. [23]) so umfassend und ausführlich behandelt, dass hier ebenfalls nur darauf verwiesen wird.

3.3.3.4   EMSR-Stellenblatt sowie Verbraucherstellenblatt

EMSR-Stellenblatt

Im R&I-Fließschema sind u. a. die für die Automatisierung erforderlichen EMSR-Stellen dargestellt. Mit diesen EMSR-Stellen wird im R&I-Fließschema beschrieben, welche *Funktionen* (Messen, Steuern, Regeln, Stellen, Anzeigen, Alarmieren, ...) in der Automatisierungsanlage zu realisieren sind. Damit eine EMSR-Stelle die an sie gebundenen Funktionen ausführen kann, ist sie – wie im Abschnitt 3.3.3.3 beschrieben – zu instrumentieren, d. h. mit Geräten auszustatten. Diese Gerätetechnik wird EMSR-Stellenbezogen einerseits in der noch zu erläuternden EMSR-Geräteliste (vgl. Abschnitt 3.3.3.6) tabellenartig, andererseits – um über den Informationsgehalt der EMSR-Geräteliste hinausgehende Detailinformationen bereitzustellen – in sogenannten EMSR-Stellenblättern dokumentiert. Das EMSR-Stellenblatt ist somit als Zusammenfassung aller für eine EMSR-Stelle relevanten Informationen zu betrachten und wird beim Einsatz eines CAE-Systems (vgl. Abschnitt 6) während des Basic-Engineerings quasi „automatisch" mit Daten gefüllt. Damit bei der Fülle der zur Verfügung stehenden Informationen die Übersicht erhalten bleibt, hat sich in der Projektierungspraxis heute das im Bild 3-49 dargestellte Datenblatt prinzipiell durchgesetzt.[42]

Verbraucher-Stellenblatt

Ähnlich wie für eine EMSR-Stelle kann man für jeden Verbraucher (z. B. Antriebe von Lüftern oder Ventilen) Detailangaben in sogenannten Verbraucher-Stellenblättern erfassen. Weil das Verbraucher-Stellenblatt prinzipiell ähnlich wie das EMSR-Stellenblatt aufgebaut ist, braucht hier darauf nicht in der gleichen Ausführlichkeit eingegangen zu werden. Bild 3-50 zeigt beispielhaft ein Datenblatt, das sich heute gleichfalls in der Projektierungspraxis prinzipiell durchgesetzt hat.

---

42 Hinweis zur Spalte „Spezifikation" im Bild 3-49: Eine Spezifikation kann neben der Angabe eines allgemeinen Gerätetyps (z. B. Stellventil, Speisetrenner etc.) auch Angaben zum eingesetzten *konkreten* Gerät eines bestimmten Herstellers enthalten.

ePLAN° PPE

DATENBLATT	MSR-Stelle
MSR-Stellen	LRCA+ 924

RI Fließbild für	Bezeichnung	Projekt:	Gaswerk
Meßort : Nr.:	Füllstandsregelung	Betrieb:	Spaltanlage
Stellort: Nr.:	Bemerkung	Gebäude:	ES
MSR-Stellen-Plan:		Seite 21	von 44

Zug. Funktionsplan

						Vermaschung mit MSR-Stelle			
1	Bezeichnung				21	Einbauort			
2	Meßstoff oben				22	Rohrleitung Nennweite	DN		mm
3	Zusammensetzung				23	Rohrltg. Innen- Ø			mm
4	Korrosive Bestandteile				24	Nenndruck / Dichtfläche	DN		
5	Schwebstoffe				25	Werkstoff	NiCrMo		
6	Aggregatzustand				26	Isolierstärke			mm
7	Verhalten in Entnahmeleitung				27	Stutzenabstand			mm
8		Einheit	minimal	normal	maximal	28	Meßstutzen unten	DN	PN
9	Arbeitstemperatur	°C				29	Meßstutzen oben	DN	PN
10	Arbeitsdruck (absolut)	bar	8	12	15	30	Ex-Bedingungen		
11	Meßgröße	Stand				31	Sonstige Auflagen		
12	Meßbereich	cm		0 – 200		32	Besond. Umgebungstemp.	von	bis °C
13	Grenzwerte		180 cm			33			
14	Dichte im Betriebszust.	kg/m³				34	Eingestellte Meßspanne		
15	Dichte im Normzustand	kg/m³				35	Skala/Skalenteilung		
16	Dichte oben	kg/m³				36	Skalenfaktor/Einheit		
17	Dynamische Viskosität	mPa s				37	Reglerwirkungssinn		
18	Realgasfaktor/Isentropenexp.					38	Regelverhalten		
19	Elektr. Leitf./pH-Wert	µS/cm				39	Stellglied ohne Energie		
20						40			
						41	Anschluß	DN	PN
						42	Einbaulänge	150	mm
						43	Stutzen/Einbau	DN	PN
						44	Anbau/Einbau	AB 51 -	
						45	Meßanordnung	AB 53 -	
						46	Wirkdruckleitung	Werkst.	
						47	Installationsart		
						48	Schutzkasten	☐	
						49	Beheizungsart	☐ /	
						50	Kühlung/Kühlmittel	☐ /	
						51	Perl-/Spülmedium		
						52	Stellgerät	AB 53-	
						53			

Geräte

	Kennzeichnung	Unter-scheidung	Spezifikation	Art	Einbauort	Fremd-Lieg.	Bemerkungen
1	=GW ES SA DE EH-B1		0 - L - 3	Stand-Aufnehmer (Kapazit	Speisewassertrommel		
2	=GW ES SA DE EH-Y2		0 - Y - 2	Regalventil	Zuleitung Speisewassertron		
3	=GW ES SA DE EH+M1 T2-H4		2 - Lampe - 1	Kontrolleuchte	M1 T2 H4		
4	=GW ES SA DE EH+S2 T3-D5.3		3 - PLS - EA	PLS Eingang Analog	S2 T3 D5.3		
5	=GW ES SA DE EH+S2 T3-D7.8		3 - PLS - AB	PLS Ausgang Binär	S2 T3 D7.8		
6	=GW ES SA DE EH+S2 T3-D3.4		3 - PLS - AA	PLS Ausgang Analog	S2 T3 D3.4		
7	=GW ES SA DE EH-E1			Verweis	L924		siehe EMR-Stelle
8	=GW ES SA DE EH+S1 T1-F3		1 - Sicherung - 1	Sicherungsautomat	S1 T1 F3		
9	=GW ES SA DE EH+S1 T6-D9		1 - Speisetrenner - 1	Speisetrenner	S1 T6 D9		
10	=GW ES SA DE EH+S1 T6-D6		1 - Trennverstärker - 1	Trennverstärker	S1 T6 D6		
11							
12							
13							
14							
15							

Rev.	Datum	Name	Änderung	Rev.	Datum	Name	Änderung
1				2			
3				4			
5				6			

Dateiname: EMR-Stellenblatt

Bild 3-49: Beispiel eines EMSR-Stellenblattes

ePLAN® ppe	DATENBLATT Verbraucher	Verbraucher-Stelle EU 900
R&I Schema Schema	Bezeichnung |Förderpumpe Ort GW ES SA EGV	Werk: Gaswerk Komplex: Dampf / Spaltgas Anlage: Spaltanlage Teilanl.: Erdgas Versorg.

1	Anlagenteil		6	Ex-Zone	0
2	Raumart	geschlossen	7		
3	Höhe (ü.N.N.)	< 1000 m	8		
4	Umgebungstemperatur	40 °C	9		
5	Ex-Schutz	Nein	10		

Arbeitsmaschine

11	Pos-Nr.	1	21	Motor Bauform	B3
12	Arbeitsmaschine	Pumpe	22	Baugröße	
13	Motorart	Getriebemotor	23	Gewicht	
14	Kupplungsart	---	24	Motorbefestigung	Grundplatte
15	Erforderl. max. Wellenleistung		25	Anstrichfarbe	
16	Empfohlene Wellenleistung		26	Sonderanstrich Typ	
17	Nenn-Drehzahl	2960 U/min	27		
18	Gesamtträgheitsmoment		28		
19	Anlaufmoment-Diagramm		29		
20			30		

Motor

31	Fabrikat	Klöckner-Moelle	42	Isolierstoffklasse	
32	Typ	KM 78-9	43	Max. Temperaturerh. n. Klasse	---
33	Nennleistung	4,6 kW	44	Zündungsart	
34	Nennstrom	9,3 A	45	Schutzart	IP55
35	Nennspannung	400 V	46		
36	Nennfrequenz	50 Hz	47	Kabelverschraubung Klemmen	M29
37	Nenndrehzahl		48	Wicklungstemperatur-Überwachung	Nein
38	Anlaufart	S/D	49	Stillstandsheizung	Nein
39			50	Belüftungsart	
40	Verhältnis Anlauf- / Nennstrom		51		
41	Schweranlauf	Ja	52		

Bemerkung

Erstelldatum 18.05.07				Ersteller STW				Sei 1 vo 14	
5				6					
3				4					
1				2					
Rev	Datu	Name	Änderung	Rev	Datum	Name	Änderung		

MuV Stellenblatt

C:\EPLAN_DATEN\Projekte\ESS\EPLAN-PPE-DEMO.elk

Bild 3-50: Beispiel eines Verbraucherstellenblattes

3.3.3.5 Leittechnisches Mengengerüst

Durch Erarbeitung des leittechnischen Mengengerüsts als eine während des Basic-Engineerings auszuführende Ingenieurtätigkeit (vgl. Bild 2-5 auf S. 8) werden die erforderlichen Mengen von Geräten zur

- Informationserfassung (Messeinrichtungen),
- Informationsverarbeitung (z. B. Baugruppen speicherprogrammierbarer Technik[43], Bedien- und Beobachtungseinrichtungen, Kompaktregler, separate Wandler[44] sowie Rechenglieder),
- Informationsausgabe (Stelleinrichtungen)

zwecks sich daran anschließender Kalkulation (vgl. Abschnitt 7.2) bestimmt und dokumentiert. Im Vergleich zu EMSR-Stellen- bzw. Verbraucherstellenblatt wird hierbei die benötigte Gerätetechnik nicht mehr ausschließlich EMSR-Stellenbezogen, sondern vielmehr aus beschaffungsorientierter Sicht betrachtet.

Auf der Grundlage des leittechnischen Mengengrüstes werden auch die Mengen von Kabeln, Montagematerial und Gefäßsystemen (z. B. Schaltschränke oder Klemmenkästen im Feld) kalkuliert.

Schließlich kann das leittechnische Mengengerüst auch zur Kalkulation von Engineering sowie Montage und Inbetriebsetzung benutzt werden.

Den prinzipiellen Aufbau des leittechnischen Mengengerüstes zeigt Bild 3-51. Dabei wird von folgenden in der Mehrzahl der Anwendungsfälle erfüllten Voraussetzungen ausgegangen:

- Errichtung von Neuanlagen (d. h. die bei Anlagenumbauten bzw. -erweiterungen möglicherweise auftretenden Kopplungen zu Fremdanlagen sind darin nicht berücksichtigt[45]),
- vorzugsweiser Einsatz von speicherprogrammierbarer Technik[46] in Kombination mit rechnergestützten Bedien- und Beobachtungssystemen[47] (vgl. auch Bild 3-5),
- Einsatz von Kompaktreglern entweder für in geringer Anzahl (≤ 5) vorkommende Einzelregelungen separat oder prinzipiell flankierend zu speicherprogrammierbarer Technik (z. B. als Backup-Variante).

---

43 Hierzu gehören auch Baugruppen für die busbasierte Datenübertragung, d. h die im Bild 1-5 auf S. 4 genannte diesbezügliche Aufgabe ist hier mit enthalten.

44 Hinweis in Fußnote 3 auf S. 3 beachten!

45 Um Kopplungen zu Fremdanlagen im leittechnischen Mengengerüst berücksichtigen zu können, ist Bild 3-51 um die Komponente „Fremdanlagenkopplung" zu ergänzen und diese Komponente entsprechend zu strukturieren.

46 Mit dem Begriff „Speicherprogrammierbare Technik" ist SPS-Technik gemeint, die separat und/oder als integraler Bestandteil von Prozessleitsystemen eingesetzt wird.

47 Im Vergleich zu rechnergestützten Bedien- und Beobachtungseinrichtungen sind konventionelle Bedien- und Beobachtungseinrichtungen (Anzeiger, Registriergeräte usw.) bei den hier betrachteten Prozessklassen von untergeordneter Bedeutung. Letztere werden daher hier nicht weiter betrachtet.

Die im Bild 3-51 unterhalb der Komponenten „Informationserfassung", „Informationsverarbeitung" sowie „Informationsausgabe" in Verbindung mit den jeweiligen Ebenen-
bezeichnungen fettgedruckten Kategorien bilden Kriterien, nach denen das leittechnische Mengengerüst im Detail strukturiert wird. Diese Struktur wird zunächst anhand
Bild 3-51 allgemein sowie komponentenbezogen im Detail erläutert und anschließend
in die im Anhang befindlichen Strukturtabellen umgesetzt, die als Orientierung für den
Aufbau des leittechnischen Mengengerüstes dienen sollen.

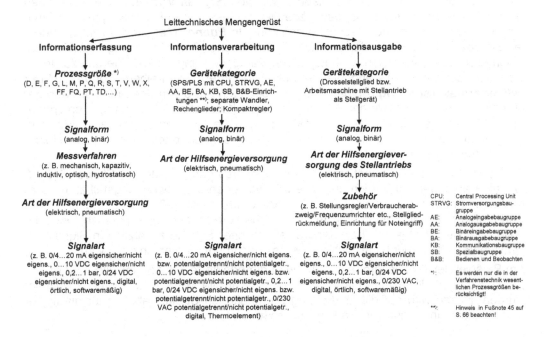

Bild 3-51:   Prinzipieller Aufbau des leittechnischen Mengengerüstes

Leittechnisches Mengengerüst: Komponente „Informationserfassung"

Wie im Bild 3-51 gezeigt, wird diese Komponente in *Ebene „Messgröße"* in Kategorien unterteilt, die mit Erstbuchstaben gemäß Bild 3-23 – Tabelle 1 – bzw. mit Kenn-
buchstabenkombinationen (z. B. „FQ") bezeichnet sind, welche durch Kombination
von Erstbuchstaben gemäß Bild 3-23 – Tabelle 1 – mit Ergänzungsbuchstaben gemäß Bild 3-23 – Tabelle 2 – entstehen. Messsignale, die

- durch Messungen an Stelleinrichtungen (z. B. Positionsmessung, Drehzahlmes-
  sung) entstehen,
- Signale sind, mit denen durch in Schaltanlagen eingebaute technische Einrichtungen[48] Betriebszustände elektrischer Betriebsmittel (z. B. von Elektromotoren)
  rückgemeldet werden,

---

48 Hierzu gehören z. B. Verbraucherabzweige (vgl. Fußnote 34 auf S. 42 sowie Erläuterungen im Anhang 1), mit denen die Motorstandardfunktion (siehe Erläuterungen
   auf S. 41 f.) realisiert wird.

sind nicht in Komponente „Informationserfassung", sondern in Komponente „Informationsausgabe" zu berücksichtigen und werden fortan als Rückmeldesignale betrachtet. Dadurch ergibt sich als Vorteil, dass Stelleinrichtungen aus Sicht der zu berücksichtigenden Stell- bzw. Rückmeldesignale wie *ein* Objekt, d. h. objektorientiert betrachtet werden können. Das erhöht einerseits die Übersichtlichkeit, andererseits wird dadurch die sehr wahrscheinlich fehlerprovozierende Zuordnung von Stellsignal sowie Rückmeldesignalen einer Stelleinrichtung zu jeweils Komponente „Informationserfassung" bzw. „Informationsausgabe" vermieden. **Ebene „Signalform"** mit den Kategorien „analog" bzw. „binär" sagt aus, dass jede dieser Messgrößen mit analogen bzw. binären Messeinrichtungen gemessen werden kann. In **Ebene „Messverfahren"** werden – jeweils bezogen auf die in der übergeordneten Ebene „Signalform" angeordneten Kategorien „analog", bzw. „binär" – diejenigen Kategorien angeordnet, die das zur Informationserfassung jeweils angewendete Messverfahren beschreiben. **Ebene „Art der Hilfsenergieversorgung"** enthält – jeweils bezogen auf die in der wiederum übergeordneten Ebene „Messverfahren" angeordneten Kategorien – die Kategorien „pneumatisch" bzw. „elektrisch" zur Charakterisierung der benötigten Hilfsenergieversorgung (in der Komponente „Informationserfassung" sind nur pneumatische bzw. elektrische Hilfsenergie relevant).

Zugeordnet zur jeweils benötigten Hilfsenergieversorgung werden in **Ebene „Signalart"** als Kategorien schließlich die im jeweils vorliegenden Anwendungsfall zu nutzenden Signalarten (z. B. analog: 0/4...20 mA, 0...10 VDC, 0,2...1 bar; örtlich[49], softwaremäßig[50], digital[51]; binär: 0/24 VDC, 0,2/1 bar, örtlich, digital) angegeben, wobei im Falle analoger elektrischer bzw. binärer elektrischer Signale zusätzlich in Signale eigensicherer[52] bzw. nichteigensicherer Messeinrichtungen unterschieden wird.

Am Beispiel der Prozessgröße „Stand" wird die erläuterte Struktur im Bild 3-52 exemplarisch dargestellt, wobei aus Platzgründen nicht alle Messverfahren berücksichtigt wurden. Hierzu wird auf die im Anhang 2 enthaltenen Strukturtabellen für die in der Verfahrenstechnik wesentlichen Prozessgrößen verwiesen.

---

49 Signalart „örtlich" bedeutet, dass die betreffende Messgröße mit einer in unmittelbarer Nähe des Messortes installierten Messeinrichtung gemessen und angezeigt, der Messwert jedoch nicht in weiteren Geräten (z. B. in separaten Wandlern oder hilfsenergielosen Reglern) weiterverarbeitet wird bzw. keine Fernübertragung in Schaltraum oder Prozessleitwarte bzw. örtlichen Leitstand stattfindet. Wenn diese Messeinrichtungen ohne elektrische Hilfsenergie arbeiten (was meist der Fall ist), handelt es sich um eigensichere Messeinrichtungen (vgl. auch Fußnote 52).

50 Signalart „softwaremäßig" bei analogen elektrischen Messeinrichtungen bedeutet, dass im Falle der EMSR-Stellenrealisierung mit speicherprogrammierbarer Technik vom Anwenderprogramm (Anwendersoftware) ein binäres Signal erzeugt wird, wenn das derart überwachte Analogsignal Grenzwerte, die in Parametern des Anwenderprogramms hinterlegt sind, überschreitet, d. h. das binäre Signal wird nicht durch eine binäre Messeinrichtung erzeugt.

51 Dieser Fall liegt dann vor, wenn von einer Messeinrichtung per Feldbus (z. B. PROFIBUS) Messignale oder – z. B. mittels HART-Protokoll – an sie Konfigurier- und Parametrierinformationen übertragen werden.

52 Der Begriff „Eigensicherheit" wird später im Zusammenhang mit den Ausführungen im Abschnitt 5.3 erläutert.

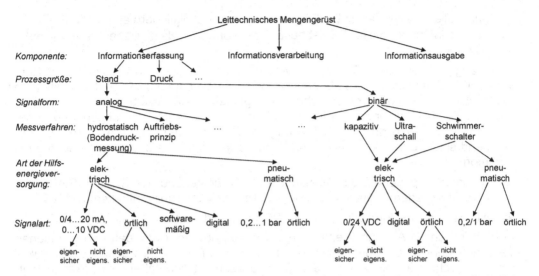

Bild 3-52: Detaillierte Struktur der Komponente „Informationserfassung" am Beispiel der Messgröße „Stand"

Leittechnisches Mengengerüst: Komponente „Informationsausgabe"

Wie aus Bild 1-4 auf S. 3 ersichtlich, ist Komponente „Informationsausgabe" aus Sicht des Signalflusses in der Automatisierungsanlage nach Komponente „Informationsverarbeitung" angeordnet. Es läge daher nahe, sie erst nach Behandlung von Komponente „Informationsverarbeitung" zu betrachten. Für die Erarbeitung des leittechnischen Mengengerüstes ist es jedoch sinnvoller, Komponente „Informationsausgabe" vor Komponente „Informationsverarbeitung" zu betrachten, weil erst nach Bearbeitung der Komponenten „Informationserfassung" und „Informationsausgabe" Anzahl und Art der in Komponente „Informationsverarbeitung" zu verarbeitenden Signale bekannt sind. Bei der Betrachtung von Komponente „Informationsausgabe" wird von der für kontinuierliche Prozesse typischen Voraussetzung ausgegangen, dass die Informationsausgabe mittels Eingriff in Stoffströme (z. B. Flüssigkeits- oder Gasströme) bzw. massegebundene Energieströme (z. B. Dampf- oder Brennstoffströme) erfolgt.[53]

Nach [24] werden zum Eingriff in Stoffströme bzw. massegebundene Energieströme

- Drosselstellglieder (z. B. Armaturen wie Stellventile, Klappen, Hähne) und
- Arbeitsmaschinen (z. B. Pumpen, Verdichter)

eingesetzt, die mit entsprechenden Stellern sowie elektrischen bzw. pneumatischen Stellantrieben zur im jeweiligen Einsatzfall benötigten Stelleinrichtung ergänzt werden. Hierbei sind folgende Fälle zu betrachten: Lieferumfang der Prozessleittechnik enthält

- Stelleinrichtungen (d. h. Steller, Stellantriebe und Stellglieder),
- nur Stellgeräte (d. h. Stellantriebe und Stellglieder),
- nur Steller und Stellantriebe,

---

53 Betrachtungen zu Stelleinrichtungen für ereignisdiskrete Prozesse (z. B. pneumatische Arbeitszylinder) werden nicht angestellt, weil das den Rahmen des vorliegenden Buches überschreiten würde.

- nur Steller (dieser Fall ist bei Einsatz von Drosselstellgliedern eher selten),
- nur Stellantriebe (dieser Fall ist bei Einsatz von Drosselstellgliedern eher selten),
- keine Stelleinrichtungen.

Unabhängig davon, welcher Fall in einem konkreten Projekt vorliegt, ist im Lieferumfang der Prozessleittechnik stets die leittechnische Einbindung der Stelleinrichtungen (umfasst Ansteuerung mit entsprechenden Signalen sowie Verarbeitung von Signalen der Stellgliedrückmeldungen) enthalten. Die nachfolgenden Ausführungen konzentrieren sich auf die leittechnische Einbindung der Stelleinrichtungen, d. h. hierauf bezugnehmend sind die in Bild 3-53 bis Bild 3-56 dargestellten Detailstrukturen aufgebaut. Die Informationen,

- welche Komponenten der Stelleinrichtungen (bestehend aus Stellern, Stellantrieben, Stellgliedern) im Lieferumfang der Prozessleittechnik enthalten sind bzw.
- wie Steller, Stellantrieb bzw. Stellglied spezifiziert sind,

werden in den im Anhang 3 enthaltenen Strukturtabellen in die dafür vorgesehenen Tabellenfeldern eingetragen (entweder mittels ausführlicher Angaben oder Verweis auf entsprechende Unterlagen wie z. B. Verbraucherstellenblätter, Spezifikationsblätter zur Ventilauslegung etc.).

Entsprechend der auf S. 69 getroffenen Unterscheidung für den Eingriff in Stoffströme bzw. massegebundene Energieströme resultieren für die **Ebene Gerätekategorie** die im Bild 3-51 (vgl. S. 67) genannten Kategorien „Drosselstellglied mit Stellantrieb als Stellgerät" bzw. „Arbeitsmaschine mit Stellantrieb als Stellgerät".

Die nachfolgende **Ebene „Signalform"** enthält die Kategorien „analog" bzw. „binär". Die Signalform „analog" sagt aus, dass das Drosselstellglied zwischen den beiden Endlagen „Auf" bzw. „Zu" stetig positioniert werden kann. Bei Signalform „binär" nimmt das Drosselstellglied entweder nur die Endlage „Auf" oder die Endlage „Zu" ein.

Ebene „Art der Hilfsenergieversorgung des Stellantriebs" sagt aus, dass der Stellantrieb der Stelleinrichtung mit pneumatischer bzw. elektrischer Hilfsenergie betrieben wird.[54]

Die sich anschließende **Ebene „Zubehör"** enthält zur näheren Charakterisierung der Stelleinrichtung die Kategorien

- Stellungsregler[55] (elektrisch, pneumatisch bzw. elektropneumatisch)/Verbraucherabzweig (Motorstarter, Motorcontrolcenter)/Frequenzumrichter/Motorschutzschalter/Koppelrelais/Schaltschütz/Druckschalter (pneumatisch bzw. elektropneumatisch)/Druckregler,
- Stellgliedrückmeldung (z. B. mittels Widerstandsferngeber über ein Analogsignal oder mittels Endlagenschaltern über Binärsignale),
- Einrichtung für den Noteingriff (z. B. „Handrad").

---

54 Stelleinrichtungen, die mit hydraulischer Hilfsenergie zu betreiben sind, werden hier nicht betrachtet, weil bei den hier betrachteten Prozessklassen (vgl. Bild 1-3 auf S. 2) größtenteils mit elektrischer bzw. pneumatischer Hilfsenergie betriebe Stelleinrichtungen zum Einsatz kommen.

55 Strenggenommen handelt es sich beim Stellungsregler um einen Steller. Hersteller bieten Stellungsregler jedoch meist als Zubehör an. Daher wird der Stellungsregler im leittechnischen Mengengerüst als Zubehör erfasst.

Zur jeweiligen Zubehör-Kategorie „Stellungsregler/Verbraucherabzweig/Frequenzum-
richter/Motorschutzschalter/Koppelrelais/Schaltschütz/Druckschalter/Druckregler" bzw.
„Stellgliedrückmeldung" zugeordnet werden in **Ebene „Signalart"** als Kategorien
schließlich die im entsprechenden Anwendungsfall zu nutzenden Signalarten angegeben (z. B. analog: 0/4...20 mA, 0...10 VDC, 0,2...1 bar, örtlich[56], softwaremäßig[57],
digital[58]; binär: 0/24 VDC, 0,2/1 bar, örtlich, digital), wobei im Falle binärer elektrischer
bzw. analoger elektrischer Signale ähnlich wie bei Messeinrichtungen zusätzlich in
Signale eigensicherer bzw. nichteigensicherer Stromkreise unterschieden wird.

Aus Platzgründen wird die Detailgliederung des leittechnischen Mengengerüstes je-
weils für Gerätekategorie „Drosselstellglied mit Stellantrieb als Stellgerät" (Bild 3-53
und Bild 3-54) bzw. „Arbeitsmaschine mit Stellantrieb als Stellgerät" (Bild 3-55 und
Bild 3-56) getrennt betrachtet. Außerdem werden in Bild 3-53 bis Bild 3-56 bezüglich
Stellgliedrückmeldung elektrische analoge/binäre sowie pneumatische analoge/binäre
Signalarten prinzipiell zusammengefasst dargestellt.

Wie aus Bild 3-53 ersichtlich und bereits ausgeführt, wird *Gerätekategorie **„Drosselstellglied mit Stellantrieb als Stellgerät"*** in Ebene *„Signalform"* in die Kategorien
„analog" bzw. „binär" unterteilt. Ebenfalls aus Platzgründen wird die Detailgliederung
für diese beiden Kategorien getrennt dargestellt, wobei die Detailgliederung für die
Kategorie „analog" im Bild 3-53 und für die Kategorie „binär" im Bild 3-54 gezeigt wird.

Wie daraus zu erkennen ist, schließt sich – wie ebenfalls bereits erläutert – an Ebene
„Signalform" die Ebene *„Art der Hilfsenergieversorgung"* an. Da sich die nächstfolgenden Ebenen „Zubehör" bzw. „Signalart" bei mit elektrischer bzw. pneumatischer
Hilfsenergie betriebenen **analogen** Drosselstellgliedern kaum unterscheiden, werden
sie im Bild 3-53 für die Kategorien „elektrisch" bzw. „pneumatisch" der übergeordneten
Ebene „Art der Hilfsenergieversorgung" weitestgehend zusammengefasst dargestellt,
wobei Unterschiede im Bild 3-53 kenntlich gemacht wurden.

Während die Zuordnung der Signalarten aus der Ebene „Signalart" zur Zubehörkategorie „Stellungsregler" keiner weiteren Erläuterung bedarf, werden Hinweise bezüglich
der Zuordnung zur Zubehörkategorie „Stellgliedrückmeldung" als notwendig erachtet.
Das betrifft im Einzelnen:

---

56 Die Signalart „örtlich" ist nur für die Zubehörkategorie „Stellgliedrückmeldung" relevant und bedeutet, dass die Stellgliedrückmeldung mit einer Messeinrichtung oder
   einer Anzeige (z. B. Skale bzw. örtliche Laufanzeige), die am Stellgerät montiert
   ist, realisiert wird, der Messwert jedoch nicht in weiteren Geräten (z. B. in separaten Wandlern oder hilfsenergielosen Reglern) weiterverarbeitet wird bzw. keine
   Fernübertragung in Schaltraum oder Prozessleitwarte bzw. örtlichen Leitstand
   stattfindet. Nichtelektrisch arbeitende Stellgliedrückmeldungen werden formal der
   Unterkategorie „eigensicher" zugeordnet.

57 Zur Signalart „softwaremäßig" bei analogen elektrischen Stellgliedrückmeldungen
   vgl. sinngemäß Fußnote 50 auf S. 68!

58 Dieser Fall liegt dann vor, wenn an eine Stelleinrichtung per Feldbus (z. B. PRO-
   FIBUS) Stellsignale oder – z. B. mittels HART-Protokoll – Konfigurier- und Parametrierinformationen übertragen werden.

- Ein mit einem pneumatischen Stellantrieb ausgerüstetes Stellgerät kann durchaus mit einer elektrischen Stellgliedrückmeldung versehen sein.[59]
- Für die Signalarten „örtlich" und „softwaremäßig" sind die diesbezüglichen Hinweise bei Erläuterung von Komponente „Informationserfassung" (vgl. entsprechende Fußnoten auf S. 71) zu beachten.

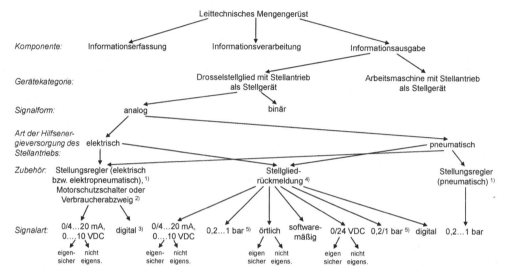

[1] Für leittechnisches Mengengerüst relevant, falls Stellantriebe zum Lieferumfang der Prozessleittechnik gehören. Anderenfalls Stellungsregler lediglich hinsichtlich leittechnischer Einbindung (Ansteuerung Stelleinrichtung) berücksichtigen!
[2] Hinsichtlich leittechnischer Einbindung (Ansteuerung Stelleinrichtung) berücksichtigen; Motorschutzschalter bzw. Verbraucherabzweig sind meist im Lieferumfang des Schaltanlagenlieferanten enthalten!
[3] Nur für Stellungsregler bzw. Verbraucherabzweig relevant!
[4] Die Signale für die Stellgliedrückmeldung werden von der Stelleinrichtung, d. h. nicht von Motorschutzschalter oder Verbraucherabzweig erzeugt!
[5] Nur relevant, wenn die Stelleinrichtung mit einem pneumatischen Signal angesteuert wird!

Bild 3-53: Detaillierte Struktur der Komponente „Informationsausgabe" für die Gerätekategorie „Drosselstellglied mit Stellantrieb als Stellgerät", *Signalform „analog"* (vgl. auch Erläuterungen im Anhang 5)

Im Vergleich dazu unterscheiden sich die nächstfolgenden Ebenen „Zubehör" bzw. „Signalart" bei mit elektrischer bzw. pneumatischer Hilfsenergie betriebenen **binären** Drosselstellgliedern erheblich, weswegen sie im Bild 3-54 für die Kategorien „elektrisch" bzw. „pneumatisch" der übergeordneten Ebene „Art der Hilfsenergieversorgung" jeweils getrennt betrachtet werden. Zu beachten ist hierbei ferner, dass es sich bei der im Bild 3-54 genannten Zubehörkategorie „Verbraucherabzweig" (wird bei zu schaltenden elektrischen Leistungen bis 7,5 kW im Allgemeinen als Motorstarter, darüber hinaus als Motorcontrolcenter – MCC – ausgeführt[60]) anders als beim Zubehör für analoge Drosselstellglieder nicht um direkt am Stellgerät montiertes Zubehör handelt. Bei der Zuordnung von Signalarten aus der Ebene „Signalart" zu Kategorien

---

59 Im Gegensatz dazu ist der Fall, dass eine mit einem elektrischen Stellantrieb und einem elektrischen Stellungsregler ausgerüstete Stelleinrichtung über eine pneumatische Stellgliedrückmeldung verfügt, eher unwahrscheinlich und wird hier deshalb nicht betrachtet.

60 Erläuterungen in Fußnote 34 auf S. 42 sowie im Anhang 1 beachten!

übergeordneter Ebenen wurden bei der Zubehörkategorie „Druckschalter" zwecks übersichtlicherer Strukturierung die Unterkategorien „pneumatisch" bzw. „elektropneumatisch" zusätzlich eingeführt. Im Übrigen sind die für analoge Drosselstellglieder geltenden Hinweise zu den Signalarten „örtlich", „softwaremäßig" bzw. „digital" zu beachten.[61]

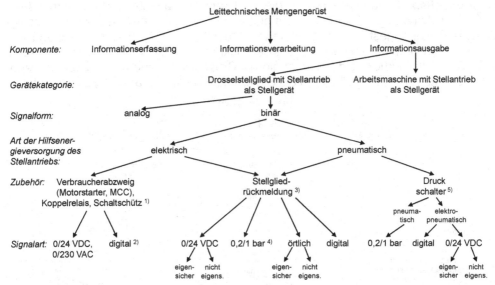

1) Verbraucherabzweig bzw. Schaltschütz (meist im Lieferumfang des Schaltanlagenlieferanten enthalten) hinsichtlich leittechnischer Einbindung (Ansteuerung Stelleinrichtung) berücksichtigen!
2) Nur für Verbraucherabzweig relevant!
3) Die Signale für die Stellgliedrückmeldung werden von der Stelleinrichtung, d. h. nicht von Verbraucherabzweig , Koppelrelais, Schaltschütz oder Druckschalter erzeugt!
4) Nur relevant, wenn die Stelleinrichtung mit einem pneumatischen Signal angesteuert wird!
5) Für leittechnisches Mengengerüst relevant, falls Stellantriebe zum Lieferumfang der Prozessleittechnik gehören. Anderenfalls Druckschalter lediglich hinsichtlich leittechnischer Einbindung (Ansteuerung Stelleinrichtung) berücksichtigen!

Bild 3-54:   Detaillierte Struktur der Komponente „Informationsausgabe" für die Gerätekategorie „Drosselstellglied mit Stellantrieb als Stellgerät", *Signalform „binär"* (vgl. auch Erläuterungen im Anhang 5)

Wie aus Bild 3-55 ersichtlich und bereits erläutert, wird die *Gerätekategorie „Arbeitsmaschine mit Stellantrieb als Stellgerät"* in der Ebene „Signalform" in die Kategorien „analog" bzw. „binär" unterteilt. Ebenfalls aus Platzgründen wird die Detailgliederung für diese beiden Kategorien getrennt dargestellt, wobei die Detailgliederung für die Kategorie „analog" im Bild 3-55 und für die Kategorie „binär" im Bild 3-56 dargestellt ist. Wie daraus zu erkennen ist, schließt sich – wie ebenfalls bereits erläutert – an Ebene „Signalform" Ebene *Art der Hilfsenergieversorgung"* an. Gemäß Bild 3-55 werden bei **analogen** Stellantrieben für Arbeitsmaschinen die nachfolgenden Ebenen „Zubehör" bzw. „Signalart" jeweils getrennt für die Kategorien „elektrisch" bzw. „pneumatisch" der übergeordneten Ebene „Art der Hilfsenergieversorgung" betrachtet. Bei Arbeitsmaschinen *mit analogen elektrischen Stellantrieben* ist bei der Zuordnung von Signalarten aus Ebene „Signalart" zur Zubehörkategorie „Frequenzumrichter" zu beachten, dass eine Unterscheidung zwischen eigensicheren bzw. nichteigensicheren Signalen entfällt, weil sich Frequenzumrichter im Allgemeinen im nicht explo-

61 Erläuterungen in Fußnote 56, 57 bzw. 58 auf S. 71) beachten!

sionsgefährdeten Bereich befinden und daher keine Explosionsschutzmaßnahmen erforderlich sind. Dies gilt auch bezüglich der Zuordnung zur Zubehörkategorie „Stellgliedrückmeldung", wobei ferner die gleichen Hinweise wie für die Stellgliedrückmeldung an analogen Drosselstellgliedern (vgl. Gerätekategorie „Drosselstellglied mit Stellantrieb als Stellgerät") zu beachten sind. Bei Arbeitsmaschinen *mit analogen pneumatischen Stellantrieben* wird die Drehzahl des pneumatischen Antriebsmotors[62] mittels Druckregler, der mit einem pneumatischen oder elektrischen Einheitssignal sowie digital angesteuert werden kann, eingestellt. Bezüglich der Zuordnung von Signalarten zur Zubehörkategorie „Stellgliedrückmeldung" sind die gleichen Hinweise wie für die Stellgliedrückmeldung an analogen Drosselstellgliedern (vgl. Gerätekategorie „Drosselstellglied mit Stellantrieb als Stellgerät, Signalform *„analog"*) zu beachten.

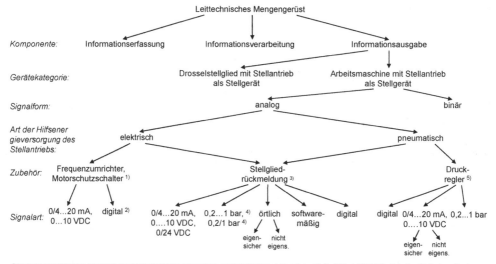

[1] Frequenzumrichter bzw. Motorschutzschalter (meist im Lieferumfang des Schaltanlagenlieferanten enthalten) hinsichtlich leittechnischer Einbindung (Ansteuerung Stelleinrichtung) berücksichtigen!
[2] Nur für Frequenzumrichter relevant!
[3] Die Signale für die Stellgliedrückmeldung werden nicht von der Arbeitsmaschine, sondern vom Frequenzumrichter bzw. Druckregler erzeugt.
[4] Nur relevant, wenn die Stelleinrichtung mit einem pneumatischen Signal angesteuert wird!
[5] Für leittechnisches Mengengerüst relevant, falls Stellantriebe zum Lieferumfang der Prozessleittechnik gehören. Anderenfalls Druckregler lediglich hinsichtlich leittechnischer Einbindung (Ansteuerung Stelleinrichtung) berücksichtigen!

Bild 3-55: Detaillierte Struktur der Komponente „Informationsausgabe" für die Gerätekategorie „Arbeitsmaschine mit Stellantrieb als Stellgerät", *Signalform „analog"* (vgl. auch Erläuterungen im Anhang 5)

Gemäß Bild 3-56 werden bei *binären Stellantrieben für Arbeitsmaschinen* die Ebenen „Zubehör" bzw. „Signalart" jeweils getrennt für die Kategorien „elektrisch" bzw. „pneumatisch" der übergeordneten Ebene „Art der Hilfsenergieversorgung" betrachtet. Bezüglich der Zuordnung von Signalarten zu Kategorien übergeordneter Ebenen bei Arbeitsmaschinen *mit binären elektrischen bzw. binären pneumatischen Stellantrieben* gilt: Es sind einerseits die für analoge Drosselstellglieder geltenden Hinweise zur Signalart „örtlich" (vgl. Gerätekategorie „Drosselstellglied mit Stellantrieb als Stell-

---

62 Es werden hier ausschließlich *rotierende* pneumatische Antriebsmotoren betrachtet, weil nur solche Antriebsmotoren zum pneumatischen Antrieb von Arbeitsmaschinen für den Eingriff in Stoffströme relevant sind.

gerät", Signalform „*analog*") zu beachten, andererseits wurden auch hier bei der Zuordnung von Signalarten aus der Ebene „Signalart" zu Kategorien übergeordneter Ebenen bei der Zubehörkategorie „Druckschalter" zwecks übersichtlicherer Strukturierung die Unterkategorien „pneumatisch" bzw. „elektropneumatisch" zusätzlich eingeführt.

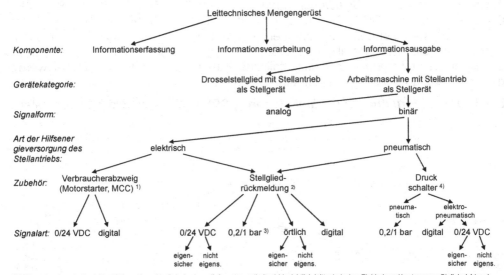

1) Verbraucherabzweig (meist im Lieferumfang des Schaltanlagenlieferanten enthalten) hinsichtlich leittechnischer Einbindung (Ansteuerung Stelleinrichtung) berücksichtigen!

2) Die Signale für die Stellgliedrückmeldung werden nicht von der Arbeitsmaschine, sondern vom Frequenzumrichter bzw. Druckschalter erzeugt.

3) Nur relevant, wenn die Stelleinrichtung mit einem pneumatischen Signal angesteuert wird!

4) Für leittechnisches Mengengerüst relevant, falls Stellantriebe zum Lieferumfang der Prozessleittechnik gehören. Anderenfalls Druckschalter lediglich hinsichtlich leittechnischer Einbindung (Ansteuerung Stelleinrichtung) berücksichtigen!

Bild 3-56: Detaillierte Struktur der Komponente „Informationsausgabe" für die Gerätekategorie „Arbeitsmaschine mit Stellantrieb als Stellgerät", *Signalform „binär"* (vgl. auch Erläuterungen im Anhang 5)

Die in Bild 3-53 bis Bild 3-56 dargestellten Detailgliederungen für die Komponente „Informationsausgabe" wurden in im Anhang 3 enthaltene Strukturtabellen umgesetzt.

Leittechnisches Mengengerüst: Komponente „Informationsverarbeitung"

Wie im Bild 3-51 auf S. 67 gezeigt, wird diese Komponente in der Ebene „Gerätekategorie" in die Kategorien „SPS/PLS"[63] (mit den CPU-, Stromversorgungs-, Kommunikations-, Spezial-, Analogeingabe- bzw. Analogausgabe-, Binäreingabe- bzw. Binärausgabebaugruppen sowie Bedien- und Beobachtungseinrichtungen[64]), „Separate Wandler[65] sowie Rechenglieder" und „Kompaktregler" unterteilt. Die folgende Ebene „Signalform" mit den Kategorien „analog" bzw. „binär" sagt aus, dass die Geräte für die Informationsverarbeitung analoge oder binäre Signale verarbeiten, unabhängig davon, ob die Signalübertragung mit Einheits-, Standard- (z. B. Signale von Widerstands-

---

63 Gerätekategorie „SPS/PLS" steht für speicherprogrammierbare Technik (Dazu auch Hinweis in Fußnote 46 auf S. 66 beachten!).

64 Hinweis in Fußnote 47 auf S. 66 beachten!

65 Hinweis in Fußnote 3 auf S. 3 beachten!

thermometern bzw. Thermoelementen) oder digitalen Signalen (z. B. durch einen Feldbus) realisiert wird. Die Ebene „Art der Hilfsenergieversorgung" enthält die Kategorien „pneumatisch" bzw. „elektrisch" zur Charakterisierung der benötigten Hilfsenergieversorgung. Zugeordnet zur jeweils benötigten Art der Hilfsenergieversorgung werden in der Ebene „Signalart" als Kategorien schließlich die im jeweils vorliegenden Anwendungsfall für die *Signalübertragung* zu nutzenden Signaltypen (z. B. analog: 0/4...20 mA, 0...10 VDC, 0,2...1 bar, binär: 0/24 VDC, 0/230 VAC, 0,2/1 bar) angegeben.[66] Anders als bei den Komponenten „Informationserfassung" bzw. „Informationsausgabe" ist die erläuterte allgemeine Struktur – um praktikabel zu sein – je nach betrachteter Gerätekategorie in eine detaillierte Struktur zu überführen. Daher werden die Gerätekategorien im Folgenden einzeln behandelt.

Die detaillierte **Struktur der Gerätekategorie „SPS/PLS"** ist im Bild 3-57 dargestellt.

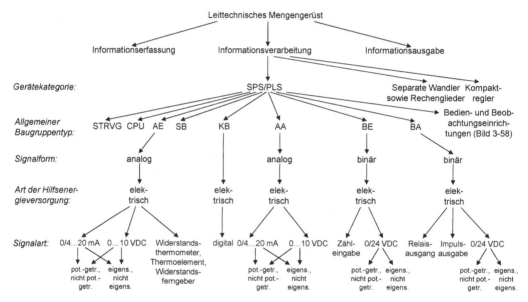

Bild 3-57: Detaillierte Struktur der Komponente „Informationsverarbeitung" für die Gerätekategorie „SPS/PLS" (Abkürzungen vgl. Bild 3-51 auf S. 67!)

Um im Mengengerüst für die Gerätekategorie „SPS/PLS" das im jeweiligen Anwendungsfall benötigte Baugruppenspektrum abbilden zu können, wurde im Bild 3-57 zusätzlich die nur für diese Gerätekategorie relevante Unterebene „Allgemeiner Baugruppentyp" eingeführt. In dieser Ebene wurde nicht berücksichtigt, dass auch Baugruppen-„Mischformen"[67] auftreten können. Das erklärt sich daraus, dass bei der Erarbeitung des leittechnischen Mengengerüstes zunächst die Anzahl der je Signalart

---

66 Bei elektrischen Signalen wird in der Kategorie „Signalart" zusätzlich zwischen „potentialgetrennt" bzw. „nicht potentialgetrennt" unterschieden.

67 Beispiele hierfür sind Analogbaugruppen mit 8 Analogeingängen und 8 Analogausgängen bzw. Baugruppen mit sowohl Analogein- bzw. -ausgängen als auch Binärein- bzw. -ausgängen auf derselben Baugruppe.

benötigten Kanäle zu ermitteln ist. Die Aufteilung auf Baugruppen wird anschließend meist mit CAE-Systemen vorgenommen, die häufig von den SPS- bzw. PLS-Herstellern mitgeliefert werden.[68] Zur Realisierung spezieller Anforderungen (z. B. Antriebssteuerung, Vorverarbeitung nichtstandardisierter Signale – vgl. Fußnote 70 –, Abarbeitung von Regelalgorithmen mit vergleichsweise sehr niedrigen Tastperioden[69]) werden von den SPS- bzw. PLS-Herstellern Spezialbaugruppen (synonymer Begriff: Applikationsbaugruppen) angeboten. Um dies im leittechnischen Mengengerüst berücksichtigen zu können, wurde der allgemeine Baugruppentyp „Spezialbaugruppe" (SB) eingeführt, bezüglich Signalform, Art der Hilfsenergieversorgung sowie Signalart jedoch nicht weiter unterteilt, weil das bei Spezialbaugruppen aufgrund der möglichen Vielfalt kaum in überschaubarer Form möglich ist. Zur Orientierung kann jedoch auf die Angaben für Analogeingabe- bzw. -ausgabebaugruppen sowie Binäreingabe- bzw. -ausgabebaugruppen zurückgegriffen werden (vgl. Bild 3-57). Obwohl in der Ebene „Baugruppentyp" bereits aus Bezeichnungen wie z. B. „AE" oder „BA" hervorgeht, dass analoge bzw. binäre Signale verarbeitet werden, ist im Bild 3-57 die Ebene „Signalform" dennoch mit eingeführt worden, um mit den noch folgenden Erläuterungen für die Gerätekategorien „Separate Wandler sowie Rechenglieder" bzw. „Kompaktregler" kompatibel zu sein. Aus dem gleichen Grund wird auch die Ebene „Art der Hilfsenergieversorgung" beibehalten, obwohl hier nur die Kategorie „elektrisch" relevant ist. Ferner wurden im Bild 3-57 in der Ebene „Signalart" nur Einheitssignale bzw. Standardsignale (z. B. Signale von Widerstandsthermometern bzw. Thermoelementen) sowie die digitale Signalübertragung mit Feldbussen berücksichtigt.[70]

Bedien- und Beobachtungseinrichtungen[71] nehmen innerhalb der Gerätekategorie „SPS/PLS" eine Sonderstellung ein, weil es nicht sinnvoll ist, sie als Baugruppen zu betrachten und daher der Unterebene „Allgemeiner Baugruppentyp" zuzuordnen. Ferner sind die bei den übrigen Gerätekategorien eingeführten Ebenen „Signalform", „Art der Hilfsenergieversorgung" und „Signalart" für Bedien- und Beobachtungseinrichtungen von SPS/PLS bedeutungslos. Die detaillierte Struktur für Bedien- und Beobachtungseinrichtungen wird deshalb im Bild 3-58 gesondert dargestellt. Es ist jedoch nützlich, innerhalb der Ebene „Gerätekategorie" eine zusätzliche (Unter-)Ebene einzuführen, die hier aber sinnvollerweise „Gerätetyp" statt „Baugruppentyp" genannt wird.

Um die Struktur noch deutlicher herauszuarbeiten, wurden in der Ebene „Gerätetyp" für die Kategorie „Konfigurier- und Parametriereinrichtung" die Unterkategorien „stationär" bzw. „mobil" eingeführt. Die sonstige Zuordnung von Gerätetypen zur Gerätekategorie „Bedien- und Beobachtungseinrichtungen" ist eindeutig und wird daher nicht näher erläutert.

---

68 Beispiel eines solchen CAE-Systems ist der elektronische Katalog CA 01 [25].

69 Im Allgemeinen werden Regelalgorithmen in speicherprogrammierbarer Technik mittels Software realisiert. In bestimmten Fällen – z. B. bei Drehzahlregelungen mit Tastperioden im Millisekundenbereich – kann es jedoch unumgänglich sein, hierfür Spezialbaugruppen – im hier diskutierten Fall Reglerbaugruppen – einzusetzen.

70 Zum Anschluss von Signalen, die nicht dem im Bild 3-57 in der Ebene „Signalart" dargestellten Spektrum entsprechen (z. B. 0/48…125 VDC-, 0/120 VAC- bzw. 0/230 VAC-Signale), werden von den SPS- bzw. PLS-Herstellern Spezialbaugruppen angeboten (siehe oben).

71 Hierzu auch Hinweis in Fußnote 47 auf S. 66 beachten!

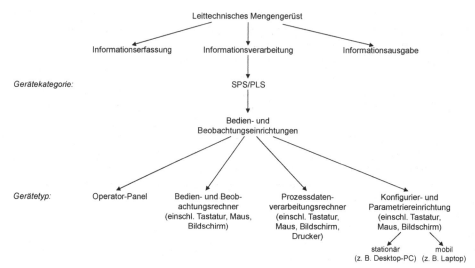

Bild 3-58: Detaillierte Struktur der Komponente „Informationsverarbeitung" bezüglich Bedien- und Beobachtungseinrichtungen

Die detaillierte **Struktur der Gerätekategorien „Separate Wandler"** sowie **„Rechenglieder"** ist im Bild 3-59 dargestellt.

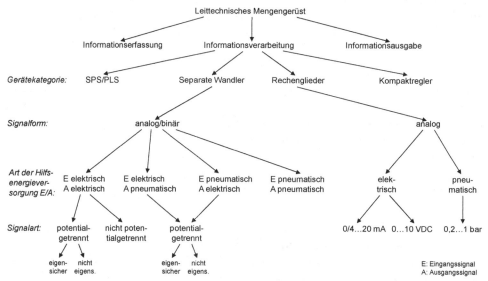

Bild 3-59: Detaillierte Struktur der Komponente „Informationsverarbeitung" für die Gerätekategorien „Separate Wandler" sowie „Rechenglieder"

Obwohl in der Systematik nach DIN 19227 (separate) Wandler und Rechenglieder in der Kategorie „Anpasser" zusammengefasst werden (vgl. Abschnitt 3.3.4.4), ist eine getrennte Betrachtung sinnvoll, weil sich die Aufgaben, die separate Wandler bzw. Rechenglieder jeweils in einer Automatisierungsanlage zu erfüllen haben, doch erheblich voneinander unterscheiden.

Bei Gerätekategorie *„Separate Wandler"* [72] werden in der Ebene „Signalform" die Kategorien „analog" und „binär" als Einheit betrachtet, um damit anzudeuten, dass das Ausgangssignal eines separaten Wandlers durchaus ein pneumatisches Signal sein kann, wenn das Eingangssignal ein elektrisches Signal ist und umgekehrt.[73] Um dieser Tatsache Rechnung zu tragen, wird daher die Ebene „Art der Hilfsenergieversorgung" hier – anders als z. B. bei der Komponente „Informationserfassung" – in Teilebenen gegliedert, die sich durch Kombination der Art der Hilfsenergieversorgung von jeweils Eingangssignal (elektrisch/pneumatisch) und Ausgangssignal (ebenfalls elektrisch/pneumatisch) ergeben. Eine Zuordnung von Kategorien in der Ebene „Signalart" durch Angabe von Einheitssignalen ist bei separaten Wandlern – anders als bei den bisher betrachteten Gerätekategorien – im Allgemeinen nicht sinnvoll, weil separate Wandler prinzipiell beliebige Eingangssignale – also z. B. auch Signale, die keine Einheitssignale sind – in beliebige Ausgangssignale wandeln können. Der Versuch, diese sich daraus ergebende Vielfalt darzustellen, würde aber zu weit führen und muss hier daher unterbleiben. Sinnvoll erscheint allerdings, in der Ebene „Signalart" folgende Kategorien zuzuordnen: Separate Wandler mit

- sowohl elektrischem Eingangs- als auch elektrischem Ausgangssignal:[74] Zuordnung der Kategorien „nicht potentialgetrennt" bzw. „potentialgetrennt" mit den Unterkategorien „eigensicher" bzw. „nicht eigensicher",
- entweder elektrischem Eingangs- und pneumatischem Ausgangssignal oder pneumatischem Eingangs- und elektrischem Ausgangssignal: Zuordnung der Kategorie „potentialgetrennt" mit den Unterkategorien „eigensicher" bzw. „nicht eigensicher" [75] (bei separaten Wandlern mit sowohl pneumatischem Eingangs- als auch Ausgangssignal ist die Zuordnung der Kategorie „potentialgetrennt" mit den Unterkategorien „eigensicher" bzw. „nicht eigensicher" nicht sinnvoll).

Während für separate Wandler sowohl die Signalformen „analog" als auch „binär" relevant sind, ist für *Rechenglieder* (z. B. elektrisches bzw. pneumatisches Radizierglied) nur die Signalform „analog" von Bedeutung. Anders als bei separaten Wandlern werden in Ebene „Art der Hilfsenergieversorgung" die Kategorien „elektrisch" bzw. „pneu-

---

72 Hinweis in Fußnote 3 auf S. 3 beachten!

73 Gerätebeispiele sind analoge bzw. binäre elektropneumatische Wandler. Hiervon nicht erfasst sind Analog-/Digital- bzw. Digital/Analogwandler, weil sie hier nicht als eigenständige Geräte wie z. B. elektropneumatische Wandler sondern als Elemente von Baugruppen der Gerätekategorie „SPS/PLS" betrachtet werden.

74 Beispiele derartiger Wandler sind Potentialtrennstufen, die den elektrischen Stromkreis des Eingangssignals galvanisch von dem des Ausgangssignals trennen.

75 Unterscheiden sich bei einem Wandler Art der Hilfsenergieversorgung von Eingangs- bzw. Ausgangssignal, so kann man das im weitesten Sinn als eine Art Potentialtrennung betrachten. Der als Synonym für den Begriff „galvanische Trennung" in der Gerätetechnik verwendete Begriff „Potentialtrennung" ist nur dann sinnvoll anwendbar, wenn sowohl Eingangs- als auch Ausgangssignale des Wandlers elektrische Signale sind. Strenggenommen ist seine Anwendung im betrachteten Fall daher überflüssig, wird aber dennoch beibehalten, um betrachtungskonform zu demjenigen Fall zu sein, bei dem sowohl Eingangs- als auch Ausgangssignale des Wandlers elektrische Signale sind.

matisch" getrennt betrachtet. Die Zuordnung von Signalarten zu Kategorien übergeordneter Ebenen ist eindeutig und wird daher nicht näher erläutert.

Die detaillierte **Struktur der Gerätekategorie „Kompaktregler"** zeigt Bild 3-60.

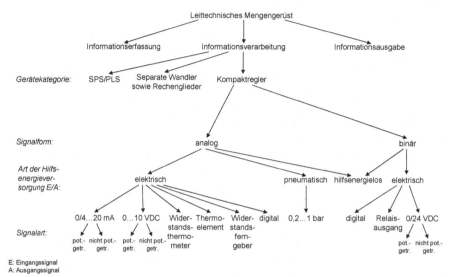

Bild 3-60: Detaillierte Struktur der Komponente „Informationsverarbeitung" für die
Gerätekategorie „Kompaktregler"

Bezüglich der Ebenen „Signalform", „Art der Hilfsenergieversorgung" bzw. „Signalart"
gilt, dass sich die definierten Kategorien und deren Zuordnung zu Ebenen sowohl auf
die Eingangs- als auch die Ausgangssignale eines Kompaktreglers beziehen. Ferner
wird die Art der Hilfsenergieversorgung des Kompaktreglers aus Gründen der Übersichtlichkeit hier zwar nur allgemein spezifiziert, der Vollständigkeit halber aber mit der
Unterteilung in z. B. 24 VDC bzw. 230 VAC in die Strukturtabellen einbezogen (vgl.
Anhang 4). Eine spezielle Gruppe der Kompaktregler bilden hilfsenergielose Regler.
Sie werden im Bild 3-60 durch Einführung der Kategorie „hilfsenergielos" in der Ebene
„Art der Hilfsenergieversorgung" berücksichtigt, wobei hier die Zuordnung von Signal-
arten nicht zweckmäßig ist. Die sonstige Zuordnung von Kategorien untergeordneter
Ebenen zu Kategorien übergeordneter Ebenen ist eindeutig und wird daher nicht nä-
her erläutert.

Die jeweils im Bild 3-57, Bild 3-58, Bild 3-59 bzw. Bild 3-60 dargestellten Detailgliederungen für die Komponente „Informationsverarbeitung" wurden in Strukturtabellen
umgesetzt, die im Anhang 4 enthalten sind.

Die nun folgende beispielhafte Erarbeitung eines leittechnischen Mengengerüstes
orientiert sich an Station „Reaktor" des MPS-PA (vgl. Abschnitt 2, S. 11; Instrumentierung aus didaktischen Gründen vereinfacht bzw. geändert), bei der ein Rührkesselreaktor mit Flüssigkeit (Stoff A) bis zum Erreichen des Füllstandszwischenwertes (80 %)
befüllt wird. Anschließend wird eine weitere Flüssigkeit (Stoff B) bis zum oberen Füllstandsgrenzwert (90 %) dosiert. Danach wird unter ständigem Rühren mit Heißwasser
geheizt, bis die erforderliche Temperatur – gegeben durch den oberen Temperatur-
grenzwert (60 °C) – erreicht ist. Nun wird das Reaktionsprodukt bis zum unteren Tem-

peraturgrenzwert (20 °C) mit Kaltwasser abgekühlt, worauf der Rührwerksmotor abgeschaltet und der Rührkesselreaktor bis zum Erreichen des unteren Füllstandsgrenzwertes (0 %) entleert wird. Für die Instrumentierung gelten folgende Voraussetzungen:

- Der Rührkesselreaktor wird in nicht explosionsgefährdeter Umgebung betrieben,
  d. h. es sind keine eigensicheren Stromkreise vorzusehen und daher keinerlei Signale eigensicherer Mess- bzw. Stelleinrichtungen zu berücksichtigen.[76]

- Der Füllstand wird nach dem Verdrängerprinzip gemessen und im Prozessleitsystem angezeigt. Die Grenzwerte für den Füllstand werden im Prozessleitsystem
  gebildet, indem der gemessene Füllstand in entsprechenden Funktionsbausteinen
  der Anwendersoftware verarbeitet wird (vgl. Abschnitt 3.4.5.2).

- Die Temperatur im Rührkesselreaktor R1 wird mittels eines Widerstandsthermome-
  ters mit Fühlerkopftransmitter gemessen und im Prozessleitsystem angezeigt. Zusätzlich ist eine hilfsenergielose Temperaturmesseinrichtung mit örtlicher Anzeige
  – realisiert mit einem Metallausdehnungsthermometer – vorgesehen. Die Grenzwerte für die Temperatur werden im Prozessleitsystem gebildet, indem die gemessene Temperatur in entsprechenden Funktionsbausteinen der Anwendersoftware
  verarbeitet wird (vgl. Abschnitt 3.4.5.2).

- Die Messeinrichtungen für Füllstand bzw. Temperatur übertragen analoge Messwerte mittels 4...20 mA-Stromsignal, d. h. eine digitale Signalübertragung mit einem Feldbus ist nicht vorgesehen.

- Die *Armaturen* V1 bis V5 werden über Koppelrelais durch elektromagnetische Antriebe betätigt (Eingangssignal 0/24 VDC; vgl. auch Anhang 5, Typical 5a). Einrichtungen für Noteingriffe sind nicht vorgesehen.

- Das Erreichen von Endlagen an den Armaturen wird durch im Prozessleitsystem
  realisierte Sichtzeichen angezeigt. Diese Sichtzeichen werden von Signalen gesteuert, welche durch an den Armaturen befindliche mechanische Endlagenschalter erzeugt werden, die jeweils ein 0/24 VDC-Signal für die obere bzw. untere Endlage liefern. Der Steueralgorithmus (Implementierung in EMSR-Stelle „US 1"), benötigt Signale von den Endlagenschaltern der Armaturen V1, V2 und V5.

- Pumpen, Rührwerk und zugehörige Antriebsmotoren werden *kundenseitig* beige-
  stellt. Die Antriebsmotoren werden über Verbraucherabzweige, die als Motorstarter
  ausgeführt sind (Berücksichtigung durch EMSR-Stellen mit der Kennbuchstabenkombination „UV"), mit 0/24 VDC-Binärsignalen jeweils ein- und ausgeschaltet (vgl.
  Anhang 5, Typical 1b). Die Betriebszustände „Ein" bzw. „Aus" werden jeweils mit
  0/24 VDC-Binärsignalen, die von den Verbraucherabzweigen erzeugt werden,
  rückgemeldet. Für die Antriebsmotoren sind keine Einrichtungen für Noteingriffe
  oder Störmeldungen sowie Strommessungen vorgesehen – das R&I-Fließschema
  enthält somit keine EMSR-Stellen mit der Kennbuchstabenkombination „EU" (vgl.
  dazu auch Hinweise auf S. 42 f.).

- Die Realisierung der EMSR-Aufgaben soll – außer bei der hilfsenergielosen Temperaturmesseinrichtung mit örtlicher Anzeige – mittels Prozessleitsystem erfolgen,
  wobei für Analogsignale bzw. Binäreingangssignale Baugruppen mit potentialge-

---

76 Die Begriff „Eigensicherheit" wird später im Zusammenhang mit den Ausführungen
   im Abschnitt 5.3 erläutert.

trennten Analog- bzw. Binäreingängen sowie für Binärausgangssignale Baugruppen mit Relaisausgängen verwendet werden sollen.

- Als Bedien- und Beobachtungseinrichtung dient ein Desktop-PC mit Drucker (einschließlich Bildschirm, Tastatur sowie Maus), der als stationäres Kompaktgerät ausgeführt ist und gleichzeitig als Bedien- und Beobachtungsrechner, Prozessdatenverarbeitungsrechner sowie Konfigurier- und Parametriereinrichtung fungiert.

Bild 3-61 zeigt das zugehörige R&I-Fließschema, wobei die Überfüllsicherung der Einfachheit halber nicht mit dargestellt wurde.

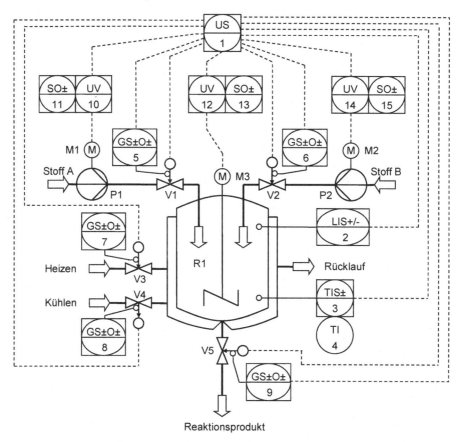

Bild 3-61:   R&I-Fließschema des Rührkesselreaktors

Unter Berücksichtigung der genannten Voraussetzungen sowie des im **Bild 3-61**

gezeigten R&I-Fließschemas ergibt sich das in Tabelle 3-5 bzw. Tabelle 3-6 dargestellte leittechnische Mengengerüst. Der Tabellenaufbau wurde im Vergleich zu den im Anhang enthaltenen Strukturtabellen aus Platzgründen leicht modifiziert, indem für das betrachtete Beispiel nichtrelevante Zeilen bzw. Spalten weggelassen wurden.

Tabelle 3-5: Leittechnisches Mengengerüst für den im Bild 3-61 dargestellten Rührkesselreaktor – Komponente *Informationserfassung* bzw. *Informationsausgabe* (Abkürzungen vgl. Bild 3-51 auf S. 67)

Informationserfassung:

Signalform	Messverfahren	Art der Hilfsenergieversorgung	Signalart			
			4...20 mA, nicht eigensicher	Signalform binär	softwaremäßig	örtlich
Prozessgröße L (EMSR-Stelle LIS+/- 2)						
analog	Verdrängerprinzip	elektrisch	1	/	X	/
Prozessgröße T (EMSR-Stellen TIS± 3 und TI 4)						
analog	Widerstandsthermom.	elektrisch	1	/	X	/
analog	Metallausdehnungsthermom.	/	/	/	/	1 (eigensicher)

Informationsausgabe:

Signalform	Art der Hilfsenergieversorgung des Stellantriebs	Zubehör	Signalform analog	Signalform binär: 0/24 VDC, nicht eigensicher	softwaremäßig	örtlich
Drosselstellglied mit Stellantrieb als Stellgerät (Armaturen V1 bis V5)						
binär	elektrisch	Koppelrelais	/	5x elektromagnetisch (5x 24 VDC)	/	/
binär	elektrisch	Stellgliedrückmeldung	/	10 Endlagenschalter (10x 24 VDC)	/	/
Spezifikation Stellantriebe:	Elektromagnetische Stellantriebe, Betriebsspannung jeweils 24 VDC; Stromaufnahme jeweils 1,5 A.					
Spezifikation Stellglieder:	Vgl. entsprechende Spezifikationsblätter!					
Arbeitsmaschine mit Stellantrieb als Stellgerät (Rührwerk und Pumpe P1 bzw. P2 einschließlich Antriebsmotoren): <u>kundenseitige</u> Beistellung (daher nur bezüglich leittechnischer Einbindung zu berücksichtigen, vgl. auch Erläuterungen auf S.70)						
binär	elektrisch	Verbr.-abzweig (als Motorstarter ausgef.)	/	3x Mot.-starter; Signale: Ein/Aus (3x 24 VDC)	/	/
binär	elektrisch	Stellgliedrückmeldg.	/	Ein, Aus (6x 24 VDC)	/	/

Tabelle 3-6: Leittechnisches Mengengerüst für den im Bild 3-61 dargestellten Rührkesselreaktor – Komponente Informationsverarbeitung (Abkürzungen vgl. Bild 3-51 auf S. 67)

Informationsverarbeitung: PLS

Allgemeiner Baugruppentyp	Signalart	Anzahl Baugruppen				
		STRVG	CPU	AE	BE	BA
STRVG		1				
CPU			1			
AE	2x 4...20 mA, potentialgetrennt			1x AE-Baugruppe mit 8 potentialgetrennten AE		
BE	16x 0/24 VDC, potentialgetrennt				1x BE-Baugruppe mit 16 potentialgetrennten BE	
BA	8x 0/24 VDC, Relaisausgang					1x BA-Baugruppe mit 8 Relaisausgängen

Bedien- und Beobachtungseinrichtung

Gerätetyp	Anzahl	Bemerkung
Desktop-PC mit Drucker als Bedien- und Beobachtungsrechner, Prozessdatenverarbeitungsrechner sowie Konfigurier- und Parametriereinrichtung (einschließlich Tastatur, Maus, Bildschirm)	1	Kompaktgerät

Häufig besteht bei der Festlegung von Baugruppenanzahlen die Forderung, jeweils eine Kanalreserve von mindestens 10 % zu berücksichtigen. Bezüglich Analogeingabebaugruppen ist diese Forderung erfüllt. Bei den Binäreingabebaugruppen ist zu entscheiden, ob zur Erfüllung der Forderung entweder weniger Binäreingangssignale verarbeitet werden oder eine andere, mehr Binäreingänge aufweisende bzw. eine weitere Baugruppe des gleichen Typs verwendet wird. Bezüglich Binärausgabebaugruppen bestehen folgende Optionen: Es ist entweder eine andere, mehr Relaisausgänge aufweisende oder eine weitere Baugruppe des gleichen Typs einzusetzen.

Zur Abbildung des leittechnischen Mengengerüstes wird neben der erläuterten Tabellenform oft auch auf projektspezifische Typicals zurückgegriffen.[77] In diesen grafischen Darstellungen werden einerseits die Komponenten zur Informationserfassung und des „eingangsseitigen" Teils der Informationsverarbeitung (vgl. Bild 3-62) sowie andererseits die Komponenten des „ausgangsseitigen" Teils der Informationsverarbeitung und der Informationsausgabe (vgl. Bild 3-63) dargestellt. Bild 3-62 und Bild 3-63 zeigen – jedoch _nicht_ auf das Beispiel Rührkesselreaktor bezogen – hierfür Beispiele. Ferner können solche Typicals durch Einfügen der Spalte „Kosten" auch als übersichtliches Hilfsmittel für die Angebotskalkulation eingesetzt werden.

Analoge Differenzdruckmessung mittels Wirkdruckverfahren, Signalübertragung mittels Einheitsstromsignal (nicht eigensicher), Signalverarbeitung im Prozessleitsystem, Option „Anzeige örtlich"

Lfd.-Nr.	Bezeichnung	Typ.-Nr.	Einstrich-schema	Kosten	LU-LT?	Menge	Einheit
1	System-absperrung		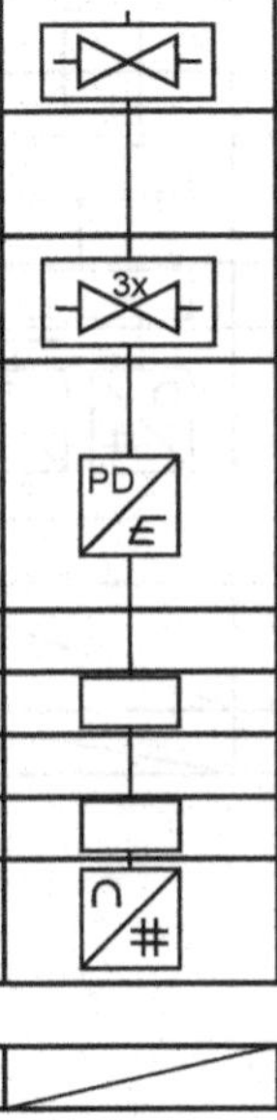		nein	2	St.
2	Wirkdruck-leitung				nein	20	m
3	Absperrung 3-fach (Stahl)				ja	1	St.
4	Differenzdruck-messumformer (Ausgangssignal 4...20 mA)				ja	1	St.
5	Stichkabel				ja	20	m
6	UV-Anteil				ja	2	Kl.
7	Sammelkabel				ja	150	m
8	Schrankanteil				ja	2	Kl.
9	Signalauf-bereitung				ja	1	AE
Optionen:							
1	Anzeige örtlich				ja	1	St.

Erläuterungen:

AE:	Analogeingabekanal	Kl:	Klemme
LU-LT:	Lieferumfang Pozessleittechnik	St:	Stück
UV:	Unterverteiler (Feldebene)		

Bild 3-62:   Typical für Differenzdruckmessung

---

77 Auf dieser Basis lassen sich die im Abschnitt 3.3.4.4 erläuterten Grob-EMSR-Stellenpläne generieren, die das Verständnis der angebotenen Lösung erheblich verbessern. Als hilfreiche Projektierungsunterlagen werden sie daher manchmal bereits beim Basic-Engineering erarbeitet.

Stelleingriff in Stoffstrom mittels analogen Drosselstellglieds mit pneumatischem Stellantrieb, Ansteuerung mittels Einheitsstromsignal (nicht eigensicher) und Stellungsregler vom Prozessleitsystem aus, keine örtliche Anzeige; Elektrische Stellgliedrückmeldung analog/binär; Option: Einrichtung für Noteingriff

Lfd.-Nr.	Bezeichnung	Typ.-Nr.	Einstrich-schema	Kosten	LU-LT?	Men-ge	Ein-heit
1	Drosselstellglied (Stellventil)		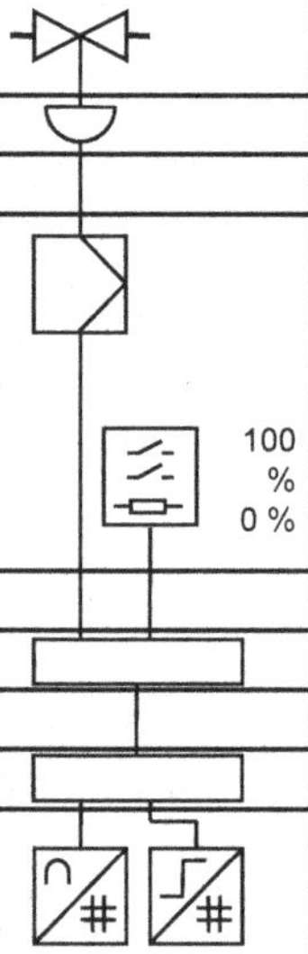		nein	1	St.
2	Stellantrieb (pn.)				ja	1	St.
3	Impulsleitung				ja	1	m
4	Stellungsregler (Eingangssignal 4...20 mA) bzw. Stellgliedrückmeldung analog (WFG)/binär (LS)		100 % 0 %		ja	1	St.
5	Stichkabel				ja	20	m
6	UV-Anteil				ja	9	Kl.
7	Sammelkabel				ja	150	m
8	Schrankanteil				ja	9	Kl.
9	Signalaufbereitung analog bzw. binär				ja	1 1 2	AE AA BE
Optionen:							
1	Einrichtung für Noteingriff				ja	1	St.
2	Anzeige örtlich						

Erläuterungen:

AA: Analogausgabekanal

AE: Analogeingabekanal

BE: Binäreingabekanal

Kl: Klemme

LS: Lageschalter

LU-LT: Lieferumfang Prozessleittechnik

St: Stück

UV: Unterverteiler (Feldebene)

WFG: Widerstandsferngeber

Bild 3-63:   Typical für Stelleingriff in Stoffstrom mit analogem Drosselstellglied

3.3.3.6   EMSR-Geräteliste, Verbraucherliste sowie Armaturenliste

EMSR-Geräteliste

Im R&I-Fließschema werden die zur Automatisierung erforderlichen EMSR-Stellen dargestellt. Mit diesen EMSR-Stellen wird im R&I-Fließschema u. a. beschrieben, welche *Funktionen* (Messen, Steuern, Regeln, Stellen, Anzeigen, Alarmieren,...) in der Automatisierungsanlage zu realisieren sind. Damit eine EMSR-Stelle die an sie gebundenen Funktionen ausführen kann, ist sie – wie im Abschnitt 3.3.3.3 bereits erläutert – zu instrumentieren, d. h. mit Geräten auszustatten. Während mit dem leittechnischen Mengengerüst – wie im vorangegangenen Abschnitt bereits ausgeführt (vgl. S. 66 ff.) – ermittelt wird, wie viele Geräte eines bestimmten Typs erforderlich sind, d. h. die Gerätetechnik aus einer eher beschaffungsorientierten Sicht betrachtet wird, spiegelt die EMSR-Geräteliste die EMSR-Stellenbezogene Sicht auf die Gerätetechnik wider. Ist also die zur Realisierung der jeweiligen EMSR-Stelle benötigte Gerätetechnik im leittechnischen Mengengerüst meist von der jeweiligen EMSR-Stelle losgelöst dargestellt, so werden in der EMSR-Geräteliste die zur Realisierung der jeweiligen EMSR-Stelle benötigten Geräte bezogen auf diese EMSR-Stelle blockartig zusammengefasst und tabellenartig dargestellt. Bild 3-64 zeigt hierzu ein Beispiel.

Verbraucherliste

Die „Verbraucher" elektrischer, pneumatischer sowie hydraulischer Hilfsenergie (z. B. elektrische Antriebe von Stellarmaturen, pneumatische bzw. hydraulische Stellungsregler an Stellarmaturen) sind im Allgemeinen schon EMSR-Stellen zugeordnet und daher bereits in einer entsprechend konfigurierten EMSR-Geräteliste mit erfasst. Zur Planung des Bedarfs an pneumatischer, hydraulischer und insbesondere elektrischer Hilfsenergie ist es jedoch zweckmäßig, die „Verbraucher" in einer separaten Liste, der sogenannten Verbraucherliste zu erfassen. Da der Aufbau dieser Liste prinzipiell der EMSR-Geräteliste (vgl. Bild 3-64) ähnelt, wird hier nicht weiter darauf eingegangen.

Armaturenliste

Ob Armaturenlisten Bestandteil der Unterlagen des Gewerks „Automatisierungstechnik" sind, hängt im Wesentlichen von der Gestaltung der Nahtstelle zwischen den Lieferumfängen von Verfahrenstechnik bzw. Prozessleittechnik ab. Im häufig in der Praxis anzutreffenden Regelfall legt das Gewerk „Verfahrenstechnik" die Stellglieder wie z. B. Klappen oder Ventile nach den verfahrenstechnischen Erfordernissen aus, d. h. Armaturen sind meist Bestandteil des Liefer- und Leistungsumfangs der Verfahrenstechnik. Das Gewerk „Automatisierungstechnik" dimensioniert anschließend gemäß verfahrenstechnischen Vorgaben die zugehörigen Stellantriebe. In diesem Fall wird die Armaturenliste vom Gewerk „Verfahrenstechnik" erarbeitet und dem Gewerk „Automatisierungstechnik" zur Verfügung gestellt. Davon abweichend kann es in Ausnahmefällen durchaus vorkommen, dass Stellgeräte, d. h. sowohl Stellglieder als auch Stellantriebe, Bestandteil des Liefer- und Leistungsumfangs entweder der Verfahrenstechnik oder der Prozessleittechnik sind. In ersterem Fall ist die Armaturenliste vom Gewerk „Verfahrenstechnik" zu erarbeiten (wobei das Gewerk „Automatisierungstechnik" die Armaturenliste zur Ermittlung der Anzahl von Stelleinrichtungen benutzt, die leittechnisch einzubinden sind – vgl. auch Erläuterungen auf S. 69) in letzterem Fall vom Gewerk „Automatisierungstechnik". Da der Aufbau dieser Liste prinzipiell der EMSR-Geräteliste (vgl. Bild 3-64) ähnelt, wird nicht weiter darauf eingegangen.

Lfd. Nr.	PLT-Stellennummer / AKS	Beschreibung	Gerät	Eingangssignal Mess-/Anzeigebereich	Ausgangs-Signal	Hilfs-Energie	Schutz-Art	Hersteller / Typ	Klemmenkasten	Einbauort	Lieferant
17	LRCA+ 924 / GW ES SA DE EH	Standüberwachung in Speisewassertrommel	Stand-Aufnehmer (Kapazitiv)				IP 55	Endress + Hauser / 11302Z	V205 X1 : 29	Speisewassertrommel	Endress + Hauser
17	LRCA+ 924 / GW ES SA DE EH	Standüberwachung in Speisewassertrommel	Regelventil	4-20 mA				ECKARDT AG / YV T5	V205 X1 : 39	Zuleitung Speisewassertrommel	ECKARDT AG
17	LRCA+ 924 / GW ES SA DE EH	Standüberwachung in Speisewassertrommel	Kontrolleuchte					STAHL GmbH / Meldetableau T4	interne Verdrahtung	M1 T2 H4	STAHL GmbH
17	LRCA+ 924 / GW ES SA DE EH	Standüberwachung in Speisewassertrommel	PLS Eingang Analog	4-20 mA		24 V		Hartmann & Braun AG / DAI 01	interne Verdrahtung	S2 T3 D6.3	Hartmann & Braun AG
17	LRCA+ 924 / GW ES SA DE EH	Standüberwachung in Speisewassertrommel	PLS Ausgang Binär			24 V		Hartmann & Braun AG / DDO 02	interne Verdrahtung	S2 T3 D7.8	Hartmann & Braun AG
17	LRCA+ 924 / GW ES SA DE EH	Standüberwachung in Speisewassertrommel	PLS Ausgang Analog		4-20 mA	24 V		Hartmann & Braun AG / DAO 01	interne Verdrahtung	S2 T3 D3.4	Hartmann & Braun AG
17	LRCA+ 924 / GW ES SA DE EH	Standüberwachung in Speisewassertrommel	Verweis							L924	
17	LRCA+ 924 / GW ES SA DE EH	Standüberwachung in Speisewassertrommel	Sicherungsautomat				IP20	Siemens / F FL 4A	interne Verdrahtung	S1 T1 F3	Siemens
17	LRCA+ 924 / GW ES SA DE EH	Standüberwachung in Speisewassertrommel	Speisetrenner	4-20 mA	4-20 mA	12, 24 V	IP20	ABB digitale / CSMC 419-1 EX	interne Verdrahtung	S1 T6 D9	ABB digi table Sicherheitstechnik GmbH
17	LRCA+ 924 / GW ES SA DE EH	Standüberwachung in Speisewassertrommel	Trennverstärker	4-20 mA	4-20 mA	12, 24 V	IP20	ABB digitale / CSMS 418-1 EX	interne Verdrahtung	S1 T6 D6	ABB digi table Sicherheitstechnik GmbH

C B A F E D

Ersteller: LOM   11.10.05   Bezeichnung: GW ES SA DE EH   EMSR-Geräteliste

eEPLAN PPE

Seite 17 / von 44 / Druckdatum: 11.10.05

Bild 3-64:   Beispiel einer EMSR-Geräteliste

3.3.3.7   Angebotserarbeitung

Die Erarbeitung des Angebots ist eine wichtige beim Basic-Engineering auszuführende Ingenieurtätigkeit (vgl. Bild 2-5 auf S. 8 bzw. Bild 3-7 auf S. 23). Hierbei wird auf
Basis der in den Abschnitten 3.3.2.2 (Lastenheft), 3.3.2.3 (Grund- bzw. Verfahrensfließschema) sowie 3.3.3.1 bis 3.3.3.6 erläuterten Unterlagen der Liefer- und Leistungsumfang beschrieben und kalkuliert. Vorerst wird hier nicht näher darauf eingegangen, sondern auf Abschnitt 7 (Kommerzielle Aspekte) verwiesen, weil die diesbezüglichen Erläuterungen dort strukturiert und umfassend dargestellt werden.

3.3.4 Detail-Engineering

3.3.4.1   Allgemeines

Ausgehend von der im Bild 3-7 (vgl. S. 23) dargestellten Einordnung der Kernprojektierung in den Projektablauf werden vom Kunden in der Anfrage bzw. Ausschreibung
die Projektanforderungen im Allgemeinen in einem Lastenheft zusammengestellt.
Zusammen mit der Anfrage bzw. Ausschreibung übergibt der Kunde dem Anbieter,
der sich um den Auftrag bemüht, das Verfahrensfließschema. Auf dieser Basis wird
das im Abschnitt 3.3.3 beschriebene Basic-Engineering durchgeführt und ein Angebot
erarbeitet. Vergibt der Kunde den Auftrag an den Anbieter, so hat dieser im Rahmen
des Detailengineerings nach ggf. zuvor erforderlicher Überarbeitung von Unterlagen
des Basic-Engineerings[78] für die Automatisierungsanlage

- Pflichtenheft (vgl. Abschnitt 3.3.4.2),

- Verkabelungskonzept (vgl. Abschnitt 3.3.4.3),

- EMSR-Stellenpläne (vgl. Abschnitt 3.3.4.4),

- Kabelliste, Kabelpläne sowie Klemmenpläne (vgl. Abschnitt 3.3.4.5),

- Schaltschrank-Layouts (vgl. Abschnitt 3.3.4.6),

- Montageanordnungen (vgl. Abschnitt 3.3.4.7),

zu erarbeiten, Steuerungs- sowie Regelungsentwurf auszuführen und Anwendersoftware zu entwickeln (vgl. Abschnitte 3.3.4.8, 3.4.2, 3.4.4 sowie 3.4.5).

Wie das Basic-Engineering ist auch das Detail-Engineering ein iterativer Arbeitspro-
zess, d. h. es sind dabei oft umfangreiche Änderungen zu berücksichtigen. Daher ist
es besonders wichtig, vertraglich einen Termin für den Design-Freeze[79] zu vereinbaren, um einerseits den für Änderungen erforderlichen Aufwand beherrschbar zu gestalten und andererseits die Termine für Fertigung und Werksabnahme einhalten zu
können.

---

78 Änderungen bzw. Ergänzungen sind dann erforderlich, wenn sich im Zeitraum
   zwischen Angebotsabgabe und Detailengineering Anforderungen des vom Auftraggeber erarbeiteten Lastenhefts geändert haben.

79 Nach dem Design-Freeze werden Änderungen für den Auftraggeber im Allgemeinen kostenpflichtig.

3.3.4.2   Pflichtenheft

Im Lastenheft (vgl. Abschnitt 3.3.2.2) werden nach VDI/VDE 3694 [4] die allgemeinen Anforderungen, welche an die Automatisierungsanlage zu stellen sind, sowohl hersteller- als auch produktneutral definiert. Auf dieser Grundlage wird auch das R&I-Fließschema erarbeitet. Darauf aufbauend sind diese allgemeinen Anforderungen vom Auftragnehmer in die konkrete Lösung umzusetzen, wobei gleichzeitig auch Unterlagen (z. B. EMSR-Stellenpläne, Kabelpläne sowie Klemmenpläne, Schaltschrank-Layouts) entstehen müssen, nach denen die Automatisierungsanlage errichtet wird. Das Lastenheft wird also durch Beschreibung der konkreten Lösung im Pflichtenheft zum Lasten-/Pflichtenheft ergänzt. Ähnlich wie im Abschnitt 3.3.2.2 ergibt sich daher die Fragestellung,

Wie und **Womit**

die im Lastenheft definierten allgemeinen Anforderungen an die Automatisierungsanlage durch die vom Auftragnehmer umzusetzende Lösung realisiert werden.

VDI/VDE 3694 empfiehlt, das Pflichtenheft, welches o. g. Frage beantwortet, nach den in Tabelle 3-7 genannten Gliederungspunkten aufzubauen. Bezüglich Untersetzung dieser Gliederungspunkte wird erneut auf VDI/VDE 3694 [4] verwiesen.

Tabelle 3-7:   Gliederung des Lasten-/Pflichtenheftes[80] nach VDI/VDE 3694

Gliederungspunkt	Benennung
1–8	***Lastenheft*** *(Gliederung vgl. Tabelle 3-1 auf S. 24)*
	Pflichtenheft
9	***Systemtechnische Lösung***
9.1	Kurzbeschreibung der Lösung
9.2	Gliederung und Beschreibung der systemtechnischen Lösung
9.3	Beschreibung der systemtechnischen Lösung für den regulären (Anlauf, Normalbetrieb, Wiederanlauf) und für den irregulären Betrieb (gestörter Betrieb, Notbetrieb)
10	***Systemtechnik***
10.1	Datenverarbeitungssystem
10.2	Datenverwaltungs-/Datenbanksystem
10.3	Software
10.4	Gerätetechnik
10.5	Technische Daten der Geräte
10.6	Technische Angaben für das Gesamtsystem

80 Der Begriff „Lasten-/Pflichtenheft" wird in VDI/VDE 3694 nicht verwendet. Da aber der in dieser Norm enthaltene Gliederungsvorschlag Lastenheft sowie Pflichtenheft in einem Dokument bündelt (vgl. Gliederung lt. Tabelle 3-7), ist es nach Meinung der Autoren gerechtfertigt, dieses Dokument „Lasten-/Pflichtenheft" zu nennen.

Durch den in Tabelle 3-7 dargestellten Aufbau wird das Lasten-/Pflichtenheft zu einem Prüfinstrument, das den Liefer- und Leistungsumfang des Auftragnehmers sowie die erforderlichen Beistellungen des Auftraggebers verbindlich festlegt und anhand dessen der Auftraggeber kontrollieren kann, ob und wie der Auftragnehmer den vereinbarten Liefer- und Leistungsumfang erbracht hat. Damit ist das Lasten-/Pflichtenheft auch gleichzeitig eine wichtige Grundlage für die Abnahme des Liefer- und Leistungsumfangs durch den Auftraggeber, so dass nach dessen Zustimmung der Auftragnehmer dem Auftraggeber die Schlussrechnung zur Bezahlung vorlegen darf.

Die Ergebnisse aus den Überlegungen, die im Pflichtenheft niedergelegt sind (Wie und Womit?), werden in Projektierungsunterlagen dokumentiert, nach denen die Automatisierungsanlage errichtet wird. Dazu zählen:

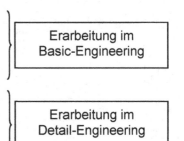

- R&I-Fließschema,
- EMSR-Stellen-, Signal-, Geräte-, Verbraucher- und Armaturenlisten,
- EMSR-Stellen- bzw. Verbraucherstellenblätter,

Erarbeitung im Basic-Engineering

- EMSR-Stellenpläne,
- Kabelliste, Kabelpläne sowie Klemmenpläne,
- Schaltschrank-Layouts,
- Montageanordnungen.

Erarbeitung im Detail-Engineering

3.3.4.3   Verkabelungskonzept

Die Erarbeitung der für das Detail-Engineering erforderlichen Unterlagen (z. B. EMSR-Stellenpläne, Kabelliste, Kabelpläne sowie Klemmenpläne) erfordert, zuvor ein Verkabelungskonzept zu entwickeln. Welche Art von Verkabelungskonzept im jeweils vorliegenden Anwendungsfall zweckmäßig ist, hängt vom Typ der umzusetzenden Strukturvariante (vgl. Abschnitt 3.2.3) ab. Insofern können Bild 3-4 bis Bild 3-6 als Basis für das zu entwickelnde Verkabelungskonzept dienen. Anhang 5 zeigt hierzu Beispiele.

3.3.4.4   EMSR-Stellenplan: Aufbau, Betriebsmittel-, Anschluss- bzw. Signalkennzeichnung sowie Potentiale und Querverweise

Allgemeiner Aufbau von EMSR-Stellenplänen

Der Projektierungsingenieur legt – wie im Abschnitt 3.3.3.3 sowie Abschnitt 3.3.3.5 bereits erläutert – zunächst fest, welche Automatisierungsmittel für die Funktionen der einzelnen EMSR-Stellen erforderlich sind.

Darauf aufbauend wird anschließend im Rahmen des Detail-Engineerings die konkrete Verdrahtung der Automatisierungsmittel geplant und mittels Grob-EMSR-
Stellenplan[81] bzw. Fein-EMSR-Stellenplan[82] dokumentiert.

In EMSR-Stellenplänen soll die Symbolik nach DIN 19227 [8] angewendet werden.
Deshalb wird sie im Folgenden eingeführt und beispielhaft erläutert. Die nach DIN
19227 für EMSR-Stellenpläne zur Verfügung stehenden Symbole lassen sich in folgende Symbolgruppen unterteilen: Aufnehmer, Anpasser[83], Ausgeber, Regler, Steu-
ergeräte, Bediengeräte, Stellgeräte und Zubehör, Leitungen/Leitungsverbindungen/
Anschlüsse/Signalkennzeichen.

Bild 3-65 bis Bild 3-68 zeigen häufig verwendete Symbole. Es ist zulässig, diese Symbole miteinander zu kombinieren. Im Bild 3-69 sind Beispiele von Kombinationssym-
bolen dargestellt.

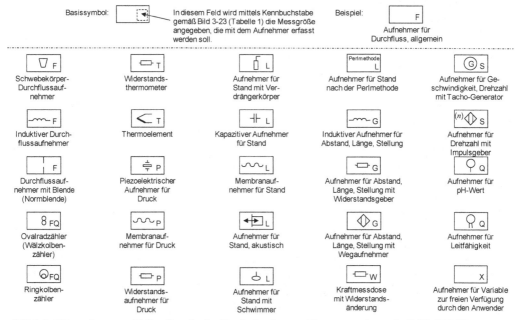

Bild 3-65:   Ausgewählte Symbole für Aufnehmer (Sensoren) nach DIN 19227

---

81 Der *Grob*-EMSR-Stellenplan ist eine dem *Übersichtsschaltplan* (Bestandteil der
   Schaltungsunterlagen zur Erläuterung der Arbeitsweise elektrischer Einrichtungen
   [26]) vergleichbare grafische Darstellung.

82 Der *Fein*-EMSR-Stellenplan ist eine dem *Stromlaufplan* (Bestandteil der Schaltungsunterlagen zur Erläuterung der Arbeitsweise elektrischer Einrichtungen [26])
   vergleichbare grafische Darstellung.

83 In der Symbolgruppe „Anpasser" wird zwischen Wandlern (Umformer, Umsetzer),
   Rechengliedern, Signalverstärkern, Signalspeichern und Binärverknüpfungen unterschieden. Symbole für Wandler, Rechenglieder, Signalverstärker und Signalspeicher nach DIN 19227 zeigt Bild 3-66, bezüglich der Symbole für Binärverknüpfungen verweist DIN 19227 auf DIN EN 60617, Teil 12 [27].

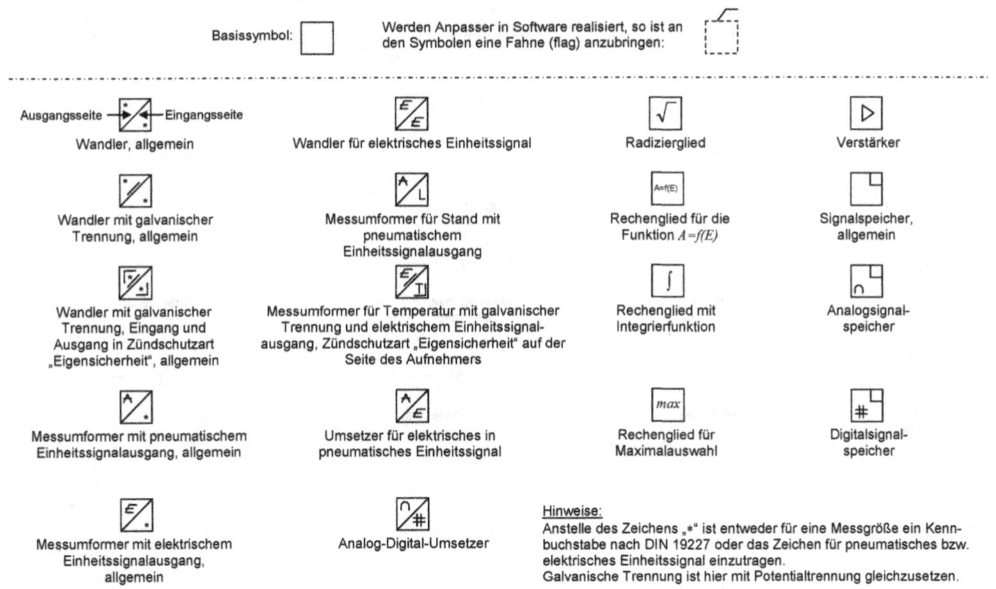

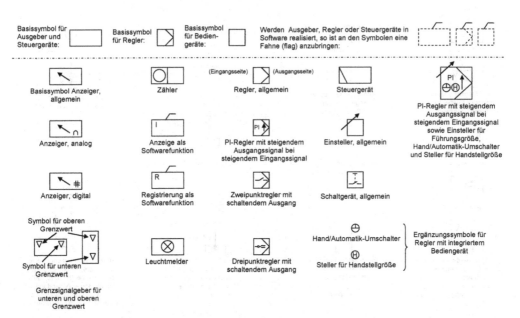

Bild 3-66: Ausgewählte Symbole für Anpasser (Wandler, Rechenglieder, Signal-verstärker, Signalspeicher) nach DIN 19227

Bild 3-67: Ausgewählte Symbole für Ausgeber (Anzeiger), Regler, Steuer- und Be-diengeräte nach DIN 19227

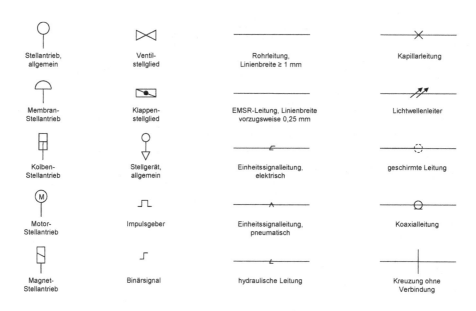

Bild 3-68: Ausgewählte Symbole für Stellgeräte und Zubehör sowie Signalkennzeichen und Leitungen nach DIN 19227

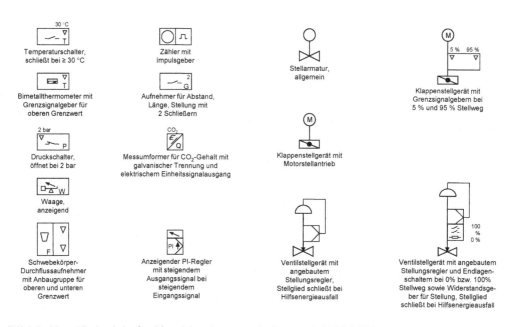

Bild 3-69: Beispiele für Kombinationssymbole nach DIN 19227

Die nachfolgenden Darstellungen (Bild 3-70 bis Bild 3-74) sind an DIN 19227 [8] ange-
lehnt und zeigen beispielhaft, wie die zuvor erläuterte Symbolik in EMSR-Stellenplänen angewendet wird.

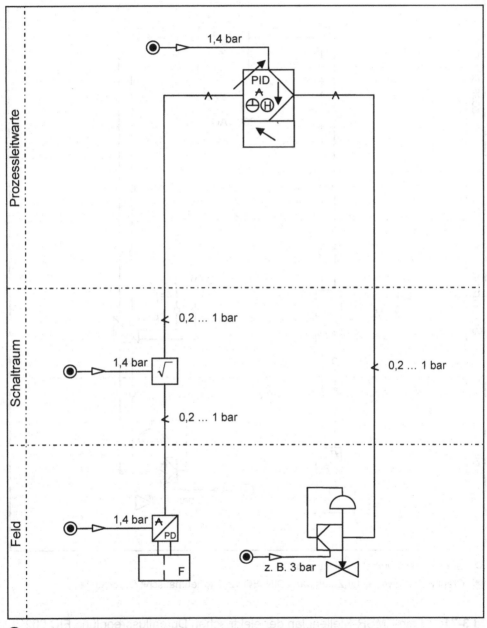

⦿ Graphisches Symbol für Zuluft nach DIN ISO 1219 (pneumatische Druckquelle)

Bild 3-70:   Grob-EMSR-Stellenplan der pneumatischen Durchflussregelung FIC 001

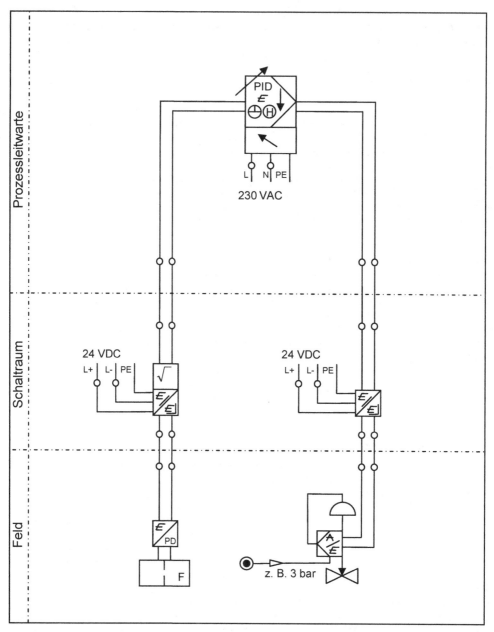

○   Graphisches Symbol für elektrische Klemme

◉   Graphisches Symbol für Zuluft nach DIN ISO 1219 (pneumatische Druckquelle)

Bild 3-71:   Fein-EMSR-Stellenplan der elektrischen Durchflussregelung FIC 002

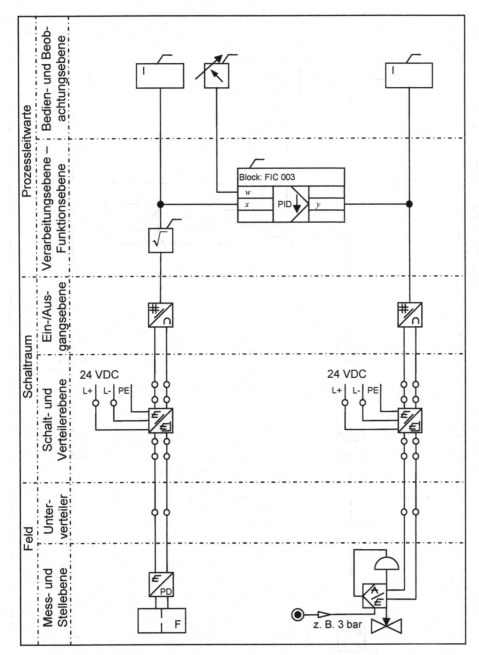

○ Graphisches Symbol für elektrische Klemme

◉ Graphisches Symbol für Zuluft nach DIN ISO 1219 (pneumatische Druckquelle)

Bild 3-72: Fein-EMSR-Stellenplan der elektrischen Durchflussregelung FIC 003 (Anzeige und Regelung softwaremäßig realisiert)

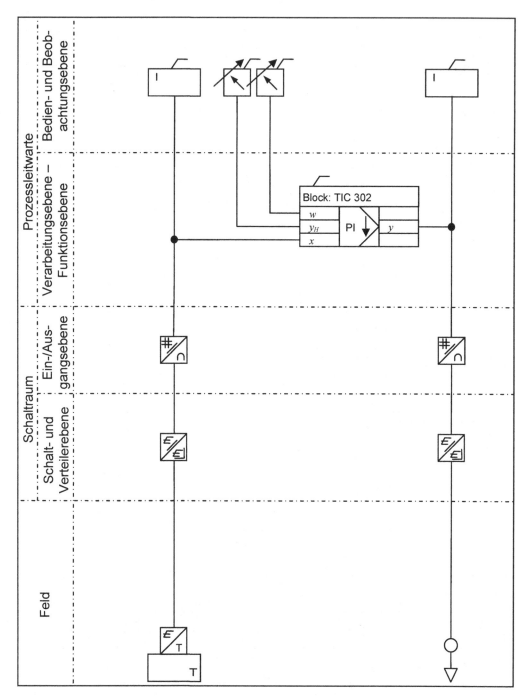

Bild 3-73:   Grob-EMSR-Stellenplan der EMSR-Stelle TIC 302 (vgl. auch R&I-Fließ-
schema im Bild 3-14 auf S. 31)

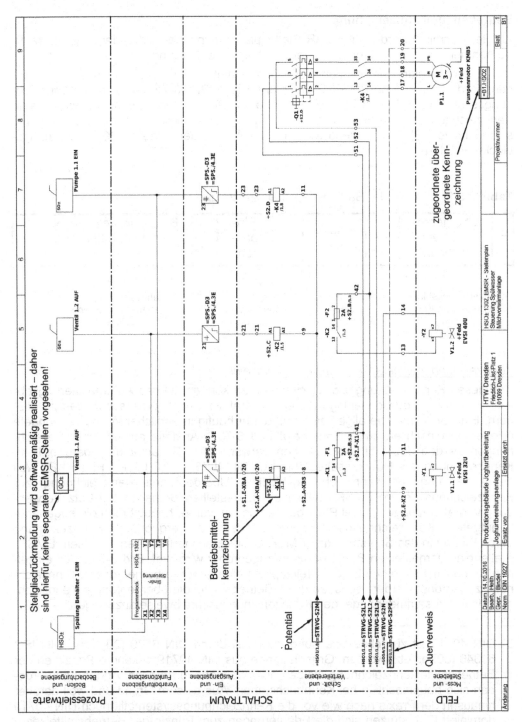

Bild 3-74: Fein-EMSR-Stellenplan der EMSR-Stelle HSO± 1302 mit Kennzeichnung der Betriebsmittel sowie Darstellung von Potentialen, Querverweisen und übergeordneter Kennzeichnung

Betriebsmittelkennzeichnung

Als Betriebsmittel werden im EMSR-Stellenplan miteinander verbundene Geräte (z. B. Aufnehmer, Anpasser, Regler, Ausgeber, Stellgeräte, Klemmen etc.) bezeichnet.

Um in der Projektdokumentation diese Betriebsmittel eindeutig identifizieren zu können, wird z. B. in Fein-EMSR-Stellenplänen (vgl. Bild 3-74), u. a. das Kennzeichnungssystem nach DIN 40719 [28] verwendet.[84] Dieses Kennzeichnungssystem ist in Kennzeichnungsblöcke gegliedert, die durch Vorzeichen jeweils voneinander getrennt sind (Tabelle 3-8). Nachfolgend wird nun der Aufbau der einzelnen Kennzeichnungsblöcke erläutert.

Tabelle 3-8: Prinzip der Betriebsmittelkennzeichnung

=	Übergeordnete Kennzeichnung	++	Aufstellungsort	+	Einbauort	- --	Betriebsmittelkennzeichen gemäß Bild 3-77 bis Bild 3-79
	Kennzeichnungsblock „Übergeordnete Kennzeichnung"		Kennzeichnungsblock „Aufstellungsort"		Kennzeichnungsblock „Einbauort"		Kennzeichnungsblock „Betriebsmittelkennzeichen"

Kennzeichnungsblock „Übergeordnete Kennzeichnung"

Um diesen Kennzeichnungsblock anwenden zu können, ist das Automatisierungsobjekt, d. h. die Produktionsanlage (Brauerei, Kraftwerk etc.), *prozessorientiert* zu gliedern. Eine zweckmäßige allgemeine und daher häufig in ähnlicher Weise verwendete Gliederung einschließlich Beispiel zeigt Bild 3-75.[85] Anstelle ausführlicher Bezeichnungen werden dabei oft Abkürzungen verwendet, z. B. lautet die übergeordnete Kennzeichnung des Rührkesselreaktors aus Bild 3-75 = L&F LP PA FP1 RKR. Weil die Anwendung des Kennzeichnungsblockes „Übergeordnete Kennzeichnung" zur Kennzeichnung der im EMSR-Stellenplan dargestellten Betriebsmittel trotz Verwendung von Abkürzungen zuviel Platz beanspruchen würde, benutzt man die sogenannte aufgeteilte Kennzeichnungsschreibweise, indem die übergeordnete Kennzeichnung durch Eintrag in das Schriftfeld des EMSR-Stellenplans formal allen in diesem EMSR-Stellenplan dargestellten Betriebsmitteln zugeordnet wird (vgl. Bild 3-74). Soll einzelnen Betriebsmitteln eines EMSR-Stellenplans eine andere übergeordnete Kennzeichnung zugeordnet werden, so ist an diese Betriebsmittel die übergeordnete Kennzeichnung in der zusammenhängenden Kennzeichnungsschreibweise anzutragen.

---

84 DIN 40719 ist zurückgezogen und zum Teil durch DIN 6779 [29] bzw. DIN IEC 61346 [30] ersetzt worden. Grundlegende aus DIN 40719 bekannte Prinzipien der Betriebsmittelkennzeichnung bleiben aber weitgehend erhalten, Änderungen ergeben sich hauptsächlich bei Kennbuchstaben. Aus diesem Grund und weil darüber hinaus in der Praxis nach wie vor die Kennzeichnungssystematik nach DIN 40719 dominiert [26], stützen sich die Erläuterungen zum Prinzip der Betriebsmittelkennzeichnung auf DIN 40719.

85 Weitere Hinweise zur Anlagenstrukturierung siehe DIN IEC 61346 [30].

Allgemeine Anlagen-   Beispiel für übergeordnete
struktur   Kennzeichnung

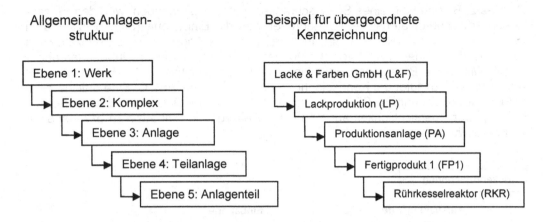

Bild 3-75: Häufig verwendete allgemeine Anlagenstruktur und Anwendungsbeispiel

Kennzeichnungsblöcke „Aufstellungsort" und „Einbauort" (Ortskennzeichnung)

Die Kennzeichnungsblöcke „Aufstellungsort" und „Einbauort" bilden in der Betriebsmittelkennzeichnung zusammen die sogenannte Ortskennzeichnung. Um diese Kennzeichnungsblöcke anwenden zu können, ist das Automatisierungsobjekt, d. h. die Produktionsanlage (Brauerei, Kraftwerk etc.), *örtlich* zu gliedern.[86] Begonnen wird dabei mit den Aufstellungsorten, die man sich als Räume vorstellen kann, in denen z. B. Montagegerüste für die Aufnahme von Feldgeräten (Mess- bzw. Stelleinrichtungen), Schaltschränke, Schalttafeln, Bedienpulte etc. aufgestellt werden.[87] Die einfachste und für Anlagen, die den im Bild 1-3 auf S. 2 genannten Prozessklassen zugeordnet sind, als allgemeingültig zu betrachtende Gliederung der Aufstellungsorte umfasst daher die Ebenen

- Feld,
- Schaltraum und
- Prozessleitwarte

(vgl. Bild 3-70 bis Bild 3-74), die – dem jeweiligen Anwendungsfall angepasst – durchaus weiter untergliedert werden können (vgl. Bild 3-72 bis Bild 3-74),[88] wobei die Untergliederungen innerhalb des Kennzeichnungsblocks „Aufstellungsort" meist mit jeweils einem Punkt voneinander getrennt werden. Den einzelnen Aufstellungsorten können nun Einbauorte zugeordnet werden. Als Einbauorte werden die bereits erwähnten Montagegerüste, Schaltschränke, Schalttafeln, Bedienpulte usw. betrachtet, in die Geräte wie z. B. Feldgeräte (Mess- und Stelleinrichtungen), separate Wandler (z. B. Potentialtrennstufen), Kompaktregler, Anzeigegeräte oder speicherprogrammierbare Technik eingebaut werden sollen. Wenn gefordert wird, den Einbauort eines

---

86 In der Projektierungspraxis wird diese Tätigkeit auch als „Einrichtung der Ortswelt" bezeichnet.

87 Im weitesten Sinne ist somit auch die Ebene „Feld" wie ein Aufstellungsort zu betrachten.

88 Anhang 6 zeigt hierzu ein verallgemeinertes Beispiel.

Gerätes z. B. innerhalb eines Schaltschrankes genauer anzugeben, wird dem Schaltschrank ein Koordinatensystem zugeordnet, das die Einbauorte (Steckplätze) durch
Angabe von Einbauzeile und -spalte lokalisiert. Die Angabe von Einbauzeile und
-spalte wird mit einem Punkt von der übrigen Kennzeichnung des Einbauortes abge-
trennt. Will man z. B. angeben, dass ein Gerät im Schaltschrank „S2", Einbauzeile „C"
eingebaut ist, so lautet die Kennzeichnung des Einbauortes +S2.C. Eine örtliche Gliederung ist beispielhaft im Bild 3-76 dargestellt, wobei bezüglich der Einbauorte aus
Gründen der Übersichtlichkeit auf eine Untergliederung in Einbauzeilen bzw. -spalten
verzichtet wurde.

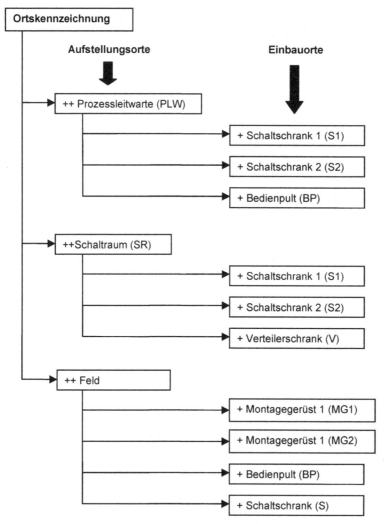

Bild 3-76:   Beispiel einer örtlichen Gliederung

Nach Bild 3-76 lautet unter Verwendung der dort angegeben Abkürzungen die Ortskennzeichnung für ein in der Prozessleitwarte im Schaltschrank 1, Einbauzeile C eingebautes Gerät: ++PLW+S1.C (vgl. auch Bild 3-84 auf S. 114). Bei der Ortskennzeichnung ist zu beachten, dass nach DIN 40719 auf die Angabe des Aufstellungsortes auch verzichtet werden kann bzw. in diesem Fall dem Einbauort der Kennzeichnungsblock „Übergeordnete Kennzeichnung" vorangestellt werden darf (vgl. Bild 3-80 auf S. 108). Die diesbezügliche Entscheidung hängt im Wesentlichen von den Gegebenheiten des zu bearbeitenden Projektes ab. Der Aufstellungsort ist aber unbedingt anzugeben, wenn die Bezeichnung eines Einbauortes in mehreren Aufstellungsorten verwendet wird. Nach Bild 3-76 betrifft das z. B. Einbauort „Bedienpult" in den Aufstellungsorten „Prozessleitwarte" sowie „Feld" bzw. Einbauort „Schaltschrank 1" in den Aufstellungsorten „Prozessleitwarte" sowie „Schaltraum".

Hinsichtlich der Ortskennzeichnung wird ähnlich verfahren wie beim Kennzeichnungsblock „Übergeordnete Kennzeichnung" (vgl. diesbezügliche Erläuterungen auf S. 100): Man benutzt auch hier die aufgeteilte Kennzeichnungsschreibweise, indem die Ortskennzeichnung durch Eintrag in das Schriftfeld des EMSR-Stellenplans formal allen in diesem EMSR-Stellenplan dargestellten Betriebsmitteln zugeordnet wird.[89] Soll einem einzelnen Betriebsmittel eines EMSR-Stellenplans eine andere Ortskennzeichnung zugeordnet werden, so ist an dieses Betriebsmittel die Ortskennzeichnung in der zusammenhängenden Kennzeichnungsschreibweise anzutragen (vgl. Bild 3-74 auf S. 99).

Kennzeichnungsblock „Betriebsmittelkennzeichen"

Nach DIN 40719 wird bei der Betriebsmittelkennzeichnung zwischen elektrischen und nichtelektrischen Betriebsmitteln unterschieden. Dem Betriebsmittelkennzeichen für elektrische Betriebsmittel ist das Zeichen „-", nichtelektrischen Betriebsmitteln das Zeichen „--" (*Doppel*minus) voranzustellen. Sowohl bei elektrischen Betriebsmitteln als auch nichtelektrischen Betriebsmitteln werden Kennbuchstaben verwendet, die jeweils für *elektrische* Betriebsmittel im Bild 3-77 sowie Bild 3-78, für *nichtelektrische* Betriebsmittel im Bild 3-79 aufgeführt sind. Beispielsweise sind Relais bzw. Schütze elektrische Betriebsmittel, die gemäß Bild 3-77 das Betriebsmittelkennzeichen „-K" tragen, welches um die laufende Nummer innerhalb der Betriebsmittelart (im vorliegenden Fall „K") zu ergänzen ist (vgl. auch Bild 3-74, Strompfad[90] B4). Nichtelektrische Betriebsmittel sind z. B. Ventile, die gemäß Bild 3-79 (vgl. S. 106) das Betriebsmittelkennzeichen „--A" tragen, welches auch hier um die laufende Nummer innerhalb der Betriebsmittelart (im vorliegenden Fall „A") zu ergänzen ist. Betrachtet man unter Berücksichtigung der vorgenannten Ausführungen die im Bild 3-74 auf S. 99 dargestellten Betriebsmittel, ist festzustellen, dass die in den Strompfaden A3, A4 und A5

---

89 Die in das Schriftfeld des EMSR-Stellenplans eingetragene Ortskennzeichnung wird auch als „Blattort" bezeichnet. Dabei kann auf die Angabe des Aufstellungsortes verzichtet werden.

90 Strompfade sind wie ein Koordinatensystem zu betrachten, mit dem Objekte auf dem Zeichnungsblatt lokalisiert werden können, was bei blattübergreifenden Querverweisen, wie sie z. B. bei der Darstellung von Potentialen auftreten, wichtig ist. Meist werden horizontale Strompfade mit Buchstaben, vertikale mit Zahlen bezeichnet.

dargestellten Ventilstellgeräte nicht das Betriebsmittelkennzeichen „--A", sondern das für elektrische Betriebsmittel zutreffende Betriebsmittelkennzeichen „-Y" tragen, wobei eigentlich die Zuordnung zu nichtelektrischen Betriebsmitteln zu erwarten gewesen wäre. Während Betriebsmittel wie Widerstände, Kondensatoren, Spulen und Relais eindeutig der Gruppe der elektrischen Betriebsmittel zugeordnet werden können, ist die Zuordnung bei Betriebsmitteln, die im Vergleich dazu eine Kombination aus sowohl elektrischen als auch nichtelektrischen Betriebsmitteln bilden, komplizierter. Bezogen auf die im Bild 3-74 auf S. 99 dargestellten Ventilstellgeräte gilt, dass sie aus dem elektrischen Betriebsmittel „Magnetstellantrieb" sowie dem nichtelektrischen Betriebsmittel „Ventil" bestehen und somit eine Kombination aus sowohl elektrischem als auch nichtelektrischem Betriebsmittel bilden. Korrekterweise wäre bei solchen Betriebsmittelkombinationen jedes Betriebsmittel für sich zu kennzeichnen. Bei den im Bild 3-74 dargestellten Ventilstellgeräten müsste demzufolge der Magnetstellantrieb mit dem Betriebsmittelkennzeichen „-Y" und das Ventil mit dem Betriebsmittelkennzeichen „--A" versehen werden. Um die Betriebsmittelkennzeichnung jedoch überschaubar zu halten, wird die Kombination der Betriebsmittel wie ein einziges Betriebsmittel betrachtet und das Betriebsmittelkennzeichen – wenn möglich – aus den im Bild 3-77 bzw. Bild 3-78 enthaltenen Tabellen mit Kennbuchstaben für *elektrische* Betriebsmittel ausgewählt, weil im EMSR-Stellenplan die Einbindung dieser Betriebsmittel in die Automatisierungsanlage vorrangig aus elektrotechnischer Sicht darzustellen ist. Für die exemplarisch betrachteten Ventilstellgeräte ergibt sich daraus, dass bei der Darstellung im EMSR-Stellenplan sinnvollerweise" das Betriebsmittelkennzeichen „-Y" zu verwenden ist.[91]

Zusammenfassende Beispiele zur Betriebsmittelkennzeichnung

Abschließend werden beispielhaft die vollständigen Betriebsmittelkennzeichnungen für die im Strompfad A4 bzw. B4 dargestellten Betriebsmittel (vgl. Bild 3-74 auf S. 99) angegeben. Das im Strompfad A4 dargestellte Betriebsmittel ist ein Ventilstellgerät, dessen vollständige Betriebsmittelkennzeichnung daher =B1.HSO2+Feld-Y2 lautet. (der Kennzeichnungsblock für den Aufstellungsort wurde hierbei nicht mit genutzt). Für das im Strompfad B4 dargestellte Relais lautet die vollständige Betriebsmittelkennzeichnung =B1.HSO2+S2.C-K2 (der Kennzeichnungsblock für den Aufstellungsort wurde hierbei ebenfalls nicht genutzt). In beiden Fällen wurde im Bild 3-74 bezüglich der übergeordneten Kennzeichnung von der auf S. 100 bereits erläuterten Schreibweise Gebrauch gemacht.

---

91 Für den Fall, dass die im Bild 3-77 bzw. Bild 3-78 dargestellten Tabellen für ein aus mehreren einzelnen Betriebsmitteln zusammengesetztes Betriebsmittel keinen passenden Kennbuchstaben als Betriebsmittelkennzeichen enthalten, ist jedes dieser einzelnen Betriebsmittel, aus denen das betreffende Betriebsmittel besteht, separat zu kennzeichnen. Dies trifft z. B. für die Betriebsmittelkennzeichnung elektrisch angetriebener Pumpen zu.

Kennbuch-stabe	Art des Be-triebsmittels	Beispiele
A	Baugruppen, Teilbau-gruppen	Verstärker mit getrennten Komponenten, Magnet-verstärker, Laser, Maser, gedruckte Schaltung Gerätekombinationen; Baugruppen und Teilbau-gruppen, die eine konstruktive Einheit bilden, aber nicht eindeutig einem anderen Kennbuchstaben zu-geordnet werden können, wie Einschübe, Steck-karten, Flachbaugruppen, Ortssteuerstellen usw.
B	Umsetzer von nicht-elektrischen auf elektri-sche Größen oder umge-kehrt	Thermoelektrischer Fühler, Thermozelle, Dynamo-meter, photoelektrische Zelle, Kristallwandler, Mi-krophon, Tonabnehmer, Lautsprecher, Kopfhörer; Drehfeldgeber, Funktionsdrehmelder; Messumformer, Thermoelemente; Widerstands-thermometer; Photowiderstand; Druckmessdosen; Dehnungsmessdosen; Dehnungsmessstreifen; Pie-zoelektrische Geber; Drehzahlgeber; Geschwindig-keitsgeber; Impulsgeber;Tachogenerator; Weg- und Winkelumsetzer;
C	Konden-satoren	
D	Binäre Ele-mente, Ver-zögerungs-einrich-tungen, Spei-chereinrich-tungen	Integrierte digitale Schaltkreise und Geräte, Zeit-glied, bistabiles Element, Monostabiles Element, Kernspeicher, Register, Magnetbandgerät, Platten-spieler; Einrichtungen der binären und digitalen Steuerungs-, Regelungs- und Rechentechnik. Integrierte Schaltkreise mit binären und digitalen Funktionen; Verzögerer; Signalblocker; Zeitglieder; Speicher- und Gedächtnisfunktionen, z. B. Trommel- und Magnetbandspeicher; Schieberegister; Verknüpfungsglieder z. B. UND- und ODER-Glieder. Digitale Einrichtungen, Impulszähler, digitale Regler und Rechner
E	Verschie-denes	Beleuchtungseinrichtung, Heizeinrichtung, Einrich-tung, die an anderer Stelle nicht aufgeführt ist; Elektrofilter, Elektrozäune, Lüfter, Meßtechnische Geräteabsperrungen, Abgleichgefäße
F	Schutzein-richtungen	Sicherung, Überspannungsentladevorrichtung, Überspannungsableiter; Fernmeldeschutzschalter, Schutzrelais, Bimetall-auslöser, magnetische Auslöser; Druckwächter; Windfahnenrelais, Fliehkraftschalter; Buchholz-schutz; Elektronische Einrichtungen zur Signalüber-wachung; Signalsicherung; Leitungsüberwachung; Funktionssicherung;
G	Generatoren, Stromversor-gungen	rotierender Generator, rotierender Frequenzwand-ler, Batterie, Oszillator, Quarzoszillator; ruhende Generatoren und Umformer; Ladergeräte; Netzgeräte; Stromrichtergeräte; Taktgeneratoren
H	Meldeein-richtungen	Optisches oder akkustisches Messgerät; Signalleuchten; Geräte für das Gefahren- und Zeit-meldewesen; Zeitfolgemelder, Manöver-Registrier-geräte; Fallklappenrelais; Leuchtdiode
J	frei verfügbar	
K	Relais, Schütze	Leistungsschütze, Hilfsschütze; Hilfsrelais, Zeitrelais; Blinkrelais und Reedrelais
L	Induktivitäten und Drosseln	Induktionsspule, Wellensperre, Drosselspule (Nebenschluss und Reihenschaltung)
M	Motoren	

Bild 3-77: Kennbuchstaben *A* bis *M* für _elektrische_ Betriebsmittel nach DIN 40719

Kennbuch-stabe	Art des Be-triebsmittels	Beispiele
N	Analoge Elemente	Operationsverstärker, hybrides analoges/digitales Gerät: Einrichtungen der analogen Steuerungs-, Rege-lungs- und Rechentechnik; elektronische und elektromechanische Regler; Umkehrverstärker; Trennverstärker; Impedanzwandler; Steuersätze; Analogregler und Analogrechner; integrierte Schalt-kreise mit analogen Funktionen, Transduktoren
P	Messgeräte, Prüfeinrich-tungen	anzeigende, schreibende und zählende Messeinrichtung, Impulsgeber, Uhr; Analog, binär und digital anzeigende und registrie-rende Messgeräte (Anzeiger, Schreiber, Zähler), Mechanische Zählwerke; binäre Zustandsanzeigen; Oszillographen; Datensichtgeräte; Simulatoren; Prüfadapter; Mess-, Prüf- und Einspeisepunkte
Q	Starkstrom-Schaltgeräte	Leistungsschalter, Trennschalter; Schalter in Hauptstromkreisen; Schalter mit Schutz-einrichtungen; Schnellschalter; Lasttrenner; Stern-Dreieck-Schalter; Polumschalter; Schaltwalzen; Trennlaschen; Zellenschalter; Sicherungstrenner; Sicherungslasttrenner; Installationsschalter; Motor-schutzschalter
R	Widerstände	einstellbarer Widerstand, Potentiometer, Regelwi-derstand, Nebenwiderstand, Heißleiter, Kaltleiter; Festwiderstände; Anlasser; Bremswiderstände; Kaltleiter; Messwiderstände; Shunt
S	Schaltvor-richtungen für Steuer-kreise, Wähler	Steuerschalter, Taster, Grenztaster, Wahlschalter, Wähler, Koppelstufe; Befehlsgeräte; Einbaugeräte; Drucktaster; Schwenktaster; Leuchttaster; Steuerquittierschalter; Messstellenumschalter; Steuerwalzen; Kopierwerke; Dekadenwahlschalter; Kodierschalter; Funktionstasten; Wählscheiben; Drehwähler
T	Transforma-toren	Spannungswandler, Stromwandler; Netz-, Trenn- und Steuertransfomator
U	Modulatoren, Umsetzer von elek-trischen in andere elek-trische Größen	Diskriminator, Demodulator, Frequenzwandler, Kodiereinrichtung, Inverter, Umsetzer, Telegraphenübersetzer; Frequenz-Modulatoren (-Demodulatoren); (Strom-) Spannungs-Frequenzumsetzer, Frequenz-Span-nungs- (Strom)-Umsetzer; Analog-Digital-Umsetzer; Digital-Analog-Umsetzer; Signal-Trennstufen; Gleichstrom- und Gleichspannungswandler; Paral-lel-Serien-Umsetzer; Serien-Parallel-Umsetzer; Code-Umsetzer; Optokoppler; Fernwirkgeräte
V	Röhren, Halbleiter	Elektronenröhre, Gasentladungsröhre, Diode, Transistor, Thyristor; Anzeigeröhren, Verstärker-röhren, Thyratron; HG-Stromrichter; Zenerdioden; Tunneldioden; Kapazitätsdioden; Triac's
W	Übertra-gungswege, Hohlleiter, Antennen	Schaltdraht, Kabel, Sammelleitung, Hohlleiter; gerichtete Kupplung eines Hohlleiters, Dipol, parabolische Antenne; Lichtleiter; Koaxialleiter; TFH-, UKW-Richtfunk- und HF-Leitungsübertragungswege; Fernmeldelei-tungen, Schleifleitungen, Schleifringübertrager
X	Klemmen, Stecker, Steckdosen	Trennstecker und Steckdose, Klemme, Prüfstecker, Klemmleiste, Lötleiste, Zwischenglied, Kabelend-verschluss und Kabelverbindung; Koaxstecker; Buchsen; Messbuchsen; Vielfach-stecker; Steckverteiler; Rangierverteiler; Kabel-stecker; Programmierstecker; Kreuzschienenver-teiler; Klinken
Y	elektrisch betätigte mechanische Einrichtung	Bremse, Kupplung, Ventil;Stellantriebe, Hubgeräte; Bremslüfter; Regelantriebe; Sperrmagnete; me-chanische Sperren; Motorpotentiometer; Perma-nentmagnete, Fernschreiber; elektrische Schreib-maschinen; Drucker; Plotter; Bedienungsplatten-schreiber; Auslösespulen
Z	Abschlüsse, Gabelüber-trager, Filter, Begrenzer,	Kabelnachbildung, Dynamikregler, Kristallfilter; R/C- und L/C-Filter; Funkentstör- und Funkenlösch-einrichtungen; aktive Filter; Hoch-, Tief- und Band-pässe; Frequenzweichen; Dämpfungseinrichtungen

Bild 3-78: Kennbuchstaben *N* bis *Z* für _elektrische_ Betriebsmittel nach DIN 40719

Kennbuch-stabe	Art der Betriebs-mittelgruppe	Beispiele		Kennbuch-stabe	Art der Betriebs-mittelgruppe	Beispiele
A	Durchfluss- und Durchsatzbegrenzer	Armatur, Hahn, Klappe, Schieber, Ventil, Berstscheibe, Blende, Düse, Begrenzer		M	nichtelektrische Antriebe	Benzinmotor, Turbine, Dieselmotor, Gasmotor
B	Baugruppen für Bau-werks- und Gebäude-abschlüsse	Abdämmung, Abdeckung, Abschlies-sung, Schott, Tor, Fenster, Jalousie		N	Baugruppen für Stoffmi-schung	Mischer, Neutralisationsgerät
C	Wärmetauscher	Heizelemente, Berieselungskühler, Heiz-körper, Kühler, Konvektor		P	Förderer für flüssige und gasförmige Medien	Abzug, Gebläse, Lüfter, Verdichter, Pumpe
D	Behälter	Abgleichgefäß, Behälter, Becken, Spei-cher, Tank		Q	Baugruppen für Halte-rungen, Unterstützungen, Verkleidungen, Isolie-rungen, Fundamente	Fundament
E	Baugruppen für Trans-port und Hebeeinrich-tungen	Förderer, Flaschenzug, Greif- und Hubge-räte, Hubwerk, Winde		R	Baugruppen für Rohrlei-tungen, Kanäle, Rinnen, Schweißnähte	Rohre, Bögen, Kanäle, Durchdringung, Flansch, Formstück, Redundanzstück, Verbindungen, Verschraubungen, Schweißnähte, Siphon, Stützen
F	Baugruppen für Dosie-rer und Zuteiler	Dosierer, Schnecke, Schaufelrad		S	spätere Normung	
G	Baugruppen zur Über-tragung und Umset-zung kinetischer Ener-gie	Kupplung, Welle, Getriebe, Kettentrieb, Kraftverstärker, Riementrieb, Rutsch-kupplung		T	spätere Normung	
				U	spätere Normung	
H	Baugruppen zur Be-grenzung kinetischer Energie	Bremse		V	spätere Normung	
				W	frei verfügbar	
J	Baugruppen zur Be-handlung von Fest-stoffen	Abkantmaschine, Bearbeitungsmaschine, Brecher, Presse, Paketiermaschine		X	Nichtelektrische Mess-wertgeber, Regler	
K	Baugruppen zum Se-parieren und Trocknen von Stoffen	Abscheider, Absorptionsgerät, Abstreifer, Ausfüllgefäß, Filter, Dekanter, Entgaser, Ionenaustauscher, Katalysator, Magnet-trommel, Rechen, Sieb, Trenngerät, Trockner, Verdampfer, Wäscher		Y	Nichtelektrische Prüf-, Mess- und Meldegeräte	
				Z	frei verfügbar	
L	Baugruppen zur Stoff-verbrennung	Brenner, Rost				

Bild 3-79:   Kennbuchstaben für *nichtelektrische* Betriebsmittel nach DIN 40719

Anschlusskennzeichnung

Die Anschlusskennzeichnung wird durch Anfügen des Kennzeichnungsblocks „An-schluss" an die Betriebsmittelkennzeichnung gebildet. Dem Kennzeichnungsblock „Anschluss" wird dabei das Vorzeichen „:" vorangestellt (vgl. Tabelle 3-9). Dieses Vor-zeichen kann – wie aus Bild 3-74 auf S. 99 zu entnehmen ist – abhängig von den Ge-gebenheiten des jeweils zu bearbeitenden Projekts auch weggelassen werden. Das Prinzip der ausführlichen Anschlusskennzeichnung zeigt Tabelle 3-9. Im EMSR-Stellenplan wird häufig aus Platzgründen statt der ausführlichen Anschluss-kennzeichnung nur der Kennzeichnungsblock „Anschluss" zur alleinigen Anschluss-kennzeichnung verwendet.

Tabelle 3-9:   Prinzip der Anschlusskennzeichnung

=	Übergeord-nete Kenn-zeichnung	++	Aufstel-lungsort	+	Ein-bau-ort	-	Betriebs-mittel-kennzeichen	:	An-schluss
	Kennzeichnungsblock „Übergeordnete Kenn-zeichnung"		Kennzeichnungs-block „Aufstellungsort"		Kennzeich-nungsblock „Einbauort"		Kennzeichnungsblock „Betriebsmittelkenn-zeichen"		Kennzeich-nungsblock „Anschluss"

Potentiale bzw. Querverweise

Nach Erläuterung von Betriebsmittel- bzw. Anschlusskennzeichnung folgen nun Ausführungen zu den im Bild 3-74 auf S. 99 dargestellten Potentialen und Querverweisen, mit denen man EMSR-Stellenpläne übersichtlich gestalten kann.

Potentiale ermöglichen, Stromkreise blattübergreifend und dabei zugleich übersichtlich darzustellen. Um Potentiale im EMSR-Stellenplan eindeutig voneinander unterscheiden zu können, werden sie – wie Bild 3-74 beispielhaft zeigt – mit einer Kennzeichnung versehen. Diese Kennzeichnung kann aus einer z. B. der Betriebsmittelkennzeichnung angelehnten Kennzeichnung bestehen, die in jedem Fall durch den nachfolgend erläuterten Querverweis zu ergänzen ist.

Querverweise ermöglichen ähnlich wie Potentiale, Stromkreise blattübergreifend und dabei zugleich übersichtlich darzustellen. Querverweise werden benötigt, wenn gleiche Potentiale oder Bauteile von Betriebsmitteln (z. B. Spule sowie Kontakte eines Relais) auf verschiedenen Zeichnungsblättern dargestellt werden sollen. Wird beispielsweise das gleiche Potential auf mehreren Zeichnungsblättern gleichzeitig verwendet, so werden darin jeweils an den Enden der jeweiligen Potentiallinie mit einem Querverweis der Ursprungsort (Wo kommt das Potential her?) bzw. Zielort (Wo führt das Potential hin?) angegeben (vgl. Bild 3-74). Ähnliches gilt für Relais, wenn die Verdrahtung der Relaisspule getrennt von der Verdrahtung der Relaiskontakte auf verschiedenen Blättern darzustellen ist. In diesem Fall werden die Querverweise in den betreffenden Zeichnungsblättern an die Relaisspule bzw. die -kontakte angetragen. Wie Bild 3-74 zeigt, können Querverweise ähnlich wie Potentialbezeichnungen aufgebaut werden, d. h. sie setzen sich z. B. aus einer dem Kennzeichnungsblock „Übergeordnete Kennzeichnung" angelehnten Kennzeichnung – verbunden durch die Vorzeichen „/" sowie „." – einer Zeichnungsblattnummer und einer Strompfadangabe zusammen. Der im Bild 3-74 markierte Querverweis =.HSO1/1.8B am Potential =STRVG-S2.PE ist somit wie folgt zu interpretieren: Das Potential entstammt laut übergeordneter Kennzeichnung „=.HSO1" Teilanlage „B1" [92], Anlagenteil „HSO1" [93]. Die übrigen Angaben des Querverweises sagen aus, dass sich der Ursprungsort dieses Potentials auf Blatt 1, Strompfad „8B" befindet.

Signalkennzeichnung

Mit Blick auf die Dokumentation der Signalverarbeitung in Steuerungen bzw. Regelungen – ob konventionell oder mit speicherprogrammierbarer Technik realisiert – werden in EMSR-Stellenplänen Verbindungslinien als Übertragungswege von Signalen aufgefasst. An diese Verbindungslinien können – wo zweckmäßig – Signalkennzeichnungen entsprechend Tabelle 3-10 angetragen werden (vgl. hierzu auch Bild 3-74). Im EMSR-Stellenplan wird häufig nur der Kennzeichnungsblock „Signalname (Klartext)" mit dem Vorzeichen " zur alleinigen Signalkennzeichnung verwendet.

---

92 Der Punkt nach dem Gleichheitszeichen wurde durch die entsprechende Angabe aus der übergeordneten Kennzeichnung ersetzt, die dem Zeichnungsblatt zugewiesen wurde (siehe entsprechende Markierung im Bild 3-74 auf S. 99).

93 Ohne die Allgemeinheit einschränken zu wollen, wird hier vorausgesetzt, dass bei der übergeordneten Kennzeichnung lediglich die letzten beiden Gliederungsstufen nach Bild 3-75 (vgl. S. 101) verwendet werden.

Tabelle 3-10: Prinzip der Signalkennzeichnung

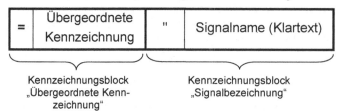

Kennzeichnungsblock   Kennzeichnungsblock
„Übergeordnete Kenn-   „Signalbezeichnung"
zeichnung"

Zusammenfassung zur Betriebsmittel-, Anschluss- bzw. Signalkennzeichnung

Bild 3-80 zeigt in Anlehnung an DIN 40719 [28] bzw. DIN 6779 [29] überblicksartig, welche Kombinationen von Kennzeichnungsblöcken sich jeweils bei Betriebsmittel-, Anschluss- bzw. Signalkennzeichnung bewährt haben.[94]

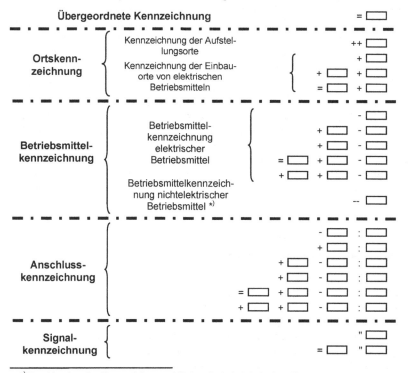

*) Kombination der Kennzeichnungsblöcke wie bei elektrischen Betriebsmitteln

Bild 3-80: *Bewährte* Kombinationen von Kennzeichnungsblöcken für jeweils Betriebsmittelkennzeichnung, Anschlusskennzeichnung bzw. Signalkennzeichnung nach DIN 40719 bzw. DIN 6779

---

94 Im Vergleich zu DIN 40719 stehen in DIN 6779 für die Kennzeichnung zusätzlich auch die Kennzeichnungsblöcke „Gemeinsame Zuordnung" (Vorzeichen „*", darf allen anderen Blöcken vorangestellt werden) sowie „Funktionale Zuordnung" (Vorzeichen „==") zur Verfügung.

3.3.4.5 Kabelliste, Kabelpläne sowie Klemmenpläne[95]

Kabelliste, Kabelpläne sowie Klemmenpläne werden unter dem Begriff „Verkabelungs-unterlagen" zusammengefasst und für die Montageprojektierung sowie Schaltschrank-fertigung benötigt. Beim Einsatz von CAE-Systemen (vgl. Abschnitt 6) entstehen diese wichtigen Unterlagen gleichzeitig und quasi automatisch bei Erarbeitung der EMSR-Stellenpläne.

Kabelliste und Kabelpläne[96]

Die **Kabelliste** ist eine Tabelle (vgl. Bild 3-81), in der jedes Kabel, das in einer Auto-matisierungsanlage zu verlegen ist, bezüglich seiner Kabelziele dokumentiert wird. Neben der Kabelkennzeichnung, auf die anschließend näher eingegangen wird, ent-hält die Kabelliste meist auch Angaben zu Kabellängen, Kabeldurchmessern und Ver-legearten (z. B. Verlegung auf Trassen, in Kanälen oder Panzerrohren). Anhand von Kabellängen und -durchmessern kann ferner bestimmt werden, welche Abmessungen Trassen, Kanäle oder Panzerrohre haben müssen bzw. wie viele Trassen, Kanäle oder Panzerrohre zwischen Kabelursprung und Kabelziel parallel zu verlegen sind, damit die Belastungsgrenzen von Trassen, Kanälen oder Panzerrohren eingehalten werden.

Bezüglich der Kabelkennzeichnung empfiehlt DIN 40719 [28], Kabel für elektrische Leitungsverbindungen als elektrische Betriebsmittel zu betrachten und zur Angabe der Kabelziele die im Rahmen der Betriebsmittelkennzeichnung bereits erläuterte Kenn-zeichnung des Einbauortes anzuwenden. Sofern auf dem Zeichnungsblatt ausrei-chend Platz vorhanden ist, können im sogenannten *klassifizierenden Teil* der Kabel-kennzeichnung die Kennzeichen der Einbauorte beider Kabelziele verwendet werden. Im Unterschied zur bereits erläuterten Kennzeichnung elektrischer Betriebsmittel, welche nach DIN 40719 zur Kabelkennzeichnung u. a. auch angewendet werden darf (klassifizierender Teil lautet in diesem Fall „-W"), werden in dieser Kennzeichnungsva-riante Vorzeichen „-" sowie Betriebsmittelkennzeichen „W" weggelassen und die Ein-bauorte durch das Trennzeichen „/" voneinander getrennt. Bezüglich des *zählenden Teils* empfiehlt DIN 40719 – sofern es sich um ein Kabel für elektrische Leitungsver-bindungen handelt – bei der Kennzeichnungsvariante, welche die Einbauorte beider Kabelziele mit einbezieht, eine *einstellige* Gruppierung der Kabel nach Spannungs-ebenen, an die eine laufende Nummer angehangen wird. Für die Gruppierung gilt dabei der in Tabelle 3-11 aufgeführte Vorschlag. Wird die andere Kennzeichnungsva-riante verwendet, bei welcher der klassifizierende Teil „-W" lautet, wird daran im zäh-lenden Teil eine laufende Nummer angehangen.

---

95 Die Dokumentation drahtloser Verbindungen wird im Rahmen des vorliegenden Buches nicht behandelt.

96 Die nachfolgenden Ausführungen gelten in analoger Form auch für pneumatische, hydraulische bzw. optische Leitungsverbindungen.

Bild 3-81 zeigt, wie die Kabelkennzeichnung in der Kabelliste umgesetzt wird: Ein sogenanntes Stammkabel, das vom im Aufstellungsort „++SR" befindlichen Schaltschrank S1 (Einbauort „+S1") zum im Aufstellungsort „++PLW" befindlichen Schaltschrank S2 (Einbauort „+S2") elektrische Einheitssignale überträgt, erhält den vorangehenden Ausführungen folgend das Kabelkennzeichen „+S1/+S2 4 001", wobei die Angabe „001" die laufende Nummer der Kabelzählung ist (zur Veranschaulichung der hier beispielhaft verwendeten Aufstellungs- bzw. Einbauorte vgl. Bild 3-76 auf S. 102).

Tabelle 3-11: Vorschlag zur Gruppierung von Kabeln nach DIN 40719 [28]

Gruppen-Nr.	Spannung
0	Leistungskabel > 1 kV
1	Leistungskabel ≤ 1 kV
2	Steuer- und Messkabel > 60 V
3	
4	Steuer- und Messkabel ≤ 60 V
5	
6	
7	
8	
9	

Kabelkennzeichen	Quelle	Ziel	Kabeltyp	Länge	Durch-messer
+S1/+S2 4 001	+S1-X1	+S2-X1	JE-Y(St)Y 20x2x0,8	80 m	2 cm
-W 002	+S1-X1	+S2-X1	JE-Y(St)Y 20x2x0,8	80 m	2 cm
⋮	⋮	⋮	⋮	⋮	⋮

Bild 3-81: Beispiel zum allgemeinen Aufbau einer Kabelliste (zur Veranschaulichung wurden beide Varianten der Kabelkennzeichnung dargestellt)

Sollte die Kabelkennzeichnung unter Verwendung der Einbauorte missverstanden werden können – z. B. weil in mehreren Aufstellungsorten die gleichen Bezeichnungen für Einbauorte verwendet werden – ist zusätzlich die Bezeichnung der Aufstellungsorte mit in die Kennzeichnung einzubeziehen. Das Kabelkennzeichen würde dann – sinnvollerweise unter Verwendung eines Trennzeichens (z. B. „.") – wie folgt lauten: +SR.S1/+PLW.S2 4 001.

Kabelpläne sind wie Kabellisten ebenfalls Tabellen, wobei zu jedem in der Kabelliste aufgeführten Kabel ein Kabelplan gehört. In diesem Kabelplan werden für jede Ader des betreffenden Kabels – zzgl. weiterer Informationen – die Anschlusspunkte derjenigen Anlagenkomponenten dokumentiert, die das Kabel miteinander verbindet. Bild 3-82 zeigt ein Beispiel zum allgemeinen Aufbau eines Kabelplans, ein ausführlicheres Beispiel ist [26] zu entnehmen.

Kabelkenn-zeichen	Kabeltyp	Länge	Durch-messer	Aderquer-schnitt	Verle-geart
+S1/+S2 4 001	JE-Y(St)Y 20x2x0,8	40 m	2 cm	0,5 mm²	Kabel-pritsche

Quelle		Ader		Ziel	
BMKZ	Anschluss	Nr.	Farbe	BMKZ	An-schluss
+S1-X1	1	1	BK	+S2-X1	1
		2			
		⋮			

BMKZ: Betriebsmittelkennzeichen

Bild 3-82:   Beispiel zum allgemeinen Aufbau von Kabelplänen

Klemmenpläne

Leitungsverbindungen – gleichgültig ob elektrische zweiadrige verdrillte Leitung bzw. mehradriges Kabel oder pneumatische, hydraulische bzw. optische Leitungsverbindungen – werden zwecks „Signalübergabe" in Schaltschränken auf Klemmenleisten aufgelegt. Daher muss neben den Anfangs- bzw. Endpunkten eines Kabels – auch als Ziele bezeichnet – bekannt sein, auf welche Klemmen welcher Klemmenleiste das Kabel aufzuschalten ist. Diese Informationen können zwar bereits dem Kabelplan entnommen werden, jedoch sind auch die von den Klemmenleisten zu den im Schaltschrank eingebauten elektrischen Betriebsmitteln führenden Leitungsverbindungen zu dokumentieren. Hierzu werden Klemmenpläne erarbeitet, die wie Kabellisten ebenfalls tabellenartig aufgebaut sind. Bild 3-83 zeigt exemplarisch das Beispiel eines Klemmenplans für elektrische Leitungsverbindungen. Klemmenpläne für pneumatische, hydraulische bzw. optische Leitungsverbindungen sind ähnlich aufgebaut und werden daher hier nicht betrachtet.

3.3.4.6   Schaltschrank-Layout

Betriebsmittel wie z. B. Klemmenleisten, Messumformer, speicherprogrammierbare Technik sowie Kompaktregler bzw. Anzeigegeräte werden in Schaltschränke montiert. Zu diesen Schaltschränken führen – wie bereits erläutert – Stammkabel, die in Schaltschränken auf Klemmenleisten aufgelegt werden. Von diesen Klemmenleisten wiederum führen – sofern *elektrische* Betriebsmittel anzuschließen sind, was in der Mehrzahl der Fälle die Regel ist – elektrische Leitungsverbindungen zu im Schaltschrank eingebauten elektrischen Betriebsmitteln. Die Verbindung elektrischer Betriebsmittel untereinander bzw. mit Klemmenleisten im Schaltschrank wird schaltschrankinterne Verdrahtung genannt, weil sich solche Verbindungen innerhalb des Schaltschranks befinden. Im Allgemeinen werden die Betriebsmittel nicht auf der Baustelle, sondern bereits während der Schaltschrankfertigung in die Schaltschränke eingebaut.

Hierfür sind einerseits Angaben erforderlich, nach denen die Betriebsmittel im Schaltschrank miteinander – d. h. schaltschrankintern – oder mit im Schaltschrank befindlichen Klemmenleisten[97] verbunden werden sollen[98], andererseits werden Informationen benötigt, wo das jeweilige elektrische Betriebsmittel im Schaltschrank einzubauen ist. Die erforderlichen Angaben für die schaltschrankinterne Verdrahtung der Betriebsmittel liefern die bereits erläuterten Klemmenpläne (vgl. Abschnitt 3.3.4.5), die Informationen für den Einbauort werden sogenannten Schaltschrank-Layouts entnommen. Schaltschrank-Layouts sind technische Zeichnungen, in denen Schaltschränke so in verschiedenen Ansichten dargestellt werden, dass aus ihnen die Einbauorte der Betriebsmittel ersichtlich sind. Wie Bild 3-84 zeigt, wird zu diesem Zweck in der Art eines Koordinatensystems ein Schaltschrank in z. B. horizontale Ebenen[99] aufgeteilt, in denen die Betriebsmittel anzuordnen sind. Die festgelegten Ebenen bilden somit gleichzeitig die Basis für die bereits erläuterte Ortskennzeichnung (vgl. Abschnitt 3.3.4.4).

---

97   Es wird hier davon ausgegangen, dass es sich bei einer Klemmenleiste um ein Betriebsmittel handelt, auf das wahlweise elektrische, pneumatische, hydraulische bzw. optische Leitungsverbindungen aufgelegt werden können.

98   Diese Informationen sind in Klemmenplänen enthalten (vgl. Abschnitt 3.3.4.5).

99   Abhängig von den Erfordernissen des jeweils zu bearbeitenden Projekts kann zusätzlich eine Aufteilung in vertikale Ebenen zweckmäßig sein.

Klemmenplan

Leiste =HSO2+S2.E-X2

Kabelname	Zielbezeichnung	Anschluss	Klemme	Brücke	Zielbezeichnung	Anschluss	Kabelname
	=HSO2+-Y5	x1	1	·	=HSO2+-K9	13	
	=HSO2+-Y5	x2	2	·			
	=HSO2+-Y6	x1	3	·	=HSO2+-K10	13	
	=HSO2+-Y6	x2	4	·			
	=HSO2+-P3.1	L	5	·	=HSO2+-K11	14	
	=HSO2+-P3.1	N	6	·	=HSO2+-K11	24	
	=HSO2+-P3.1	PE	7	·	=HSO2+-K11	34	
	=HSO2+-P3.1		8	·	=HSO1+-X3	1	
	=HSO2+-Y1	x1	9	·	=HSO2+-K1	13	
	=HSO2+-Y3	x1	10	·	=HSO2+-K5	13	
	=HSO2+-Y1	x2	11	·			
	=HSO2+-Y3	x2	12	·			
	=HSO2+-Y2	x1	13	·	=HSO2+-K2	13	
	=HSO2+-Y2	x2	14	·			
	=HSO2+-Y4	x1	15	·	=HSO2+-K6	13	
	=HSO2+-Y4	x2	16	·			
	=HSO2+-P1.1	L	17	·	=HSO2+-K4	14	
	=HSO2+-P1.1	N	18	·	=HSO2+-K4	24	
	=HSO2+-P1.1	PE	19	·	=HSO2+-K4	34	
	=HSO2+-P1.1		20	·	=HSO1+-X1	PE	
	=HSO2+-P2.1	L	21	·	=HSO2+-K8	14	
	=HSO2+-P2.1	N	22	·	=HSO2+-K8	24	
	=HSO2+-P2.1	PE	23	·	=HSO2+-K8	34	
	=HSO2+-P2.1		24	·	=HSO1+-X1	1	

Title block (left margin):

Änderung · Datum 14.10.2016 · Bearb. Helm · Gepr. Bindel · Norm DIN · Ersatz von · Ersatz durch · Produktionsgebäude Joghurtbereitung · Joghurtbereitungsanlage · HTW Dresden · Friedrich-List-Platz 1 · 01069 Dresden · Klemmenplan =HSO2+S2.E-X2 · Projektnummer

Bild 3-83: Beispiel eines Klemmenplans für elektrische Betriebsmittel

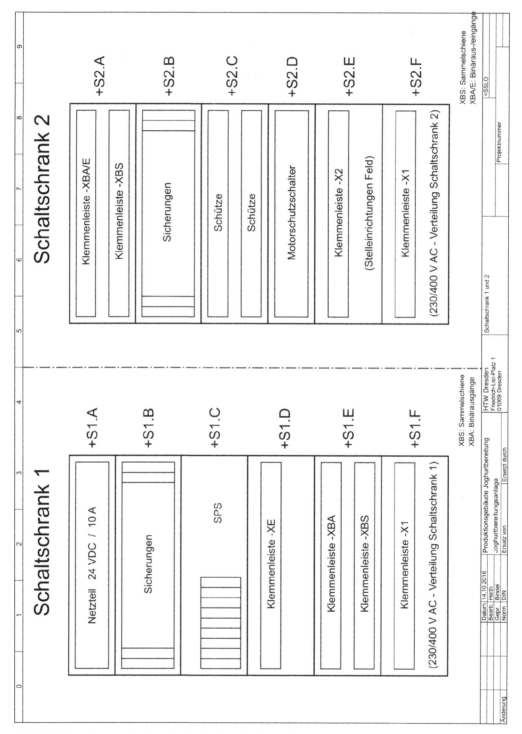

Bild 3-84: Beispiel eines Schaltschrank-Layouts

3.3.4.7   Montageanordnung (Hook-up)

Meist beauftragt die projektausführende Firma eine Fremdfirma mit der Ausführung des Montageprojekts. Zwar ist die Montageprojektierung – wie im Abschnitt 3.1 bereits erläutert – nicht Gegenstand des vorliegenden Buches, jedoch sind prinzipielle Hinweise zur Montageprojektierung hier sinnvoll, weil die projektausführende Firma die Montageleistungen vor Auftragserteilung ausschreiben muss.

Montageanordnungen sind ein wichtiges Hilfsmittel zur Beschreibung des Liefer- und Leistungsumfangs für das Montageprojekt. Aus diesem Grund ist es für den Projektierungsingenieur sinnvoll, beim Detail-Engineering jeder EMSR-Stelle eine Montageanordnung zuzuweisen.

In gleicher Art und Weise, wie Betriebsmittel gemäß Schaltschranklayouts in Schaltschränke eingebaut werden, informieren Montageanordnungen (Hook-up's), wo und wie Betriebsmittel (z. B. Mess- bzw. Stelleinrichtungen) in der Ebene „Feld" einzubauen sind. Aufgrund des Aufbaus von Montageanordnungen (Bild 3-85) kann die anbietende Fremdfirma systematisch das erforderliche Montagematerial zusammenstellen und kalkulieren. Ebenso können Montageanordnungen auch als Bestellgrundlage für das Montagematerial dienen.

Bild 3-85 zeigt beispielhaft eine Montageanordnung, wie sie sich heute als allgemeiner Standard durchgesetzt hat.

3.3.4.8   Steuerungs- bzw. Regelungsentwurf sowie Erarbeitung der Anwendersoftware

Steuerungs- bzw. Regelungsentwurf sowie Erarbeitung der Anwendersoftware sind wichtige beim Detail-Engineering auszuführende Ingenieurtätigkeiten (vgl. Bild 2-5 auf S. 8 bzw. Bild 3-7 auf S. 23). Darauf wird hier jedoch nicht eingegangen, sondern auf Abschnitt 3.4 verwiesen, weil die diesbezüglichen Erläuterungen dort strukturiert und umfassend dargestellt werden.

3.3.4.9   Kennzeichnung von Unterlagen

Projektdokumentationen sind im Allgemeinen sehr umfangreich. Hinsichtlich Wiederauffindbarkeit beim Nachschlagen einzelner Unterlagen ist deshalb von Vorteil, wenn die Projektierungsunterlagen mittels eines erprobten Kennzeichnungssystems gekennzeichnet und eingeordnet werden. Häufig wird hierzu das ebenfalls in DIN 40719 [28] genormte Kennzeichnungssystem verwendet.[100] Es besteht aus einem Kennzeichnungsblock, dem als Vorzeichen das Zeichen „&" vorangestellt ist. Für die Kennzeichnung der Unterlagen werden die Kennbuchstaben gemäß Bild 3-86 verwendet.

---

100 DIN 40719 [28] ist zurückgezogen und teilweises durch DIN 6779 [29] ersetzt worden. Grundlegende Prinzipien der Unterlagenkennzeichnung bleiben aber weitgehend erhalten. Aus diesem Grund und weil darüber hinaus in der Praxis nach wie vor die Kennzeichnungssystematik nach DIN 40719 dominiert [26], stützen sich die Erläuterungen zum Prinzip der Unterlagenkennzeichnung auf DIN 40719.

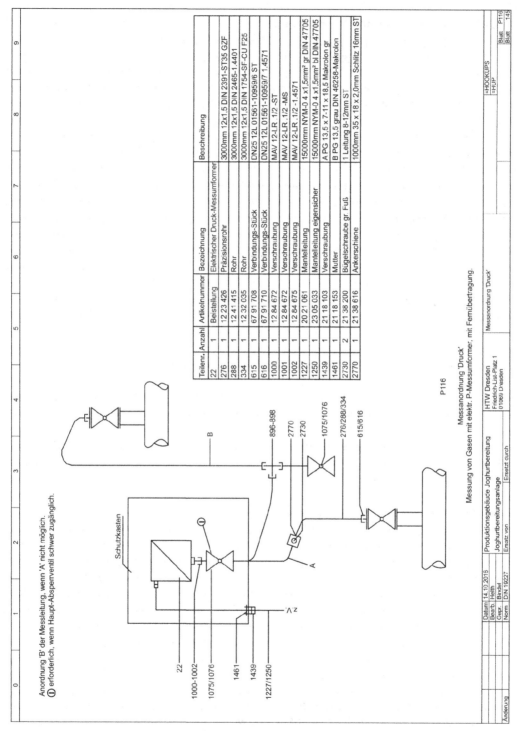

Bild 3-85:   Beispiel einer Montageanordnung (Hook-up)

Kennbuch-stabe	Unterlagearten-gruppen	Beispiele	Kennbuch-stabe	Unterlagearten-gruppen	Beispiele
A	Verzeichnisse	Titelblatt, Unterlagenverzeichnis	J	Ausbauausführungs-unterlagen	Bauangaben; Installationsplan; Ausbauplä-ne, Ausbauübersicht, Innenausbau; Ausbau-werkpläne Anstrich, Beschichtung, Sanitärin-stallation; Mauerwerk-, Setzsteinplan; Begrü-nungs-, Einfriedungsplan
B	übergeordnete Unterlagen	Erläuterung Schaltungsunterlagen und Betriebsmittel-Kennzeichnung; Block-schema, Auslöseschema; Kurzschluss-bzw. Spannungsfallrechnung;			
C	frei verfügbar		K	Konstruktionsunter-lagen	Portale, Tragegerüste, Unterkonstruktion, Konstruktionsgruppen für Fertigung und Montage, Montageteile Fertigteil-Montage; Fertigungs-, Zusammenstellungsunterlagen
D	Anordnungsunter-lagen (Anlage)	Lageplan,Gebäudeplan; Trassenplan; Einplanungsvorgaben;Erschließungsun-terlagen; Transport- und Montageplan; Unterflurplan; Trassenplan; Grundwasser-/Wasserschutzanlagen; Schallschutzan-lagen, Gesamtanlage; Lageplan; Dispo-sitionsplan 1:100, Trassenplan; Vermes-sungsunterlagen; Einplanungsvorgeben	L	Material-Bedarfslisten	
			M, N	frei verfügbar	
			P	Progr.-unterlagen	System-Software; Anwender-Software
			Q	Unterlagen für Hy-draulik und Pneumatik	Gas-, Drucklift-, Hydraulikplan
E	Anlagenschutz und Objektschutzunterla-gen	Erdschutz, Blitzschutz, EMV; Fluchtweg-, Brandschutzunterlagen; Objektschutzun-terlagen; Strahlungsschutzunterlagen; Si-cherheitstechnische Auslegungsunterla-gen; Vorgaben Aggregatschutz	R	frei verfügbar	
			S	Schaltungsunterlagen	Übersichtsschaltplan; Stromlaufplan;
			T	Prüfbescheinigungen	
F	Dimensionierungs- und Funktionsunter-lagen	Funktionsplan, Funktionsbeschreibung; Kennblätter für Mess-, Regel- und Schutzkreise; Baubeschreibungen; bau-technische Systembeschreibungen; Wär-meschaltplan; Anlagenübersichtsschalt-plan; Systemschaltplan; Systembeschrei-bungen, Unterlagen Systemauslegung; Vorgaben Komponentenauslegung	U	Anordnungsunter-lagen (Baueinheiten)	Bestückungs-, Anordnungsplan
			V	Verdrahtungsunter-lagen	Anschlussplan; Geräteverdrahtungsplan, -liste
			W	Verbindungsunter-lagen	Unterlagen für Kabelverlegung, Kabelliste Rohrleitungsplan
G	Erd- und Grundbau-arbeiten	Aushubplan, Gründungsplan; Erd- und Grundbauplan; Gebäudeisolierungsunter-lagen	X	Komponenten-, Ge-räteunterlagen	Maßbild; Datenblatt; Innenschaltplan;
			Y	Gerätelisten	Gerätezusammenstellungen, Ersatzteilliste;
H	Rohrbauausfüh-rungsunterlagen	Belastungsplan, Bewehrungsplan; Schal-plan; Stahlbaupläne; Statik-Unterlagen; Werkpläne Veranerung, Dübel, Funda-ment	Z	Unterlagen für Pro-jektsteuerung	Terminplanung und Überwachg.; Schulung;

Bild 3-86: Kennbuchstaben für die Unterlagenkennzeichnung nach DIN 40719

3.4 Steuerungs- bzw. Regelungsentwurf aus Sicht der Projektierung

3.4.1 Allgemeines sowie Einordnung in die Kernprojektierung

Titel, Vorwort und Einleitung des vorliegenden Buches zielen auf die Projektierung von Automatisierungsanlagen ab. Der Steuerungs- bzw. Regelungsentwurf ist darin nach Bild 2-5 (vgl. S. 8) eine der auszuführenden Ingenieurtätigkeiten. Werden im Folgen-den Steuerungs- bzw. Regelungsentwurf also aus Sicht der Projektierung betrachtet, sollen dazu diesbezügliche wichtige Entwurfsaspekte kompakt behandelt werden, oh-ne das Gebiet des Steuerungs- bzw. Regelungsentwurfs erschöpfend betrachten zu müssen.

Den Ausführungen von Abschnitt 3.3.1 sowie 3.3.4.8 folgend, ist der Steuerungs- bzw. Regelungsentwurf im Rahmen des Detail-Engineerings durchzuführen und – bei Ein-satz speicherprogrammierbarer Technik[101] – in Anwendersoftware umzusetzen. Im Folgenden wird der Steuerungs- bzw. Regelungsentwurf sowohl aus systemtheoreti-scher Sicht (Abschnitt 3.4.2 bis 3.4.4) als auch aus Sicht der Implementierung auf speicherprogrammierbarer Technik (Abschnitt 3.4.5) betrachtet.

---

101 Zum Begriff „speicherprogrammierbare Technik" vgl. Fußnote 46 auf S. 66!

Entsprechend der im Abschnitt 1 getroffenen Klassifikation industrieller Prozesse in kontinuierliche bzw. ereignisdiskrete sind beim Entwurf signifikante Unterschiede zu beachten. So ist der Entwurf von Regelalgorithmen als Bestandteil des Regelungs- entwurfs (vgl. Bild 3-110 auf S. 146) vorrangig für den Betrieb kontinuierlicher Prozes- se erforderlich, während der Entwurf von binären Steueralgorithmen als Bestandteil des Steuerungsentwurfs (vgl. Bild 3-87) primär ereignisdiskreten Prozessen zuzuord- nen ist, aber auch eine wichtige Rolle beim Betrieb kontinuierlicher Prozesse (z. B. bei der Prozesssicherung zur Realisierung entsprechender Verriegelungsbedingungen und ähnlicher Aufgaben) spielt. Für den Entwurf binärer Steueralgorithmen bildet die Steuerungstheorie (Theorie des Entwurfs kombinatorischer bzw. sequentieller binärer Steueralgorithmen) die systemtheoretische Basis, während dies für den Entwurf von Regelalgorithmen die Regelungstheorie ist. Beide Entwurfs- bzw. Theoriefelder müs- sen vom Projektierungsingenieur beherrscht werden.

3.4.2 Entwurf binärer Steuerungen

Entwurf und Realisierung binärer Steuerungen für industrielle Prozesse umfassen generell Steuerungsentwurf und technische Realisierung mit entsprechender Hard- ware (Bild 3-87), wobei für die technische Realisierung bei industriellen Prozessen üblicherweise speicherprogrammierbare Technik eingesetzt wird.

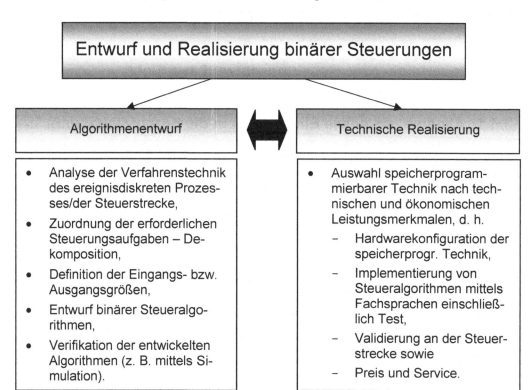

Bild 3-87:   Entwurf und Realisierung binärer Steuerungen

Prinzipielle Erläuterungen zur technischen Realisierung erfolgten bereits im Abschnitt 3.3.3.5, so dass darauf verwiesen wird. Somit ist der Steuerungsentwurf – insbesondere der Entwurf binärer Steueralgorithmen als dessen wesentlicher Bestandteil (vgl. Bild 3-87) – Gegenstand der weiteren Ausführungen.

Die wesentlichen Leistungen für den Steuerungsentwurf sind aus Bild 3-87 erkennbar. Bereits hier muss hervorgehoben werden, dass Entwurf und Realisierung binärer Steueralgorithmen nur im wechselseitigen Zusammenwirken von Algorithmentwurf mit technischer Realisierung gelingen können. Die vielfach in der Praxis angewandte Vorgehensweise des „sofortigen (intuitiven) Programmierens" bei Erarbeitung von Anwendersoftware für speicherprogrammierbare Technik impliziert zahlreiche Fehlermöglichkeiten, die nur durch einen gut strukturierten und systemtheoretisch basierten Entwurf binärer Steueralgorithmen vermieden werden können. Dies gilt auch für ggf. erforderliche Änderungen oder Erweiterungen der binären Steueralgorithmen bzw. die effektive Beseitigung von Entwurfsfehlern.

Des Weiteren ist in diesem Zusammenhang die wesentliche Fragestellung nach dem Entwurf eines kombinatorischen binären bzw. sequentiellen binären Steueralgorithmus' zu beantworten. Das bedeutet, der Projektierungsingenieur muss aus der Analyse der Steuerstrecke und der Kenntnis der Anforderungen an die Steuerstrecke entscheiden, ob er einen kombinatorischen oder sequentiellen binären Steueralgorithmus[102] entwirft. Diese Entscheidungsfindung basiert auf der Auswertung verschiedenster Überlegungen und erfordert deshalb eine systematische sowie Schritt für Schritt abzuarbeitende Entwurfsmethodik. Diese Entwurfsmethodik zeigt Bild 3-88 im Überblick. An Hand ausgewählter Anwendungsbeispiele [31] wird diese Entwurfsmethodik nachfolgend ausführlicher behandelt.

---

102 Bei kombinatorischen binären Steueralgorithmen sind den Eingangskombinationen (Belegungen der Eingangsgrößen) eindeutig Ausgangskombinationen (Belegungen der Ausgangsgrößen) zugeordnet. Bei sequentiellen binären Steueralgorithmen ist dies jedoch nicht mehr gegeben – daher greifen sequentielle Steueralgorithmen zur Wiederherstellung der Eindeutigkeit auf innere Zustände als quasi zusätzliche Eingangsgrößen zurück.

- **Schritt 1:** Dekomposition des Prozesses/der Steuerstrecke
- **Schritt 2:** Definition der Eingangsgrößen (Eingangsvektor) bzw. Ausgangsgrößen (Ausgangsvektor)
- **Schritt 3:** Entscheidung – kombinatorischer oder sequentieller binärer Steueralgorithmus – ist die Schalttabelle widerspruchsfrei?

| JA | NEIN |

Kombinatorischer binärer Steueralgorithmus

- Schritt 4:
  - Schalttabelle aufstellen,
  - Verknüpfungsfunktionen in kanonischer disjunktiver Normalform (KDNF) darstellen,
  - Minimierung mittels Karnaugh-Verfahren oder Verfahren nach Kazakov und minimale Normalform aufstellen,
  - Logikplan als Basis für Umsetzung in ein Anwenderprogramm entwickeln.

Sequentieller binärer Steueralgorithmus

- Schritt 4:
  - Petri-Netz für Nominalbetrieb (Normalbetrieb) aufstellen,
  - Petri-Netz(e) für fehlersicheren Betrieb aufstellen,
  - Umsetzung in z. B. Ablaufsprache S7 Graph oder andere Fachsprachen.

Bild 3-88: Methodik des Entwurfs kombinatorischer bzw. sequentieller binärer Steueralgorithmen im Vergleich

Schritt 1: Dekomposition des zu steuernden ereignisdiskreten Prozesses

Ausgehend von der Tatsache, dass ereignisdiskrete Prozesse im Allgemeinen die Realisierung umfangreicher Steuerungsaufgaben erfordern, sind auch die zu entwerfenden binären Steueralgorithmen umfangreich und deshalb für die technische Realisierung übersichtlich zu strukturieren. In vielen Fällen werden daher technische Prozesse in Teilkomponenten zerlegt und für den auszuführenden Entwurf der binären Steuerung entkoppelt betrachtet. Diese sogenannte Dekomposition von Prozess- bzw. Steuerungsaufgaben ist ein wesentlicher Schritt des eigentlichen Steuerungsentwurfs.

Am Beispiel der im Abschnitt 1 bereits vorgestellten Abfüllanlage (vgl. auch Bild 2-10 auf S. 12) werden folgende Stationen unterschieden (Bild 3-89):

- Station 1: Becher zuführen,
- Station 2: Becher füllen,
- Station 3: Becher verschließen,
- Station 4: Becher entnehmen,
- Station 5: Rundschalttisch sowie
- kontinuierliche Prozesskomponente „Füllstand".

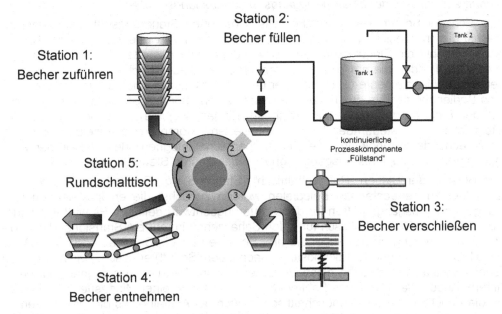

Bild 3-89:   Übersicht zum ereignisdiskreten Prozess „Abfüllanlage"

Die ereignisdiskrete Prozesskomponente „Abfüllanlage" umfasst also fünf Stationen, wobei jede Station einen Prozessabschnitt bildet und separat zu steuern ist. Zusätzlich ist noch eine Koordination aller Stationen erforderlich, um das synchrone Starten der Stationen zu sichern sowie den jeweiligen Stopp jeder Einzelstation auszuwerten. Für den Entwurfsansatz liegt damit nahe, jede Station durch ein autarkes Steuerungsmodul zu bedienen und das Zusammenwirken dieser Steuerungsmodule mittels Synchronisationssignalen über einen Steuerungsmodul „Koordinationssteuerung" zu realisieren (Bild 3-90).

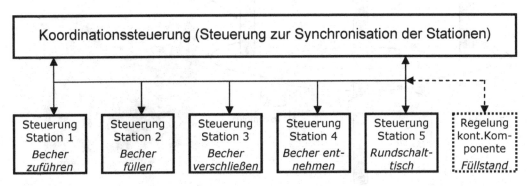

Bild 3-90:   Dekomposition der Steuerung „Abfüllanlage"

Schritt 2: Definition der binären Eingangs- bzw. Ausgangsgrößen

Als wichtiger Schritt des systemtheoretisch basierten Steuerungsentwurfes sind zunächst die erforderlichen binären Variablen zu definieren, wobei im Sinne der Boole'-schen Algebra die Eingangsgrößen x_i sowie die Ausgangsgrößen y_j zu unterscheiden sind. Dabei bilden die am zu steuernden Prozess (Steuerstrecke) montierten Sensoren und Bedienelemente (z. B. Schalter und Taster einschließlich der in entsprechenden Bedienoberflächen des Prozessleitsystems vorhandenen Schaltflächen) den Vektor der Eingangsgrößen x_i, kurz auch als Eingangssignale x_i bezeichnet, und die gleichfalls am zu steuernden Prozess montierten Aktoren sowie Anzeigen (z. B. als entsprechende Symbole in eine Bedienoberfläche integriert) den Vektor der Ausgangsgrößen y_j, auch als Ausgangssignale y_j der binären Steuerung bezeichnet.

Am Beispiel der Station „Rundschalttisch" (Station 5, vgl. Bild 3-91) als erstes von zwei hier zu betrachtenden Beispielen werden zunächst die entsprechenden Eingangs- bzw. Ausgangsgrößen für den Steuerungsentwurf definiert. Es wird vorausgesetzt, dass der Rundschalttisch für jeden Schaltschritt immer ein Startsignal der Koordinationssteuerung erhält, wobei die drei Sensoren B1 bis B3 (2 aus 3-Auswahl) die jeweils um 90° geänderte Tischposition (nach jedem Schritt) erfassen. Das heißt, nach jedem Schaltschritt müssen diese Sensoren ansprechen und das Signal „logisch 1" liefern. Anderenfalls liegt eine Fehlfunktion vor. Im Sinne einer Mindestfehlersicherheit ist die Funktionalität des Rundschalttisches auch bei Ausfall eines dieser drei Sensoren aufrechtzuerhalten – in diesem Fall ist aber gleichzeitig ein Voralarm auszulösen. Bei Ausfall eines zweiten Sensors ist Hauptalarm auszulösen und der Rundschalttisch einschließlich der übrigen Anlagenkomponenten sofort zu stoppen sowie eine Reparaturanforderung zur Anzeige zu bringen.

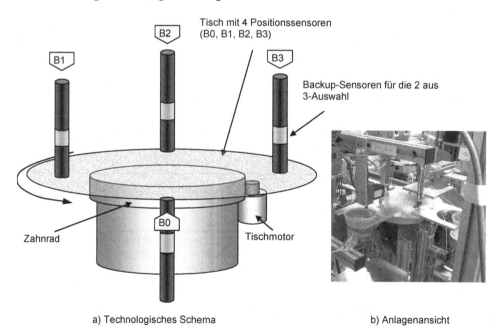

a) Technologisches Schema   b) Anlagenansicht

Bild 3-91:   Technologisches Schema und Anlagenansicht für die Station „Rundschalttisch" (Station 5)

Folgende Eingangs- bzw. Ausgangsgrößen werden für *Station 5* (Rundschalttisch) definiert:

Eingangsgrößen x_i des Steuerungsmoduls:

- x_0 : Sensor für Tischposition B0[103] (x_0=1: Tischposition B0 erreicht),
- x_1 : Sensor für Tischposition B1 (x_1=1: Tischposition B1 erreicht),
- x_2 : Sensor für Tischposition B2 (x_2=1: Tischposition B2 erreicht),
- x_3 : Sensor für Tischposition B3 (x_3=1: Tischposition B3 erreicht),
- x_4 : Freigabesignal von Koordinationssteuerung (x_4=1: Freigabe erfolgt),

Ausgangsgrößen y_j des Steuerungsmoduls (y_j=1: Aktor bzw. Anzeige aktiv):

- y_1 : Steuerung des Tischantriebs,
- y_2 : Anzeige „Voralarm", z. B. Anzeige auf WinCC-Bedienoberfläche,
- y_3 : Anzeige „Hauptalarm", z. B. Anzeige auf WinCC-Bedienoberfläche.

Hinsichtlich der nächsten zu betrachtenden Station „Becher verschließen" als zweites zu betrachtendes Beispiel (vgl. Bild 3-92) werden ähnlich wie bei Station 5 zunächst die Eingangs- bzw. Ausgangsgrößen definiert.

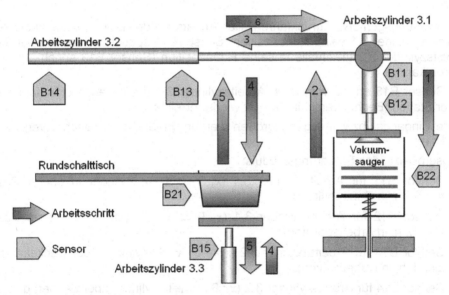

Bild 3-92: Technologisches Schema der Station „Becher verschließen" (Station 3)

Dazu ist zuerst eine kurze Beschreibung des technologischen Ablaufs erforderlich:

Zu Beginn wird Arbeitszylinder 3.1 aktiviert, das heißt, es ist ein Becher im Rundschalttisch an der Station „Becher verschließen" vorhanden (Sensor B21 hat ange-

---

103 Sensor B0 ist *alternativ* zur 2 aus 3-Auswahl einsetzbar und wird in den folgenden Entwurfsbeispielen nicht berücksichtigt, d. h. für den Entwurf der binären Steueralgorithmen sind nur die Sensoren B1, B2 und B3 relevant.

sprochen), und das Startsignal der Koordinationssteuerung liegt an. Damit senkt sich der Vakuumsauger in das Deckelmagazin und wird gleichzeitig aktiviert.

Sobald nun Arbeitszylinder 3.1 seine untere Endlage (Arbeitsposition) erreicht hat (Sensor B12 hat angesprochen), wird die Ansteuerung von Arbeitszylinder 3.1 deaktiviert, und er fährt in seine Ruheposition über dem Deckelmagazin zurück. Der Vakuumsauger bleibt dabei weiter aktiv und hebt den angesaugten Deckel mit hoch.

Hat Arbeitszylinder 3.1 seine Ruheposition wieder erreicht (Sensor B11 hat angesprochen), wird Arbeitszylinder 3.2 aktiviert und fährt den Vakuumsauger von der Position des Deckelmagazins über den in der Aufnahme des Rundschalttisches befindlichen Becher. Dabei bleibt der Vakuumsauger ebenfalls aktiviert.

Erreicht Arbeitszylinder 3.2 seine Endlage (Sensor B14 hat angesprochen), wird abermals Arbeitszylinder 3.1 aktiviert. Gleichzeitig wird auch Arbeitszylinder 3.3 (Kurzhubzylinder) aktiviert und hebt den Becher etwas aus der Aufnahme des Rundschalttisches heraus, bis Sensor B15 anspricht.

Hat auch Arbeitszylinder 3.1 seine untere Endlage wieder erreicht (Sensor B12 hat angesprochen), werden sowohl Arbeitszylinder 3.1 als auch Arbeitszylinder 3.3 deaktiviert. Durch die mechanischen Konstruktionsparameter dieser Station ist sichergestellt, dass der Deckel auf den Becher aufgepresst wurde, wenn Sensor B12 anspricht.

Für das ordnungsgemäße Zurückfahren aller Arbeitszylinder ist nun sicherzustellen, dass Arbeitszylinder 3.1 seine Ruheposition (Sensor B11 spricht an) erreicht hat, bevor Arbeitszylinder 3.2 gleichfalls in seine Ruheposition (Sensor B13 spricht an) zurückfahren kann.

Spricht Sensor B13 an, so wird auch Arbeitszylinder 3.2 deaktiviert. Der Anfangszustand der Station „Becher verschließen" ist wieder erreicht.

Folgende Eingangs- bzw. Ausgangsgrößen werden für *Station 3* (Becher verschließen) definiert:

Eingangsgrößen x_i des Steuerungsmoduls:

- x_1: Sensor B11 für Arbeitszylinder 3.1 (x_1=1 $\Rightarrow$ x_2=0: Zylinder in oberer Position, d. h. in Ruheposition),

- x_2: Sensor B12 für Arbeitszylinder 3.1 (x_1=0 $\Rightarrow$ x_2=1: Zylinder in unterer Position, d. h. in Arbeitsposition),

- x_3: Sensor B13 für Arbeitszylinder 3.2 (x_3=1 $\Rightarrow$ x_4=0: Zylinder über Deckelmagazin, d. h. in Ruheposition),

- x_4: Sensor B14 für Arbeitszylinder 3.2 (x_3=0 $\Rightarrow$ x_4=1: Zylinder über Becher, d. h. in Arbeitsposition),

- x_5: Sensor B15 für Arbeitszylinder 3.3 (x_5=1 $\Rightarrow$ Zylinder in Arbeitsposition: Becher angehoben),

- x_6: Tischaufnahme B21 (x_6=0: kein Becher an Station im Rundschalttisch; x_6=1: Becher an Station im Rundschalttisch),

- x_7: Deckelmagazin B22 (x_7=0: Deckel vorhanden; x_7=1: keine Deckel vorh.),

- x_8: Signal von Koordinationssteuerung (Startsignal),

- x_9: Quittierung (Signal zur Quittierung eines Fehlers).

Ausgangsgrößen y_j des Steuerungsmoduls (y_j=1: Arbeitszylinder fährt in Arbeitsposition bzw. Deckel wird angesaugt; y_j=0: Arbeitszylinder fährt in Ruheposition bzw. Deckel wird nicht angesaugt):

- y_1: Arbeitszylinder 3.1 (vertikaler Zylinder),

- y_2: Arbeitszylinder 3.2 (horizontaler Zylinder),

- y_3: Arbeitszylinder 3.3 (Kurzhubzylinder),

- y_4: Vakuumsauger (saugt Deckel mittels Vakuumsauger an).

Schritt 3: Entscheidung, ob ein kombinatorischer oder sequentieller binärer Steueralgorithmus zu realisieren ist

Ob in einer Steuerung ein kombinatorischer oder sequentieller binärer Steueralgorithmus zu implementieren ist, kann der Projektierungsingenieur anhand seiner Praxiserfahrung treffen, kann andererseits aber auch systematisch abgeleitet werden. Verfügt der Projektierungsingenieur über ausreichend Praxiserfahrung, kann er an Hand der Struktur der Steuerstrecke und durch Analyse der vorgegebenen Anforderungen festlegen, welcher Entwurf auszuführen ist. Anderenfalls ist die Steuerstrecke einschließlich der Anforderungen mittels einer Schalttabelle zu analysieren. Dabei muss festgestellt werden, ob sich den Eingangskombinationen, d. h. jeder Belegung des Eingangsgrößenvektors, *eindeutig* Ausgangskombinationen, d. h. *eindeutig* Belegungen des Ausgangsgrößenvektors, zuordnen lassen. Ist dies der Fall, soll zweckmäßigerweise die binäre Steuerung mit einem kombinatorischen binären Steueralgorithmus realisiert werden.

Auf der Basis dieser Überlegungen lässt sich nun die Schalttabelle (Bild 3-93) für den **Rundschalttisch** wie folgt entwickeln:

x_4	x_3	x_2	x_1	y_1	y_2	y_3
0	0	0	0	0	0	1
0	0	0	1	0	0	1
0	0	1	0	0	0	1
0	0	1	1	0	1	0
0	1	0	0	0	0	1
0	1	0	1	0	1	0
0	1	1	0	0	1	0
0	1	1	1	0	0	0
1	0	0	0	0	0	1
1	0	0	1	0	0	1
1	0	1	0	0	0	1
1	0	1	1	1	1	0
1	1	0	0	0	0	1
1	1	0	1	1	1	0
1	1	1	0	1	1	0
1	1	1	1	1	0	0

Bild 3-93:   Schalttabelle für die Station „Rundschalttisch"

An Hand der Schalttabelle kann demnach eindeutig festgestellt werden, dass zur Steuerung der Station „Rundschalttisch" ein kombinatorischer binärer Steueralgorithmus zu implementieren ist, weil jeder Eingangskombination genau eine, d. h. *eindeutig* eine Ausgangskombination zugeordnet ist.

Damit wird aus der Schalttabelle (Bild 3-93) die sogenannte kanonische disjunktive Normalform (KDNF) entwickelt und aus dieser wiederum durch Anwendung eines systematischen Minimierungsverfahrens, zum Beispiel des Verfahrens von Karnaugh [32] oder des Verfahrens von Kazakov [32], die minimale Normalform.

Die KDNF ist eine binäre Verknüpfungsfunktion[104], die aus der disjunktiven Verknüpfung aller derjenigen Elementarkonjunktionen[105] gebildet wird, für welche die jeweils betrachtete Ausgangsgröße den Wert (die Belegung) „1" annimmt.

Als Beispiel wird für die Ausgangsgröße y_1 die aus der Schalttabelle (Bild 3-93) abgelesene KDNF angegeben:

$$y_{1_{KDNF}} = (x_4 \wedge \bar{x}_3 \wedge x_2 \wedge x_1) \vee (x_4 \wedge x_3 \wedge \bar{x}_2 \wedge x_1) \vee (x_4 \wedge x_3 \wedge x_2 \wedge \bar{x}_1) \vee (x_4 \wedge x_3 \wedge x_2 \wedge x_1)$$

$$(3-1)$$

Auf dieser Basis kann nun die minimale Normalform z. B. mittels Karnaugh-Tafel (Bild 3-94) bestimmt werden. Dabei sind folgende Hinweise beim Erstellen der Karnaugh-Tafel zu beachten:

- Vorzugsweise Anwendung der Karnaugh-Tafel für bis zu 4 Eingangsgrößen, wobei sowohl zeilen- als auch spaltenweise zwischen den benachbarten Feldern stets die Hamming-Distanz D=1 einzuhalten ist,[106]

- Bilden möglichst weniger und zugleich großer symmetrischer 2er-, 4er- bzw. 8er-Blöcke, aus denen die minimierte Verknüpfungsfunktion (minimale Normalform) herausgelesen wird.

In der Karnaugh-Tafel für die Ausgangsgröße y_1 kann man drei 2er-Blöcke bilden (vgl. Bild 3-94). Jeder dieser Blöcke entspricht dabei jeweils einer Primkonjunktion[107] (Primimplikant) P_i, die disjunktiv zur minimierten Verknüpfungsfunktion zusammengefügt werden. Die sich in einem Block jeweils ändernde Eingangsgröße wird bei der Bildung der Primkonjunktionen ignoriert, die übrigen werden mit der jeweils zugehörigen Belegung übernommen.

---

104 Die Verknüpfungsfunktion (binäre Schaltfunktion) ordnet jeder Belegung des Eingangsgrößenvektors (Eingangskombination) *eindeutig* eine Belegung des Ausgangsgrößenvektors (Ausgangskombination) unter Verwendung der booleschen Verknüpfungen UND, ODER bzw. NICHT zu.

105 Die Elementarkonjunktionen werden durch die konjunktive (UND-)Verknüpfung aller Eingangsgrößen, welche am Aufbau der Schalttabelle beteiligt sind, in ihren jeweiligen Belegungen (d. h. negiert bzw. nichtnegiert) gebildet.

106 Diese Forderung bedeutet, die Karnaugh-Tafel so aufzubauen, dass sich bei zeilenweisem bzw. spaltenweisem Übergang von einem Feld zum *benachbarten* nächsten nur eine einzige Eingangsgröße in ihrer Belegung ändert.

107 Eine Primkonjunktion (Primimplikant) P_i ist ein Term, welcher eine oder mehrere Elementarkonjunktionen „abdeckt", d. h. eine oder mehrere Elementarkonjunktionen ersetzt [32].

x_4x_3 ＼ x_2x_1	00	01	11	10
00	0	0	0	0
01	0	0	0	0
11	0	1	1	1
10	0	0	1	0

Bild 3-94: Karnaugh-Tafel für die Ausgangsgröße y_1

Aus der Karnaugh-Tafel gemäß Bild 3-94 ergibt sich für die Ausgangsgröße y_1 durch Bilden von drei 2er-Blöcken folgende minimierte Verknüpfungsfunktion bzw. minimale Normalform:

$$y_{1min} = (x_4 \wedge x_3 \wedge x_1) \vee (x_4 \wedge x_2 \wedge x_1) \vee (x_4 \wedge x_3 \wedge x_2) \qquad (3-2)$$

Die somit als minimale Normalform vorliegende minimierte Verknüpfungsfunktion lässt sich zweckmäßig in Form eines Logikplanes darstellen bzw. mittels der Fachsprachen FUP (Funktionsplan), KOP (Kontaktplan) oder AWL (Anweisungsliste) in speicherprogrammierbarer Technik implementieren.[108] Sie ist, wie Beziehung (3-2) zeigt, die disjunktive Verknüpfung der aus der Karnaugh-Tafel ermittelten Primkonjunktionen P_i und ersetzt die KDNF vollständig.

Die minimale Normalform kann auch mittels des Verfahrens von Kazakov ([32], [33]) entwickelt werden. Hierzu sind folgende Hinweise zu beachten:

- Vorteilhafte Anwendung für mehr als 4 Eingangsgrößen sowie bei Vorhandensein vieler gleichgültiger Belegungen (don't care-Belegungen).
- Schrittweise Ausführung der Verfahrensschritte in folgender Reihenfolge:

  1. Einordnen derjenigen Belegungen der Eingangsgrößen x_i (Elementarkonjunktionen), für welche die jeweils betrachtete Ausgangsgröße y_j den Wert „1" annimmt, in die 1-Menge (M^1) bzw. Einordnen derjenigen Belegungen der Eingangsgrößen x_i, für welche die jeweils betrachtete Ausgangsgröße y_j den Wert „0" annimmt, in die 0-Menge (M^0).

  2. Ordnen und Aufschreiben der 1-Menge sowie 0-Menge in tabellarischer Form, Trennen der 1-Menge durch einen waagerechten Strich von der 0-Menge.

  3. Beginnend mit der ersten Elementarkonjunktion aus M^1 wird für alle in ihr enthaltenen Eingangskombinationen (Teilkonjunktionen), beginnend mit der einzelnen Eingangsgröße, geprüft, ob die Bedingung

     $$P_i \subset M^1 \text{ und } P_i \not\subset M^0$$

     erfüllt ist. Diese Bedingung ist dann **nicht** erfüllt, wenn die Teilkonjunktion, die der jeweils betrachteten Primkonjunktion P_i entspricht, sowohl in M^1 als auch in M^0 auftritt. Anderenfalls ist diese Teilkonjunktion Primkonjunktion P_i. Die jeweils so ermittelte Primkonjunktion P_i wird hinter die gerade betrachtete Ele-

---

108 Bezüglich Fachsprachen vgl. Abschnitt 3.4.5, zum Begriff „Speicherprogrammierbare Technik" vgl. Fußnote 46 auf S. 66!

mentarkonjunktion geschrieben. Dazu wird zusätzlich geprüft, welche weiteren Elementarkonjunktionen der Menge M^1 ebenfalls durch diese Primkonjunktion P_i abgedeckt werden. Ist dies der Fall, so wird gleichfalls die Nummer der Primkonjunktion P_i hinter diese (zusätzlich) abgedeckten Elementarkonjunktionen geschrieben.

4. Das Verfahren wird fortgesetzt, bis für jede Elementarkonjunktion aus M^1 mindestens eine Primkonjunktion zur Abdeckung gefunden wurde.

Das bedeutet also, die Primkonjunktionen sind durch systematisches Vergleichen der die 1-Menge bildenden Elementarkonjunktionen einschließlich aller jeweils in ihnen enthaltenen Teilkonjunktionen (z. B. $x_4, \bar{x}_3, x_2, x_1, x_4\bar{x}_3, x_4x_2, x_4x_1, \dots, x_4\bar{x}_3x_2, \dots$ für die Elementarkonjunktion $x_4\bar{x}_3x_2x_1$ der ersten Zeile der 1-Menge im Bild 3-95) mit den die 0-Menge bildenden Elementarkonjunktionen einschließlich aller jeweils in ihnen enthaltenen Teilkonjunktionen zu bestimmen. *Primkonjunktionen sind alle Teilkonjunktionen, die in der 1-Menge, jedoch nicht in der 0-Menge, enthalten sind.*

Als Beispiel hierzu wird wieder auf die KDNF für die Ausgangsgröße y_1 nach Beziehung (3-1) zurückgegriffen und die minimale Normalform bestimmt (Bild 3-95).

	x_4	x_3	x_2	x_1
	1	0	1	1
1-Menge	1	1	0	1
	1	1	1	0
	1	1	1	1
	0	0	0	0
	0	0	0	1
	0	0	1	0
	0	0	1	1
	0	1	0	0
	0	1	0	1
0-Menge	0	1	1	0
	0	1	1	1
	1	0	0	0
	1	0	0	1
	1	0	1	0
	1	1	0	0

$$P_1 = x_4x_2x_1$$
$$P_2 = x_4x_3x_1$$
$$P_3 = x_4x_3x_2$$

Bild 3-95:   Schema für die Ermittlung der Primkonjunktionen nach Kazakov

Wie Bild 3-95 zeigt, werden die vier Elementarkonjunktionen der 1-Menge durch die Primkonjunktionen P_1, P_2 und P_3 vollständig abgedeckt. Aus heuristischer Sicht ist leicht einzusehen, dass diese drei Primkonjunktionen P_1, P_2 und P_3 für die Bildung der minimalen Normalform nach Beziehung (3-2) notwendig sind. Für umfangreichere Lösungen, als hier am Beispiel des Rundschalttisches aufgezeigt, ist aber auch für die Ermittlung der minimalen Normalform, das heißt zur Ermittlung der notwendigen Primkonjunktionen, eine systematische Vorgehensweise erforderlich. Das bedeutet, mittels sogenannter systematischer Auswahlverfahren wird die jeweils optimale minimale

Normalform entwickelt. Nach [32] sowie [33] werden dafür als Verfahren das tabellarische bzw. das algebraische Auswahlverfahren vorgeschlagen.

Beim tabellarischen Auswahlverfahren wird von einem Spalten/Zeilen-Schema (Bild 3-96) ausgegangen, wobei an die Spalten die Elementarkonjunktionen E_j der 1-Menge (vgl. Bild 3-95) und an die Zeilen die Primkonjunktionen P_i angetragen werden.

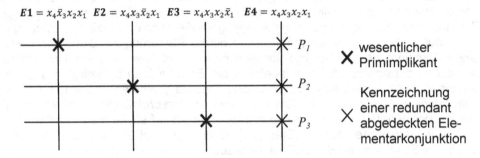

Bild 3-96: Tabellarisches Auswahlverfahren zur Ermittlung der wesentlichen Primkonjunktionen P_i ([32], [33])

In Auswertung des Tabellarischen Auswahlverfahrens werden nur die wesentlichen Primkonjunktionen[109] zur Bildung der minimalen Normalform verwendet (Resultat vgl. Beziehung (3-5)).

Das algebraische Auswahlverfahren benutzt einen sogenannten Auswahlausdruck A basierend auf einer Aussagevariablen a_n. Nach [32] sowie [33] wird der Auswahlausdruck entwickelt, indem für jede Elementarkonjunktion E_j der 1-Menge alle darin enthaltenen Primkonjunktionen P_i als disjunktive Verknüpfung der Aussagevariablen a_n erfasst werden. Diese für jede Elementarkonjunktion E_j zu bildenden Terme der disjunktiv verknüpften Aussagevariablen a_n werden konjunktiv verknüpft und bilden so den Auswahlausdruck A.

Für das betrachtete Beispiel „Rundschalttisch" erhält man damit folgenden Auswahlausdruck A:

$$A = \underbrace{(a_1)}_{E_1} \wedge \underbrace{(a_2)}_{E_2} \wedge \underbrace{(a_3)}_{E_3} \wedge \underbrace{(a_1 \vee a_2 \vee a_3)}_{E_4} \tag{3-3}$$

Vereinfacht man diesen Auswahlausdruck weiter, so ergibt sich

$$A = (a_1 \wedge a_2 \wedge a_3) \vee (a_1 \wedge a_2 \wedge a_3) \vee (a_1 \wedge a_2 \wedge a_3) = a_1 \wedge a_2 \wedge a_3 \tag{3-4}$$

---

109 Eine Primkonjunktion P_i ist wesentliche Primkonjunktion, wenn sie als einzige Primkonjunktion in einer Elementarkonjunktion E_j enthalten ist. P_i muss dann in allen minimalen Normalformen auftreten ([32], [33]).

und damit als minimale Normalform

$$y_{1_{min}} = (x_4 \wedge x_2 \wedge x_1) \vee (x_4 \wedge x_3 \wedge x_1) \vee (x_4 \wedge x_3 \wedge x_2). \qquad (3\text{-}5)$$

Stellt man aber fest, dass einer Belegung der Eingangsgrößen an Hand der Anforderungen an die Steuerstrecke _unterschiedliche_ Belegungen der Ausgangsgrößen zuzuordnen sind, ist ein sequentieller binärer Steueralgorithmus zu entwerfen. Das heißt, basierend auf der Anzahl der Eingangsgrößen soll mittels der Schalttabelle immer geprüft werden, ob für alle Belegungen der Eingangsgrößen stets eine _eindeutige_ Zuordnung zu den Belegungen der Ausgangsgrößen vorliegt. Sofern dies zutrifft, soll – wie auf S. 125 bereits ausgeführt – die binäre Steuerung zweckmäßigerweise mit einem kombinatorischen binären Steueralgorithmus realisiert werden. Das heißt also, aus der zu entwickelnden Schalttabelle ist die Entscheidung bezüglich des Entwurfes kombinatorischer oder sequentieller binärer Steueralgorithmen abzuleiten. Diese Vorgehensweise ist auch für die Station **_„Becher verschließen"_** anzuwenden. Dazu werden der bereits beschriebene technologische Ablauf sowie die Definition der Ein- bzw. Ausgangsgrößen für die Station „Becher verschließen" detailliert ausgewertet und in der Schalttabelle (Bild 3-97) abgebildet.

x_8	x_7	x_6	x_5	x_4	x_3	x_2	x_1	y_4	y_3	y_2	y_1
0	0	0	0	0	1	0	1	0	0	0	0
1	0	0	0	0	1	0	1	0	0	0	1
1	0	0	0	0	1	0	0	0	0	0	1
1	0	0	0	0	1	1	0	0	0	0	0
1	0	0	0	0	1	0	0	0	0	0	0

usw.

Bild 3-97:   Auszug der Schalttabelle für die Station „Becher verschließen"

Bereits nach wenigen Zeilen ist aus der Schalttabelle erkennbar, dass kein eindeutiger Zusammenhang zwischen den Belegungen der Eingangsgrößen sowie den Belegungen der Ausgangsgrößen vorliegt (vgl. Markierungen im Bild 3-97) und deshalb ein sequentieller binärer Steueralgorithmus zu entwerfen ist. Des Weiteren ist zu bemerken, dass – wenn z. B. neun Eingangsgrößen vorliegen, die 512 (2^9) unterschiedliche Belegungen der Eingangsgrößen ermöglichen – die Entwicklung einer Schalttabelle bzw. der Entwurf eines kombinatorischen binären Steueralgorithmus nahezu ausgeschlossen ist und in diesem Fall versucht werden soll, die Steuerungsaufgabe mit einem sequentiellen binären Steueralgorithmus unter Nutzung der im Folgenden beschriebenen Petri-Netz-basierten Vorgehensweise zu lösen.

Die Station „Becher verschließen" (vgl. Bild 3-92) repräsentiert eine solche Steuerungsaufgabe. Dieser Steueralgorithmus[110], aber auch andere sequentielle binäre Steueralgorithmen, lassen sich im Allgemeinen effizient mittels Petri-Netzen beschrei-

---

110 Mit dem hier zu entwerfenden Steueralgorithmus soll ein technologischer Ablauf realisiert werden. Daher werden derartige Steueralgorithmen auch als Ablaufsteuerung bezeichnet.

ben. Petri-Netze sind Graphen, die aus Stellen und Transitionen bestehen, wobei Stellen und Transitionen durch gerichtete Kanten miteinander verbunden sind. Durch entsprechende Interpretationen der Netzelemente gelangt man zum steuerungstechnisch interpretierten Petri-Netz (SIPN). Die steuerungstechnische Interpretation besteht im Wesentlichen darin, dass – wie in [34] dargestellt – Transitionen boolesche Funktionen der Eingangsgrößen (nach [35, 36, 37] Schaltbedingungen genannt) und Stellen Ausgaben (nach [35, 36, 37] Aktionen genannt) zugeordnet werden. Die einer Stelle zugeordnete Ausgabe ergibt sich jeweils als Belegung von Ausgangsgrößen y_j, welche jeweils auch von Belegungen der Eingangsgrößen x_i abhängen können. Bemerkenswert und außerordentlich nützlich ist, dass in solchen Netzen die in klassischen Automatenmodellen (z. B. Automatengraph [32]) verwendeten Belegungsvektoren für Ein- bzw. Ausgangssignale (Ereignissignalvektor bzw. Stellsignalvektor) durch „verkürzte" Schaltbedingungen bzw. Aktionen ersetzt werden können, „...wodurch eine Nutzung für umfangreichere Steuerungsprobleme der industriellen Praxis überhaupt erst möglich wird." [35]. Eine Transition schaltet, wenn alle vorgelagerten Stellen eine Marke enthalten und die ihr zugeordnete boolesche Funktion den Wert 1 annimmt.[111] Auf diese Weise ist mit den sich ergebenden Markenflüssen von Stelle zu Stelle das Eingabe-Ausgabe-Verhalten einer Steuerung darstellbar [34].

Als Beispiel wird das Petri-Netz des Steueralgorithmus' für den Nominalbetrieb (Normalbetrieb) der Station „Becher verschließen" betrachtet.[112] Dazu wird der bereits auf S. 123 ff. einschließlich Festlegung der Eingangs- bzw. Ausgangsgrößen beschriebene technologische Ablauf in einem Petri-Netz dargestellt (Bild 3-98).

Zunächst befindet sich die Station „Becher verschließen" im Anfangszustand – auch Initialisierungszustand genannt – (Markierung der Stelle s_1) und je nach Position der sogenannten Marke (schwarze Markierung in Stelle s_1) befördern die Transitionen t_8 oder t_1 diese Marke in Stelle s_2. Sowohl in Stelle s_1 als auch Stelle s_2 sind die Ausgangsgrößen y_1, y_2, y_3 und y_4 negiert und damit die Arbeitszylinder in ihren Ruhepositionen sowie der Vakuumsauger inaktiv (Bild 3-98). Nach Auslösung des Startsignals (Eingangsgröße $x_8=1$) an Transition t_2 wird Stelle s_3 markiert, und Arbeitszylinder 3.1 sowie Vakuumsauger werden als erste Aktoren durch die Ausgangsgrößen y_1 bzw. y_4 aktiviert ($y_1=y_4=1$). Nachdem Arbeitszylinder 3.1 die untere Endlage erreicht hat ($x_1=0 \Rightarrow x_2=1$), schaltet Transition t_3, so dass Stelle s_4 markiert wird, wodurch Ausgangsgröße y_1 deaktiviert ($y_1=0$) wird und Arbeitszylinder 3.1 in seine Ruheposition zurückfährt. Nachdem Arbeitszylinder 3.1 seine Ruheposition wieder erreicht hat ($x_1=1 \Rightarrow x_2=0$), schaltet nun Transition t_4, so dass Stelle s_5 markiert wird. An Stelle s_5 wird Ausgangsgröße y_2 aktiviert ($y_2=1$), und Arbeitszylinder 3.2 fährt in seine Arbeitsposition (Vakuumsauger über Becher). Nach Erreichen dieser Arbeitsposition ($x_3=0 \Rightarrow x_4=1$) schaltet Transition t_5, so dass Stelle s_6 markiert wird. An Stelle s_6 werden neben y_2 alle anderen Ausgangsgrößen ebenfalls aktiviert ($y_1=y_2=y_3=y_4=1$), wodurch der Deckel auf den Becher aufgepresst wird. Haben Arbeitszylinder 3.3 bzw. Arbeitszylinder 3.1 ihre Arbeitspositionen eingenommen ($x_5=1$ bei Arbeitszylinder 3.3 bzw. $x_1=0 \Rightarrow x_2=1$ bei Ar-

---

111 Das Schalten von Transitionen ist gleichbedeutend mit dem Eintreffen von Ereignissen, wodurch sich neue Prozesssituationen einstellen [35, 36, 37].

112 Weil der Nominalbetrieb betrachtet wird, braucht die Eingangsgröße x_9, die für den irregulären Betrieb wichtig ist (vgl. S. 124), nicht mit einbezogen zu werden.

beitszylinder 3.1), schaltet Transition t_6, so dass Stelle s_7 markiert wird und alle Ausgangsgrößen bis auf y_2 für Arbeitszylinder 3.2 deaktiviert werden ($y_1=y_3=y_4=0$; $y_2=1$). Erreicht Arbeitszylinder 3.1 seine Ruheposition ($x_1=1 \Rightarrow x_2=0$), schaltet die Transition t_7, wodurch in Stelle s_8 schließlich auch Ausgangsgröße y_2 deaktiviert wird ($y_2=0$), d. h. alle Ausgangsgrößen sind nun gleich Null ($y_1=y_2=y_3=y_4=0$). Hat auch Arbeitszylinder 3.2 wieder seine Ruheposition erreicht ($x_3=1 \Rightarrow x_4=0$), und wird das Startsignal zurückgesetzt ($x_8=0$), schaltet Transition t_8, so dass wieder Stelle s_2 markiert wird und damit der beschriebene Zyklus erneut abläuft.

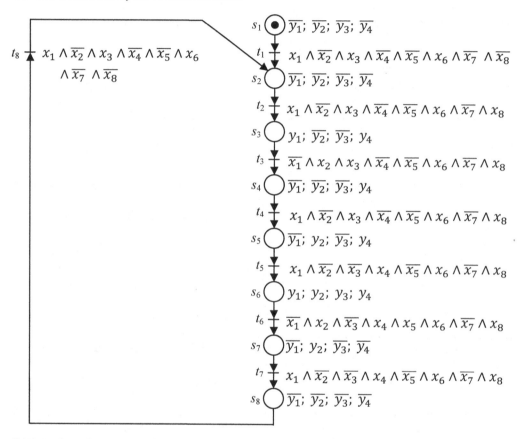

Bild 3-98:   Steuerungstechnisch interpretiertes Petri-Netz-Station „Becher verschließen"

Die bisherigen Erläuterungen zum Entwurf sequentieller binärer Steueralgorithmen zeigen, wie Steueralgorithmen auf Basis einer informellen Spezifikation in Form von Anlagenbeschreibungen oder verbalen Beschreibungen der zu steuernden Prozesse entwickelt werden. Diese Methode wird in der gegenwärtigen Praxis des Steuerungsentwurfs nahezu ausschließlich angewendet. Aktuelle Veröffentlichungen und Aktivitäten (vgl. [34, 35, 36, 37, 38, 39, 40, 41]) deuten aber darauf hin, dass es vorteilhaft ist, wenn Steueralgorithmen _ähnlich_ wie Regelalgorithmen beim Reglerentwurf auf Basis geeigneter (Steuer-)Streckenmodelle entworfen werden, weil dann

- Steuerungs- bzw. Regelungsentwurf nach einer vereinheitlichten Methodik durchgeführt werden,
- „…es anschaulicher ist, die Probleme auf der Anlagenebene (Steuerstrecke) zu durchdenken als auf der Ebene der Steuereinrichtung." [35, 36, 37][113] sowie
- Steuerstreckenmodell und Steueralgorithmus als Steuerkreis simuliert werden können.

Um dieser Tatsache Rechnung zu tragen, soll hier das prozessmodellbasierte Entwurfsverfahren nach Zander [35, 36, 37] als Methode des prozessmodellbasierten Entwurfs von Steueralgorithmen im Überblick vorgestellt werden.

Das Prinzip dieses prozessmodellbasierten Entwurfsverfahrens besteht darin, von einer beispielsweise verbalen Prozessbeschreibung ausgehend, zunächst ein steuerungstechnisch interpretiertes Petri-Netz aufzustellen, mit dem in der Steuerstrecke ablaufende Prozesse modelliert werden. Dabei berücksichtigt man nur diejenigen Prozessabläufe, die beim Entwurf des Steueralgorithmus im Sinne der vorgegebenen Zielstellung interessieren. Diese Prozessabläufe bilden den *nominalen Prozess*. Der nominale Prozess wird in einem steuerungstechnisch interpretierten Petri-Netz abgebildet, das *Prozessnetz* genannt wird und als *Prozessmodell* die Basis für den Entwurf des Steueralgorithmus bildet. Anschließend wird daraus durch Rückwärtsverschiebung der Interpretationen das als *Steuernetz* bezeichnete steuerungstechnisch interpretierte Petri-Netz generiert, welches den *Steueralgorithmus* beschreibt. Den dieses Prinzip umsetzenden allgemeinen Entwurfsablauf zeigt Bild 3-99.

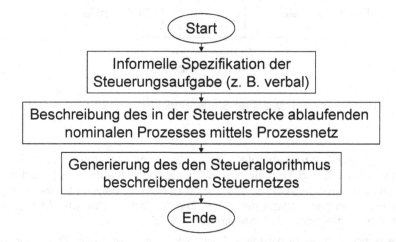

Bild 3-99: Allgemeiner Ablauf des prozessmodellbasierten Entwurfsverfahrens nach Zander

---

113 Man umgeht dadurch beim Steuerungsentwurf das Einführen von Zuständen in der Steuereinrichtung, was gerade für Ungeübte häufig zu abstrakt und daher besonders problematisch ist [35, 36, 37].

Um den in einer Steuerstrecke (z. B. Behälter, in dem der Füllstand überwacht werden soll) ablaufenden nominalen Prozess modellieren zu können, ist es zweckmäßig, ihn als ereignisdiskreten Prozess aufzufassen, der sich als alternierende Abfolge von Operationen und Prozesszuständen in einem Prozessnetz darstellen lässt [35, 36, 37]. Nach [35, 36, 37] ist dabei eine **Operation** ein beliebiger in der Steuerstrecke ablaufender Vorgang (z. B. Werkstück fräsen, Zähler initialisieren, Zeitglied starten), der durch Stellsignale y ausgelöst wird. Ein **Prozesszustand** ergibt sich nach [35, 36, 37] jeweils am Ende einer Operation als ein im Sinne der steuerungstechnischen Zielstellung _relevantes_ Ergebnis (z. B. Werkstück ist gefräst, Zählwert ist erreicht). Der sich einstellende Prozesszustand wird anhand der Ereignissignale x (Messsignale, Bediensignale, Führungssignale von übergeordneten Steuereinrichtungen, Signale für Störungsmeldungen von z. B. Sensoren oder Aktoren) von der Steuereinrichtung identifiziert, und daraufhin wird von ihr mit den entsprechenden Stellsignalen die nächste Operation ausgelöst usw. Das sich daraus ergebende Zusammenspiel zwischen dem in der Steuereinrichtung abzuarbeitenden (gesuchten) Steueralgorithmus und dem in der Steuerstrecke ablaufenden nominalen Prozess veranschaulicht Bild 3-100.

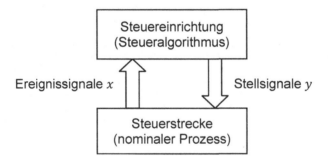

Bild 3-100: Zusammenspiel zwischen Steuereinrichtung und Steuerstrecke

Bild 3-101 zeigt, wie Prozessabläufe durch entsprechende steuerungstechnische Interpretation von Stellen und Transitionen in Prozessnetzen abgebildet werden. Im Vergleich zu den Ausführungen von S. 131 ist zu beachten, dass in Prozessnetzen eine andere Interpretation der Netzelemente gilt: Die Stellen werden als Prozesszustände interpretiert, die Transitionen als Operationen (vgl. Bild 3-101).

Damit ist verbunden, dass den Stellen Ereignissignale x und den Transitionen boolesche Ausdrücke in den Stellsignalen y zugeordnet werden (vgl. Bild 3-101). Die Transition q_1 schaltet, wenn die Stelle p_1 eine Marke enthält (markiert ist) und $\beta(q_1)$ den Wert 1 annimmt. Die sich dabei ergebenden Markenflüsse von Stelle zu Stelle symbolisieren somit die Prozessabläufe des nominalen Prozesses in der Steuerstrecke. Um im Prozessnetz den Anfangsprozesszustand erkennen zu können, ist er mit einer Marke zu markieren. Der sich daraus ergebende Markierungszustand heißt Anfangsmarkierung.

Die Stellen p werden als Prozesszustände interpretiert, denen über die Funktionen $\alpha(p)$ Ereignissignale x zugeordnet werden.

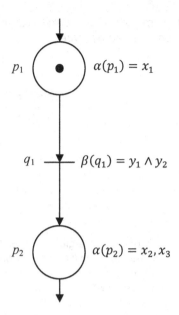

p_1 $\alpha(p_1) = x_1$

Die Transitionen q werden als Operationen, interpretiert, denen über die Funktionen $\beta(q)$ boolesche Ausdrücke in den Stellsignalen y zugeordnet werden.

q_1 $\beta(q_1) = y_1 \wedge y_2$

p_2 $\alpha(p_2) = x_2, x_3$

Bild 3-101: Steuerungstechnische Interpretation von Stellen und Transitionen in Prozessnetzen

Ereignisdiskrete Prozesse weisen im Allgemeinen nichtdeterministisches Verhalten auf, d. h. nach dem Ausführen einer Operation können mehrere Folgeprozesszustände in Betracht kommen, von denen sich nur jeweils einer tatsächlich einstellt. Weil im Allgemeinen im Voraus keine Aussage darüber gemacht werden kann, welcher Prozesszustand das sein wird, bezeichnet man dies als nichtdeterministisches Verhalten. Dieses Verhalten kann mehrere Ursachen haben: Einerseits kann es durch unterlagerte Prozesse, z. B. Abnutzungserscheinungen von Werkzeugen oder parallele Teilprozesse, sowie andererseits durch Störungen, z. B. Werkzeugbruch, bewirkt werden [35, 36, 3735]. Um dieses Verhalten modellieren zu können, wird es im Prozessnetz mit nichtdeterministischen Verzweigungen beschrieben [35, 36, 37]. Eine solche nichtdeterministische Verzweigung zeigt Bild 3-102.

Nimmt man z. B. an, dass die im Bild 3-102 den Transitionen q_2 bzw. q_3 zugeordnete und durch das Stellsignal y_3 ausgelöste Operation eine Qualitätskontrolle ist, mit der überprüft wird, ob ein Werkstück gebohrt (Ereignissignal $x_5=1$) und maßhaltig (Ereignissignal $x_6=1$) ist, sind an diese Operation anschließend im Prozessnetz als Prozesszustände, auf welche die Steuereinrichtung reagieren soll, „Werkstück gebohrt und maßhaltig" ($x_5=1$, $x_6=1$; Stelle p_3) bzw. „Werkstück gebohrt und nicht maßhaltig" ($x_5=1$, $x_6=0$; Stelle p_4) zu berücksichtigen. Der ebenfalls mögliche Prozesszustand „Werkstück nicht gebohrt" (Ereignissignal $x_5=0$) soll hier ausgeschlossen werden, weil durch Anwendung einer bestimmten Bohrtechnologie gewährleistet sein soll, dass jedes Werkstück gebohrt wird. Daher braucht die Steuereinrichtung auf diesen Prozesszustand nicht zu reagieren, d. h., er wird nicht mit im Prozessnetz berücksichtigt. Nach Ausführung der Qualitätskontrolle können somit mehrere Folgeprozesszustände in Betracht kommen, von denen sich nur jeweils einer tatsächlich einstellt. Weil – wie bereits erläutert – im Allgemeinen im Voraus keine Aussage darüber gemacht werden kann, welcher Prozesszustand das sein wird, ist dieses nichtdeterministische Verhalten im Prozessnetz mit der im Bild 3-102 dargestellten nichtdeterministischen Verzweigung zu beschreiben.

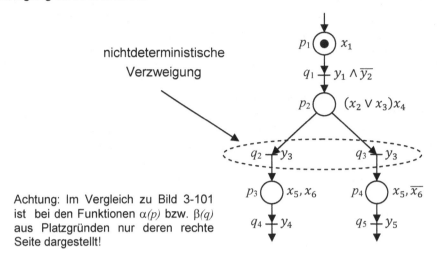

nichtdeterministische
Verzweigung

Achtung: Im Vergleich zu Bild 3-101 ist bei den Funktionen $\alpha(p)$ bzw. $\beta(q)$ aus Platzgründen nur deren rechte Seite dargestellt!

Bild 3-102: Beispiel einer nichtdeterministischen Verzweigung in einem Prozessnetz

Damit der auf der Basis des Prozessmodells entwickelte Steueralgorithmus korrekt arbeitet, muss bei der Modellierung darauf geachtet werden, dass die im Ergebnis einer nichtdeterministischen Verzweigung in Frage kommenden Prozesszustände (z. B. Stelle p_3 bzw. p_4 im Bild 3-102) durch die jeweils zugeordneten Ereignissignalkombinationen eindeutig voneinander unterscheidbar sind. Dies lässt sich überprüfen, indem man die den Prozesszuständen zugeordneten Ereignissignalkombinationen in eine Karnaugh-Tafel (Aufbau vgl. Erläuterungen auf S. 127 f.) einträgt. Sofern die den jeweiligen Prozesszuständen (Stellen im Prozessnetz) zugeordneten Ereignissignalkombinationen kein Feld gemeinsam belegen, sind sie eindeutig voneinander unterscheidbar.

Aus dem Prozessnetz kann mittels Rückwärtsverschiebung der Interpretationen des Prozessnetzes, d. h. Verschieben entgegen den jeweiligen Pfeilrichtungen, das den Steueralgorithmus beschreibende Steuernetz generiert werden. Diese Rückwärtsverschiebung vollzieht sich in folgenden Schritten [35, 36, 37]:

1. Für jede Stelle p des Prozessnetzes ist $\alpha(p)$ auf alle Vortransitionen zu verschieben.

2. Für jede Transition q des Prozessnetzes ist $\beta(q)$ auf die Vorstelle zu verschieben.

3. Die Transitionen q_i sind als t_i und die Stellen p_j als s_j zu bezeichnen.

4. Die verschobene Interpretation $\alpha(p)$ einer Stelle des Prozessnetzes ist als $\beta(t)$ der entsprechenden Transition im Steuernetz zu interpretieren.

5. Die verschobene Interpretation $\beta(q)$ einer Transition des Prozessnetzes ist als $\alpha(s)$ der entsprechenden Stelle im Steuernetz zu interpretieren.

6. Die in der Stelle p_a des Prozessnetzes vorhandene Anfangsmarkierung ist auf die Stelle s_a des Steuernetzes zu übertragen.

Bild 3-103 veranschaulicht exemplarisch am Beispiel des im Bild 3-102 bereits vorgestellten Ausschnittes eines willkürlich gewählten Petri-Netzes, wie die Rückwärtsverschiebung der Interpretationen des Prozessnetzes auszuführen ist, um das den Steueralgorithmus beschreibende Steuernetz zu erhalten.

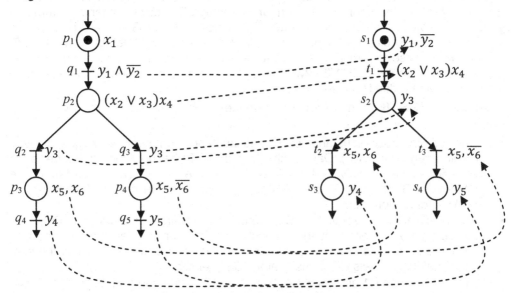

Bild 3-103: Generierung des Steuernetzes aus dem Prozessnetz durch Rückwärtsverschiebung

Die sinngemäße Übertragung des beschriebenen Entwurfsablaufs auf parallele ereignisdiskrete Prozesse ist möglich, würde aber hier zu weit führen, so dass dafür auf [36] verwiesen wird.

Die folgenden Anwendungsbeispiele veranschaulichen den Entwurf von binären Steueralgorithmen unter Nutzung des prozessmodellbasierten Entwurfsverfahrens nach Zander. Dabei verdeutlicht das erste Beispiel ausführlich die prinzipielle Herangehensweise, während das zweite Beispiel mehr den Mechanismus nichtdeterministischer Verzweigungen beleuchtet. In beiden Beispielen werden an den Stellen des Prozessnetzes nur Ereignissignale mit ihren jeweiligen Belegungen aufgeführt, die für die Identifizierung des sich einstellenden Prozesszustandes unbedingt erforderlich sind, d. h. es wird zur Verbesserung der Übersichtlichkeit sowie Handhabbarkeit eine verkürzte Schreibweise angewendet. Gleiches gilt in ähnlicher Weise für Stellsignale: An den Transitionen des Prozessnetzes brauchen negierte Stellsignale, die zuvor in einer vorgelagerten Transition nichtnegiert auftraten, nicht mehr mit aufgeführt zu werden, da eine Operation beendet wird, wenn sich ein neuer Prozesszustand einstellt, d. h. Stellsignale, welche die entsprechende Operation auslösten, werden deaktiviert. Aus didaktischen Gründen wurde dies in Bild 3-102 sowie Bild 3-103 anders gehandhabt, d. h. dort wurden negierte Stellsignale, die in einer vorgelagerten Transition nichtnegiert auftraten, mit aufgeführt.

Beispiel 1: Rührkesselreaktor

Das R&I-Fließschema des Rührkesselreaktors (vgl. Bild 3-61 auf S. 82) wurde bereits erläutert. Die Bezeichnungen der Ereignis- bzw. Stellsignale werden – bis auf das Signal „START" – jeweils aus Kombinationen von Kennbuchstaben für Armaturen, Antriebe, Behälter mit Kennbuchstaben für Prozessgrößen sowie laufenden Nummern gebildet. Beispielsweise bedeutet bei den Ereignissignalen V1 GS+, dass in der Armatur V1 die obere Endlage erreicht ist, d. h die Armatur voll geöffnet ist, sowie R1 LS/, dass im Rührkesselreaktor R1 der Füllstand den Zwischenwert erreicht hat. Bei den Stellsignalen bedeutet z. B. V2 bzw. M3, dass die Armatur V2 geöffnet bzw. der Antriebsmotor M3 für das Rührwerk eingeschaltet wird.

Der bereits auf S. 80 f. im Überblick dargestellte Prozessablauf wird wie folgt detailliert:

- Der Anfangsprozesszustand ist Prozesszustand „Entleeren ist abgeschlossen" (Ereignissignal V5 GS-). Daran schließt sich die Ruheoperation an, bei der sämtliche Stellsignale inaktiv sind. Im Anschluss an die Ruheoperation wird durch Betätigen des Starttasters Prozesszustand „Anlage ist eingeschaltet" (Ereignissignal START) eingenommen.

- Anschließend wird Ventil V1 (Stellsignal V1) geöffnet und dadurch Operation „Dosieren A vorbereiten" ausgelöst, worauf sich, wenn die Ventilspindel des Ventils V1 die Endlage „Auf" erreicht, Prozesszustand „Dosieren A ist vorbereitet" (Rückmeldung mittels Ereignissignal V1 GS+) einstellt.

- Nun wird Pumpe P1 eingeschaltet (Stellsignal P1) und dadurch Operation „Dosieren A" ausgelöst. Ventil V1 bleibt dabei geöffnet. Bei Erreichen des Füllstands-Zwischenwerts stellt sich Prozesszustand „Dosieren A ist beendet" (Rückmeldung mittels Ereignissignal R1 LS/) ein.

- Anschließend wird Operation „Dosieren A abschließen" ausgelöst, indem Pumpe P1 ausgeschaltet und Ventil V1 geschlossen wird, worauf sich, wenn die Ventilspindel des Ventils V1 die Endlage „Zu" erreicht, Prozesszustand „Dosieren A ist abgeschlossen" (Rückmeldung mittels Ereignissignal V1 GS-) einstellt.

- Daraufhin wird Ventil V2 (Stellsignal V2) geöffnet und dadurch Operation „Dosieren B vorbereiten" ausgelöst, worauf sich, wenn die Ventilspindel des Ventils V2 die Endlage „Auf" erreicht, Prozesszustand „Dosieren B ist vorbereitet" (Rückmeldung mittels Ereignissignal V2 GS+) einstellt.

- Nun werden Pumpe P2 (Stellsignal P2) sowie gleichzeitig Rührwerksmotor M3 (Stellsignal M3) eingeschaltet. Ventil V2 bleibt dabei weiterhin geöffnet. Dadurch wird Operation „Dosieren B und Rühren" ausgelöst. Bei Erreichen des oberen Füllstandsgrenzwerts stellt sich Prozesszustand „Dosieren B ist beendet" (Rückmeldung mittels Ereignissignal R1 LS+) ein.

- Anschließend wird Operation „Dosieren B abschließen" ausgelöst, indem Pumpe P2 ausgeschaltet und Ventil V2 geschlossen werden, jedoch Rührwerksmotor M3 weiterhin eingeschaltet bleibt, worauf sich, wenn die Ventilspindel des Ventils V2 die Endlage „Zu" erreicht, Prozesszustand „Dosieren B ist abgeschlossen" (Rückmeldung mittels Ereignissignal V2 GS-) einstellt.

- Nun wird, indem zum Heizen Ventil V3 (Stellsignal V3) geöffnet wird und Rührwerksmotor M3 weiterhin eingeschaltet bleibt, Operation „Heizen" ausgelöst. Bei Erreichen des oberen Temperaturgrenzwertes stellt sich Prozesszustand „Heizen ist beendet" (Rückmeldung mittels Ereignissignal R1 TS+) ein.

- Anschließend wird, indem zum Kühlen Ventil V4 (Stellsignal V4) geöffnet wird und Rührwerksmotor M3 weiterhin eingeschaltet bleibt, Operation „Kühlen" ausgelöst. Bei Erreichen des unteren Temperaturgrenzwertes stellt sich Prozesszustand „Kühlen ist beendet" (Rückmeldung mittels Ereignissignal R1 TS-) ein.
- Daraufhin wird, indem Rührwerksmotor M3 ausgeschaltet und zum Ablassen Ventil V5 (Stellsignal V5) geöffnet wird, Operation „Entleeren" ausgelöst. Bei Erreichen des unteren Füllstandsgrenzwerts stellt sich Prozesszustand „Entleeren ist beendet" (Rückmeldung mittels Ereignissignal R1 LS-) ein.
- Anschließend wird, indem Ventil V5 geschlossen wird, Operation „Entleeren abschließen" ausgelöst, worauf sich, wenn die Ventilspindel des Ventils V5 die Endlage „Zu" erreicht, der Prozesszustand „Entleeren ist abgeschlossen" (Rückmeldung mittels Ereignissignal V5 GS-) einstellt.

Für die Entwicklung des Prozessnetzes sind dem dargestellten Prozessablauf folgende Ereignis- bzw. Stellsignale zu entnehmen (Tabelle 3-12):

Tabelle 3-12: Ereignis- bzw. Stellsignale für das Prozessnetz des Anwendungsbeispiels „Rührkesselreaktor"

Ereignissignale		Stellsignale	
Bezeichnung	Erläuterung	Bezeichnung	Erläuterung
R1 LS+, R1 LS/, R1 LS-	im Behälter R1 ist oberer Füllst.-grenzwert (+), Füllst.-zwischenwert (/) bzw. unterer Füllst.-grenzwert (-) erreicht	P1, P2	Antriebsmotor M1 für Pumpe P1 bzw. Antriebsmotor M2 für Pumpe P2 EIN
R1 TS+, R1 TS-	im Behälter R1 ist oberer Temp.-grenzwert (+) bzw. unterer Temp.-grenzwert (-) err.	M3	Antriebsmotor M3 für Rührwerk EIN
V1 GS+, V1 GS-, V2 GS+, V2 GS-, V5 GS-	an Ventil V1, V2 bzw. V5 ist obere Endlage (+) bzw. untere Endlage (-) erreicht	V1, V2, V3, V4, V5	Ventile V1...V5 AUF
START	Anlage ist eingeschaltet		

Unter Verwendung der in Tabelle 3-12 festgelegten Ereignis- bzw. Stellsignale ist nun der geforderte Prozessablauf in ein Prozessnetz umzusetzen, wobei der Einfachheit halber nur der _Nominal_betrieb (Normalbetrieb) betrachtet wird – Bild 3-104 zeigt das Ergebnis. Aus dem Prozessnetz ist anschließend mittels Rückwärtsverschiebung der Interpretationen des Prozessnetzes das Steuernetz zu generieren (Bild 3-105).

Prozessnetz	Prozesszustand	Operation

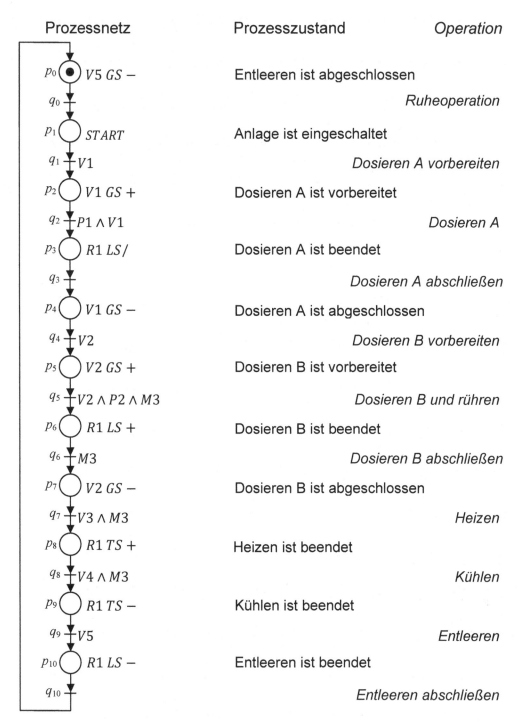

Prozessnetz	Prozesszustand	Operation
p_0 ⬤ $V5\ GS -$	Entleeren ist abgeschlossen	
q_0		*Ruheoperation*
p_1 ◯ $START$	Anlage ist eingeschaltet	
q_1 $V1$		*Dosieren A vorbereiten*
p_2 ◯ $V1\ GS +$	Dosieren A ist vorbereitet	
q_2 $P1 \wedge V1$		*Dosieren A*
p_3 ◯ $R1\ LS /$	Dosieren A ist beendet	
q_3		*Dosieren A abschließen*
p_4 ◯ $V1\ GS -$	Dosieren A ist abgeschlossen	
q_4 $V2$		*Dosieren B vorbereiten*
p_5 ◯ $V2\ GS +$	Dosieren B ist vorbereitet	
q_5 $V2 \wedge P2 \wedge M3$		*Dosieren B und rühren*
p_6 ◯ $R1\ LS +$	Dosieren B ist beendet	
q_6 $M3$		*Dosieren B abschließen*
p_7 ◯ $V2\ GS -$	Dosieren B ist abgeschlossen	
q_7 $V3 \wedge M3$		*Heizen*
p_8 ◯ $R1\ TS +$	Heizen ist beendet	
q_8 $V4 \wedge M3$		*Kühlen*
p_9 ◯ $R1\ TS -$	Kühlen ist beendet	
q_9 $V5$		*Entleeren*
p_{10} ◯ $R1\ LS -$	Entleeren ist beendet	
q_{10}		*Entleeren abschließen*

Bild 3-104:   Prozessnetz für das Beispiel „Rührkesselreaktor"

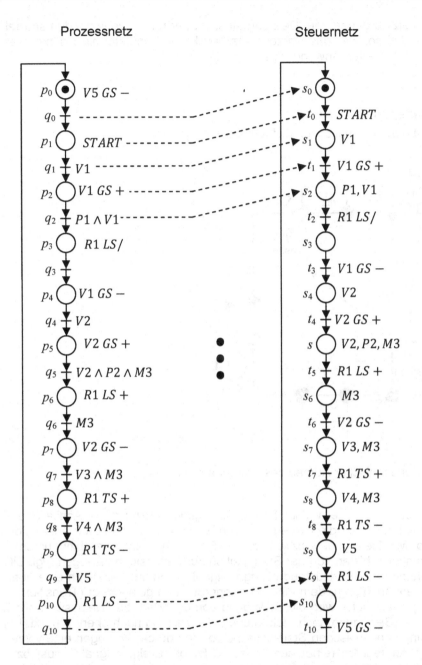

Bild 3-105: Durch (teilweise angedeutete) Rückwärtsverschiebung der Interpretationen des Prozessnetzes generiertes Steuernetz

Beim Betrachten des generierten Steuernetzes (Bild 3-105) entsteht beinahe zwangsläufig der Eindruck, dass im Prozessnetz lediglich Transitionen und Stellen gegeneinander auszutauschen wären und somit keine Rückwärtsverschiebung erforderlich sei, um das Steuernetz zu generieren. Dies verhält sich aber nur im vorliegenden speziellen Anwendungsfall so, weil das Prozessnetz hier keine nichtdeterministischen Verzweigungen wie im zweiten Anwendungsbeispiel enthält.

Beispiel 2: Transportschlitten

Bild 3-106 zeigt den schematischen Aufbau des Transportschlittens [42].

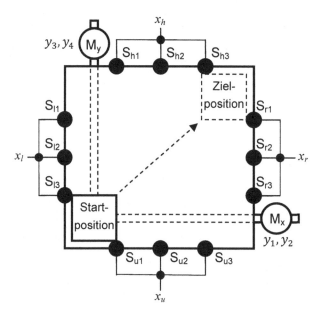

Bild 3-106:   Schematischer Aufbau des Transportschlittens

Zwei Antriebsmotoren – jeweils einer für die Bewegung entlang der X-Achse (Motor M_x, Stellsignal y_1 bzw. y_2 für die Bewegung nach rechts bzw. links) sowie entlang der Y-Achse (Motor M_y, Stellsignal y_3 bzw. y_4 für die Bewegung nach oben bzw. unten) – sollen den Transportschlitten von der Startposition zur Zielposition bewegen (vgl. Bild 3-106). Ausgehend vom Startzustand (Ereignissignal x_0, Erzeugung durch eine übergeordnete Steuereinrichtung), dem eine Warteoperation vorgelagert ist (Transition q_0, alle Stellsignale deaktiviert), wird die Bewegung von der Start- zur Zielposition durch die Stellsignale y_1 (Bewegung nach rechts) und y_3 (Bewegung nach oben) bewirkt. Bei dieser Bewegung kann zwischen Start- und Zielposition durch Störungen eine vorzeitige Berührung der rechten (einer der Sensoren S_r löst Ereignissignal x_r aus) bzw. oberen Kante (einer der Sensoren S_h löst Ereignissignal x_h aus) auftreten. In solchen Fällen soll die Bewegung entlang der jeweils erreichten Kante durch den entsprechenden Antriebsmotor bis zur Zielposition fortgeführt werden, wobei der jeweils andere Antriebsmotor ausgeschaltet ist. Hierin zeigt sich das im Prozessnetz zu berücksichtigende nichtdeterministische Verhalten der Steuerstrecke bei der Fahrt zur Zielposition: Im Vorhinein kann nicht bestimmt werden, ob eine Kantenberührung vor Erreichen der Zielposition auftritt oder nicht bzw. wenn eine Kantenberührung auftritt, welche Kante berührt wird. Nach Erreichen der Zielposition wird mit dem steuerungs-internen Signal y_t ein Zeitglied gestartet (y_t=1). Mit dem steuerungsinternen Signal x_t wird signalisiert (x_t=0), dass zehn Sekunden abgelaufen sind und der Transportschlit-ten wieder zum Startpunkt zurückgefahren werden soll. Die Rückfahrt wird durch die Stellsignale y_2 und y_4 bewirkt, Kantenberührungen werden jeweils durch einen der Sensoren S_l (löst Ereignissignal x_l aus) bzw. S_u (löst Ereignissignal x_u aus) detektiert. In solchen Fällen soll die Bewegung ebenfalls entlang der jeweils erreichten Kante durch den entsprechenden Antriebsmotor bis zur Startposition fortgeführt werden, wobei der jeweils andere Antriebsmotor ausgeschaltet ist. Auch hierbei kann im Vor-hinein nicht bestimmt werden, ob eine Kantenberührung vor Erreichen der Startpositi-on auftritt oder nicht bzw. wenn eine Kantenberührung auftritt, welche Kante berührt wird. Daher ist im Prozessnetz auch in diesem Fall nichtdeterministisches Verhalten zu berücksichtigen. In das Prozessnetz soll das Reagieren auf Signale fehlerhafter Sensoren der Einfachheit halber nicht mit einbezogen werden.

Bild 3-107 zeigt das Prozess- bzw. das daraus generierte Steuernetz, wobei der bes-seren Übersichtlichkeit wegen Operationen und Prozesszustände nicht textuell wie im ersten Beispiel (vgl. Bild 3-104 auf S. 140) bezeichnet wurden.

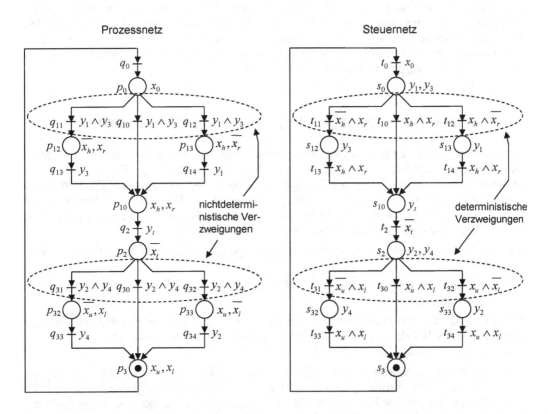

Bild 3-107:   Prozess- bzw. Steuernetz zur Steuerung des Transportschlittens

3.4.3 Abgrenzung kontinuierlicher Prozesse zu ereignis- diskreten Prozessen

Bezugnehmend auf die in im Bild 1-4 auf S. 3 dargestellte Kopplung von Automatisie- rungsanlage und Prozess ist festzustellen, dass aus Sicht der Projektierung keine wesentlichen Unterschiede zwischen ereignisdiskreten und kontinuierlichen Prozes- sen bestehen. Für beide Prozessklassen ist im Sinne der Instrumentierung eine ein- heitliche Vorgehensweise charakteristisch, d. h. man kann für beide Prozessklassen nach der gleichen Methodik projektieren. Der Projektierungsingenieur wählt zunächst Messeinrichtungen aus, wobei für binäre Steuerungen in ereignisdiskreten Prozessen binäre und für Regelkreise in kontinuierlichen Prozessen meist analoge Sensoren einzusetzen sind. In gleicher Weise werden Stelleinrichtungen ausgewählt und dimen- sioniert – binäre Stelleinrichtungen für binäre Steuerungen und im Allgemeinen analo- ge Stelleinrichtungen für Regelungen. Anschließend sind in beiden Fällen Prozesso- rik, Bedien- und Beobachtungseinrichtungen sowie Bussysteme auszuwählen und zu dimensionieren.

Ein wesentlicher Unterschied zwischen Steuerung und Regelung besteht allerdings bei deren Entwurf: Bei Steuerungen liegt ein offener Wirkungsablauf vor, bei Regelun- gen jedoch ein geschlossener. Damit ist also für den Regelungsentwurf eine andere Entwurfsmethodik erforderlich, die im folgenden Abschnitt detaillierter erläutert und an Hand ausgewählter Anwendungsbeispiele, die sich auf den Entwurf einschleifiger Re- gelkreise mit PID-Reglern beziehen, vertieft wird.

3.4.4 Entwurf einschleifiger Regelkreise mit PID-Reglern

Die nachfolgenden Erläuterungen zum Regelungsentwurf werden auf den Entwurf einschleifiger Regelkreise mit PID-Reglern fokussiert, weil diese Regler die in der verfahrenstechnischen Praxis am häufigsten eingesetzten Regler sind [43]. Bild 3-108 zeigt den Wirkungsplan einschleifiger Regelkreise mit PID-Reglern.[114 115] Ein wichtiger Schritt beim Entwurf solcher Regelkreise (allgemein als Regelungsentwurf bezeichnet) ist der Reglerentwurf. Er umfasst generell folgende Aufgaben:

- Auswahl der Reglerstruktur, d. h. des geeigneten PID-Reglertyps (P, I, PI, PD, PID),
- Ermittlung der Reglerparameter K_p (Proportionalbeiwert[116]), T_n (Nachstellzeit) und T_v (Vorhaltzeit).

Dazu wird für die einzelnen Reglertypen vorausgesetzt, dass die Regelglieder jeweils in der im Bild 3-109 dargestellten Struktur (Parallelstruktur) aufgebaut sind.

---

114 Vereinfachend wurde im Bild 3-108 der nach DIN 19226 [44] vor der Führungsgr. w befindliche Führungsgrößenbildner zur Wandlung der Zielgröße (z. B. Tempe- ratrur) in die mit der Rückführgröße r vergleichbare Führungsgr. w weggelassen.

115 Steller und Stellglieder bilden allgemein Stelleinrichtungen. Nur bei mechanisch betätigten Stellgliedern – z. B. Drosselstellgliedern (vgl. Abschnitt 3.3.3.3) – sind Stellern Stellantriebe nachgeschaltet (vgl. hierzu auch Hinweis auf S. 69).

116 Der Proportionalbeiwert K_p wird landläufig auch „Reglerverstärkung" genannt.

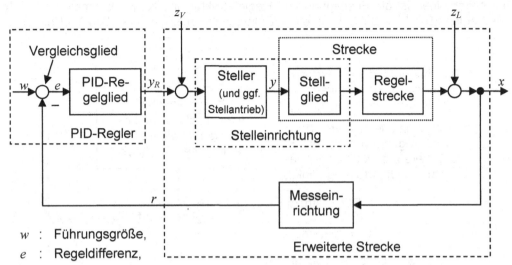

w : Führungsgröße,
e : Regeldifferenz,
y_R : Reglerausgangsgröße,
y : Stellgröße,
x : Regelgröße,
r : Rückführgröße (gemessene Regelgröße),
z_V : Versorgungsstörung,
z_L : Laststörung

Bild 3-108:   Wirkungsplan eines einschleifigen Regelkreises mit PID-Regler [44]

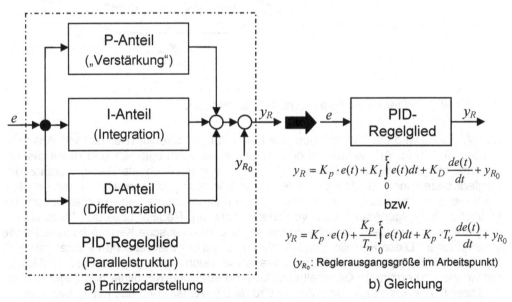

$$y_R = K_p \cdot e(t) + K_I \int_0^\tau e(t)dt + K_D \frac{de(t)}{dt} + y_{R_0}$$

bzw.

$$y_R = K_p \cdot e(t) + \frac{K_p}{T_n} \int_0^\tau e(t)dt + K_p \cdot T_v \frac{de(t)}{dt} + y_{R_0}$$

(y_{R_0}: Reglerausgangsgröße im Arbeitspunkt)

a) Prinzipdarstellung   b) Gleichung

Bild 3-109:   Aufbau eines PID-Regelgliedes

Im Allgemeinen ist die Festlegung von Reglerstruktur und Reglerparametern – auch als Reglerentwurf bezeichnet – in einen Entwurfsablauf eingebettet (Bild 3-110).

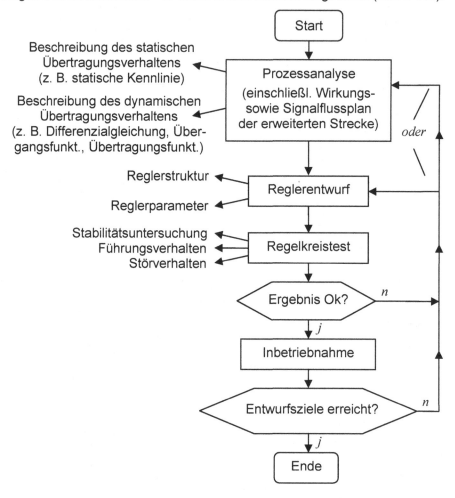

Bild 3-110:   Allgemeiner Ablauf des Regelungsentwurfs

Des Weiteren wird die bereits erläuterte Linearität der Strecke (Beispiel vgl. Abschnitt 3.3.3.3, S. 58) im Arbeitsbereich des Regelkreises vorausgesetzt und damit die Anwendbarkeit der hierfür ermittelten Reglerparameter (auch als Parametersatz des Reglers bezeichnet) für den gesamten Arbeitsbereich gesichert. Um sicherzustellen, dass diese Voraussetzung auch tatsächlich erfüllt ist, muss beim Reglerentwurf das statische Übertragungsverhalten von Stelleinrichtung, Regelstrecke und Messeinrichtung untersucht werden. Dazu liefert die sogenannte statische Kennlinie hinreichende Informationen. Diese Kennlinie ist sowohl auf Basis der theoretischen Prozessanalyse als auch mittels experimenteller Prozessanalyse, auch häufig als Prozessidentifikation bezeichnet, zu ermitteln. Generell wird für jede statische Kennlinie das allgemein mit X_A bezeichnete Ausgangssignal an der Ordinate (y-Achse) und das mit X_E bezeichnete Eingangssignal an der Abszisse (x-Achse) angetragen. Aus Sicht der Projektierung ist die experimentelle Ermittlung der statischen Kennlinie zu bevorzugen, weil dadurch alle die den Verlauf der statischen Kennlinie beeinflussenden Größen angemessen berücksichtigt werden.

Am Beispiel des bereits im Abschnitt 2 (vgl. Bild 2-9 auf S. 11) erwähnten pneumatischen Stellantriebs soll zunächst die statische Kennlinie auf der Basis der theoretischen Prozessanalyse bestimmt werden. Ausgangspunkt ist Bild 3-111.

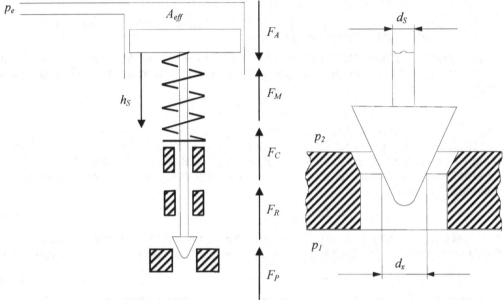

Legende: p_e Eingangsdruck,

h_S Hub der Ventilspindel (Ventilhub),

p_1 Druck unterhalb des Ventilkegels,

p_2 Druck oberhalb des Ventilkegels,

d_S Durchmesser der Ventilspindel,

d_x „aktueller" (wirksamer) Durchmesser des Ventilkegels,

A_{eff} effektiv wirksame Membranfläche

Erläuterung der Kräfte F_A, F_M, F_C, F_R sowie F_P vgl. Text!

Bild 3-111:   Prinzipieller Aufbau eines pneumatischen Stellantriebs

Aus Bild 3-111 ist folgende Kräftebilanz ableitbar:

$$F_A = F_M + F_C + F_R + F_P \text{ mit} \tag{3-6}$$

- F_A: mit Hilfe des Eingangsdruckes p_e über die Membran erzeugte Kraft,
- F_M: Newtonsche Trägheitskraft,
- F_C: Federkraft,
- F_R: Reibungskraft der Ventilspindel sowie
- F_P: Kraft am Ventilkegel.

Für die einzelnen Kraftkomponenten gelten folgende Bestimmungsgleichungen:

- $F_A = A_{eff} \cdot p_e$,

- $F_M = m_s \cdot \ddot{h}_s$ (m_s: Masse der bewegten Teile),

- $F_C = c \cdot h_s$ (c: Federkonstante),

- $F_R = F_D + F_T$ mit $F_D = \rho_D \cdot \dot{h}_s$ (F_D: Kraft durch geschwindigkeitsproportionale Dämpfung; ρ_D: Dämpfungskonstante) und $F_T = |F_B| \cdot sgn\, \dot{h}_s$ (F_T: Kraft durch trockene Reibung; F_B: Kraft zur Überwindung der Gleit-/Haftreibung),

- $F_P = A_X \cdot p_1 - (A_X - A_S) \cdot p_2$ mit (A_X: aktuelle Querschnittsfläche des Ventilkegels, A_S: Querschnittsfläche der Ventilspindel).

In guter Näherung kann man in Beziehung (3-6) für die weitere Modellbildung die Kraft F_T sowie die Kraft F_P am Ventilkegel vernachlässigen, woraus die Differenzialgleichung

$$A_{eff} \cdot p_e = m_s \cdot \ddot{h}_s + \rho_D \cdot \dot{h}_s + c \cdot h_s \qquad (3\text{-}7)$$

folgt, welche den analytischen Zusammenhang zwischen Eingangssignal p_e und Ausgangssignal h_s des pneumatischen Stellantriebs beschreibt. Setzt man nun in Beziehung (3-7) alle zeitlichen Ableitungen gleich Null (stationärer Zustand, Stationarität), so erhält man daraus die für die statische Kennlinie des pneumatischen Stellantriebs geltende Beziehung

$$h_s = \frac{A_{eff} \cdot p_e}{c} \qquad (3\text{-}8)$$

bzw. bei Berücksichtigung der üblicherweise für den stationären Zustand verwendeten Großbuchstaben für das Eingangs- bzw. Ausgangssignal dann in Form der Beziehung

$$H_s = \frac{A_{eff} \cdot P_e}{c}. \qquad (3\text{-}9)$$

Das bedeutet, der Hub H_S des pneumatischen Stellantriebs hängt linear vom Druck P_e in der Membrankammer ab. Bild 3-112 zeigt die zugehörige statische Kennlinie in einem Diagramm.

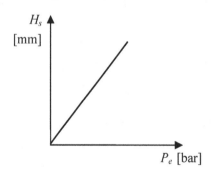

Bild 3-112:   Statische Kennlinie des Stellantriebs (vereinfacht)

Das dynamische Übertragungsverhalten (Dynamik) des pneumatischen Stellantriebes ergibt sich gleichfalls aus der Differenzialgleichung (3-7). Um dies besser veranschaulichen zu können, wird aus Differenzialgleichung (3-7) die zugehörige Übertragungsfunktion ermittelt, indem auf Differenzialgleichung (3-7) die Laplacetransformation angewendet wird.[117] Dabei werden Erregung aus dem Nullzustand sowie ein hinreichend glattes Eingangssignal $p_e(t)$ vorausgesetzt ($p_e(+0) = p_e(-0) = 0$), so dass alle Anfangswerte des Ausgangssignals $h_S(t)$ ebenfalls gleich Null sind. Unter diesen Voraussetzungen liefert die Laplacetransformation von Differenzialgleichung (3-7)

$$A_{eff} \cdot P_e(s) = m_s \cdot s^2 \cdot H_S(s) + \rho_D \cdot s \cdot H_S(s) + c \cdot H_S(s), \qquad (3-10)$$

woraus durch Bildung des Quotienten $\frac{H_S(s)}{P_e(s)}$ die Übertragungsfunktion

$$G(s) = \frac{H_S(s)}{P_e(s)} = \frac{A_{eff}}{m_s \cdot s^2 + \rho_D \cdot s + c} \qquad (3-11)$$

entsteht.

Diese Übertragungsfunktion lässt sich auch als Übertragungsglied darstellen[118] (Bild 3-113).

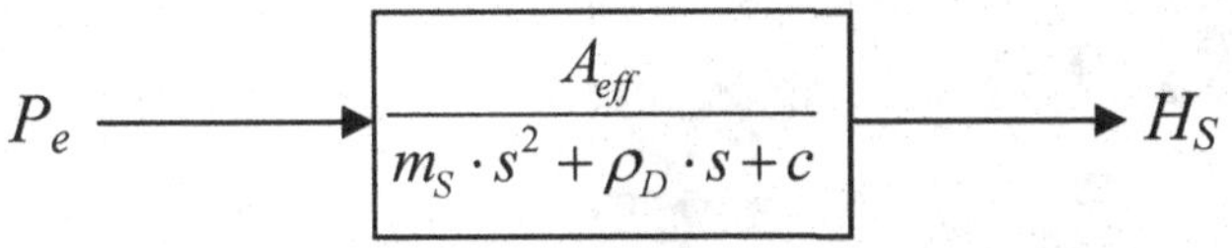

$$P_e \longrightarrow \boxed{\dfrac{A_{eff}}{m_S \cdot s^2 + \rho_D \cdot s + c}} \longrightarrow H_S$$

Bild 3-113: Darstellung des pneumatischen Stellantriebs als Übertragungsglied

Als Beispiel für die experimentelle Ermittlung statischer Kennlinien wird nachfolgend die industrielle Durchflussregelstrecke des Experimentierfeldes „Prozessautomatisierung" am Institut für Automatisierungstechnik der TU Dresden betrachtet, in der ein Stellventil mit pneumatischem Stellantrieb (Bild 3-114) als Stellgerät verwendet wird.

Bei entsprechender Feldinstrumentierung einschließlich zugeordneter Bedien- und Beobachtungsfunktionalität ist die statische Kennlinie der Durchflussregelstrecke auch experimentell zu ermitteln.[119] Dabei sind im Einzelnen folgende Schritte abzuarbeiten:

- Schritt 1: Manuelles Vergrößern der Reglerausgangsgröße y_R in Schritten von beispielsweise 10% über den gesamten Bereich der Reglerausgangsgröße (Regler arbeitet im Handbetrieb, d. h. Regelkreis ist nicht geschlossen),

- Schritt 2: Ablesen des Durchflusses $\dot{V}$ (Ablesen jeweils erst nach Erreichen des stationären Zustands),

- Schritt 3: Eintragen der so ermittelten Wertepaare in ein Diagramm und Verbinden der eingetragenen Punkte miteinander (Bild 3-115).

---

117 Erforderliche Kenntnisse zur Überführung von Differenzialgleichungen in Übertragungsfunktionen werden vorausgesetzt.

118 Erforderliche Kenntnisse zur Darstellung von Übertragungsfunktionen als Übertragungslieder werden vorausgesetzt.

119 Dabei ist zu beachten, dass in die statische Kennlinie nicht nur das statische Übetragungsverhalten der Durchflussregelstrecke eingeht, sondern auch das statische Übetragungsverhalten von Stell- sowie Messeinrichtung!

Bild 3-114: Stellventil mit pneumatischem Stellantrieb des Versuchsstandes „Industrielle Durchflussregelstrecke" des Experimentierfeldes „Prozessautomatisierung" am Institut für Automatisierungstechnik der TU Dresden

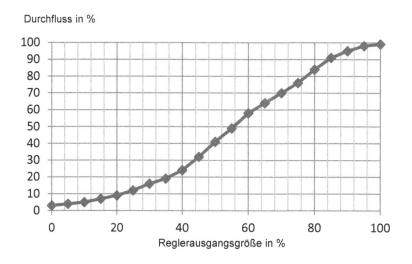

Bild 3-115: Statische Kennlinie der industriellen Durchflussregelstrecke

Als weiteres Beispiel für die Modellbildung wird der häufig in der Verfahrenstechnik eingesetzte Warmwasserbereiter (Bild 3-116) betrachtet. Auch hier wird zur Modellierung des statischen als auch dynamischen Übertragungsverhaltens wieder das Bilanzierungsprinzip als Basis für die Entwicklung des Prozessmodells angewendet.

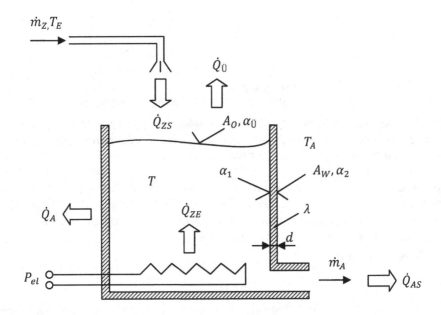

Bild 3-116: Aufbau des Warmwasserbereiters

Als Bilanzgleichungen werden zunächst Energie- bzw. Massebilanz aufgestellt. Die Wandung des Warmwasserbereiters wird als eben und dünn angesehen, so dass

- nicht zwischen innerer bzw. äußerer Wärmeaustauschfläche unterschieden werden muss (sondern mit der Wandungsoberfläche A_W als Wärmeaustauschfläche gerechnet werden kann [120]),

- das Wärmespeichervermögen der Wandung vernachlässigt werden kann.

Beginnend mit der ***Energiebilanz*** ist von folgenden Beziehungen auszugehen:[121]

$$\frac{dU}{dt} = \dot{Q}_{ZE} + \dot{Q}_{ZS} - \dot{Q}_A - \dot{Q}_{Ü} - \dot{Q}_{AS} \tag{3-12}$$

---

120 Die Behälterwandung wird hierzu gedanklich aufgetrennt und in eine ebene Fläche umgeformt. Diese Fläche entspricht der Wärmeaustauschfläche.

121 Erforderliche Kenntnisse zur Wärmelehre (Kalorimetrie bzw. Wärmeausbreitung) werden vorausgesetzt.

mit

$$U = m \cdot c \cdot T,$$

$$\dot{Q}_{ZE} = P_{el},$$

$$\dot{Q}_{ZS} = \dot{m}_Z \cdot c \cdot T_E,$$

$$\dot{Q}_A = k \cdot A_W \cdot (T - T_A), \qquad\qquad \frac{1}{k} = \frac{1}{\alpha_1} + \frac{d}{\lambda} + \frac{1}{\alpha_2}, \qquad (3\text{-}13)$$

$$\dot{Q}_U = \alpha_U \cdot A_O \cdot (T - T_A),$$

$$\dot{Q}_{AS} = \dot{m}_A \cdot c \cdot T.$$

Wärme-   Wärme-   Wärme-
durchgangs-   leit-   übergangs-
koeffizient   fähigkeit   koeffizient

Damit gilt, dass die in einem Warmwasserbereiter verbleibende Wärmemenge (Energie) aus der Summe der zugeführten bzw. abgeführten Wärmemengen resultiert. Diese Wärmemenge wird auch als „innere" oder gespeicherte Energie U des Warmwasserbereiters bezeichnet. Des Weiteren bezeichnet man den mittels elektrischer Energie zugeführten Wärmestrom mit $\dot{Q}_{ZE}$, den durch das flüssige Medium zugeführten Wärmestrom mit $\dot{Q}_{ZS}$, den durch die Behälterwände abfließenden Wärmestrom mit $\dot{Q}_A$, den an die Umgebungsluft abfließenden Wärmestrom mit $\dot{Q}_U$ und den durch das flüssige Medium abgeführten Wärmestrom mit $\dot{Q}_{AS}$.

Für die **Massebilanz** gilt:

$$\frac{dm}{dt} = \dot{m}_Z - \dot{m}_A, \qquad (3\text{-}14)$$

d. h. die Änderung der im Warmwasserbereiter gespeicherten Flüssigkeitsmenge hängt von der Differenz zwischen zufließender und abfließender Wassermenge ab. Setzt man nun für diese Bilanz voraus, dass zufließende und abfließende Wassermenge gleichgroß sind ($\dot{m}_Z = \dot{m}_A$), so ergibt sich für die Änderung der im Warmwasserbereiter gespeicherten Flüssigkeitsmenge m

$$\frac{dm}{dt} = 0, \qquad (3\text{-}15)$$

d. h. $m = const.$ Unter Berücksichtigung von (3-15) und der Annahme einer konstanten spezifischen Wärmekapazität c gilt

$$\frac{dU}{dt} = \frac{d(m \cdot c \cdot T)}{dt} = \frac{dm}{dt} \cdot c \cdot T + m \cdot \frac{dc}{dt} \cdot T + m \cdot c \cdot \frac{dT}{dt} = m \cdot c \cdot \frac{dT}{dt}. \qquad (3\text{-}16)$$

Damit lässt sich Differenzialgleichung (3-12) durch Einsetzen und Umstellen in

$$m \cdot c \cdot \frac{dT}{dt} = P_{el} + \dot{m}_Z \cdot c \cdot T_E - T(k \cdot A_W + \alpha_U \cdot A_O + \dot{m}_A \cdot c) + T_A(k \cdot A_W + \alpha_U \cdot A_O) \quad (3\text{-}17)$$

überführen. Nimmt man der Einfachheit halber ferner an, dass das zu erhitzende Wasser mit der Temperatur $T_E = T_A$ in den Warmwasserbereiter eintreten soll, vereinfacht sich (3-17) unter Berücksichtigung von (3-15) zu

$$m \cdot c \cdot \frac{dT}{dt} = P_{el} - T(k \cdot A_W + \alpha_U \cdot A_O + \dot{m}_A \cdot c) + T_E(k \cdot A_W + \alpha_U \cdot A_O + \dot{m}_Z \cdot c) \quad (3\text{-}18)$$

Berücksichtigt man ferner die bereits genannte Voraussetzung $\dot{m}_Z = \dot{m}_A$ so folgt

$$\frac{m \cdot c}{k \cdot A_W + \alpha_U \cdot A_O + \dot{m}_A \cdot c} \cdot \frac{dT}{dt} + T = \frac{P_{el}}{k \cdot A_W + \alpha_U \cdot A_O + \dot{m}_A \cdot c} + T_E. \qquad (3\text{-}19)$$

Gleichung (3-19) ist die Differenzialgleichung eines Übertragungsgliedes mit Proportionalverhalten und Zeitverzögerung erster Ordnung, d. h. die Temperaturregelstrecke weist PT_1-Verhalten auf. Durch Zusammenfassung der Konstanten in (3-19) zu Koeffizienten folgt

$$a_1 \cdot \frac{dT}{dt} + T = b_1 \cdot P_{el} + b_2 \cdot T_E \tag{3-20}$$

mit

$$a_1 = \frac{m \cdot c}{k \cdot A_W + \alpha_0 \cdot A_O + \dot{m}_A \cdot c} \quad \text{und}$$

$$b_1 = \frac{1}{k \cdot A_W + \alpha_0 \cdot A_O + \dot{m}_A \cdot c} \quad \text{sowie} \tag{3-21}$$

$$b_2 = 1.$$

Die umgeformte Differenzialgleichung (3-20) wird unter Beachtung der Hinweise auf S. 149 mittels Laplacetransformation in

$$a_1 \cdot s \cdot T(s) + T(s) = b_1 \cdot P_{el}(s) + b_2 \cdot T_E(s) \Rightarrow T(s) = \frac{1}{a_1 \cdot s + 1} \cdot \left(b_1 \cdot P_{el}(s) + b_2 \cdot T_E(s) \right) \tag{3-22}$$

überführt, woraus der im Bild 3-117 dargestellte Signalflussplan ableitbar ist.[122]

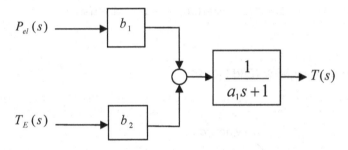

Bild 3-117: Signalflussplan des Warmwasserbereiters

Die hier beispielhaft entwickelten Modellgleichungen beschreiben qualitativ das dynamische Übertragungsverhalten typischer Regelstrecken der Verfahrenstechnik als wesentliche Kategorie der Prozessklasse „Kontinuierliche Prozesse" (vgl. Bild 1-3 auf S. 2) und bilden damit generell als Elemente eines Modellkataloges typischer verfahrenstechnischer Regelstrecken die Basis zur Auswahl der jeweils erforderlichen Reglerstruktur. Die Dynamik der Temperaturregelstrecke ist z. B. durch PT_1-Verhalten beschreibbar. Damit ist als generelle Fragestellung zu klären, welche Reglerstruktur für welchen Streckentyp jeweils auszuwählen ist. Aus Sicht der Projektierung werden zur Lösung dieser Fragestellung nachfolgend genannte Hinweise gegeben.

---

122 Erforderliche Kenntnisse zur Ableitung von Signalflussplänen aus Übertragungsfunktionen werden vorausgesetzt.

Für kontinuierliche – insbesondere verfahrenstechnische – Prozesse sind im Allgemeinen zwei Streckentypen zu unterscheiden:

- (erweiterte) Strecken[123] mit Ausgleich (Bild 3-118),

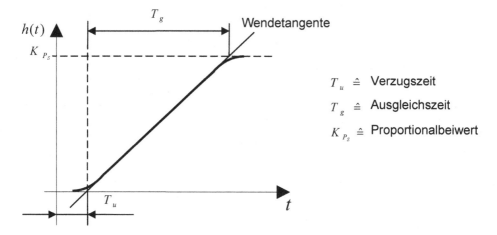

$$T_u \triangleq \text{Verzugszeit}$$

$$T_g \triangleq \text{Ausgleichszeit}$$

$$K_{P_s} \triangleq \text{Proportionalbeiwert}$$

Bild 3-118: Übergangsfunktion *h(t)* einer (erweiterten) Strecke mit Ausgleich

- (erweiterte) Strecken ohne Ausgleich (Bild 3-119).

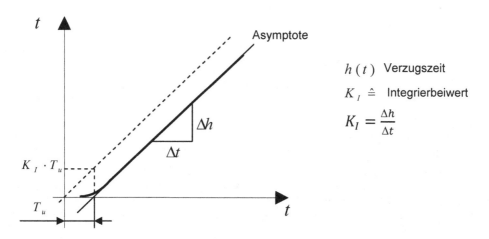

$$h(t) \quad \text{Verzugszeit}$$

$$K_I \triangleq \text{Integrierbeiwert}$$

$$K_I = \frac{\Delta h}{\Delta t}$$

Bild 3-119: Übergangsfunktion *h(t)* einer (erweiterten) Strecke ohne Ausgleich

---

123 Die Schreibweise „(erweiterte) Strecke" weist darauf hin, dass an der betreffenden Stelle sowohl die Strecke als auch die erweiterte Strecke (vgl. Bild 3-108 auf S. 145) gemeint ist!

Zur Auswahl der Reglerstruktur, die vom

- Typ der erweiterten Strecke sowie von
- Anforderungen an Führungs- bzw. Störverhalten

abhängt, sind folgende allgemeingültige Vorschriften bekannt:

Für erweiterte *Strecken mit Ausgleich* (auch erweiterte *Strecken mit proportionalem Verhalten* genannt) ist zur Erzielung eines geeigneten Führungs-[124] bzw. vernünftigen Störverhaltens[125] stets ein Regler mit I-Anteil (z. B. PI-Regler, I-Regler, PID-Regler) erforderlich.

Für erweiterte *Strecken ohne Ausgleich* (auch erweiterte *Strecken mit integrierendem Verhalten* genannt) ist zur Erzielung eines geeigneten Führungsverhaltens bzw. eines vernünftigen Störverhaltens bei *Last*störungen[126] stets ein Regler ohne I-Anteil auszuwählen. Sollen *Versorgungs*störungen[127] ausgeregelt werden, muss zur Erzielung eines vernünftigen Störverhaltens zwingend ein Regler mit I-Anteil eingesetzt werden. In dieser Situation ist besonders zu beachten, dass durch die im Regelkreis befindlichen beiden I-Anteile Stabilitätsprobleme entstehen können. Bei Anwendung hierfür geeigneter Reglerentwurfsverfahren (z. B. Verfahren des symmetrischen Optimums [45]) sind diese Probleme jedoch beherrschbar.

Daraus resultierend können die in Tabelle 3-13 zusammengestellten Empfehlungen zur Erzielung eines geeigneten Führungs- bzw. vernünftigen Störverhaltens als Entscheidungshilfe für den Reglerentwurf verwendet werden. Die Empfehlungen gelten jedoch nur unter der Voraussetzung, dass sich die Führungs- bzw. Störgrößen *sprungförmig* ändern. Tabelle 3-14 gibt hierzu ergänzend Hinweise bezüglich der zu erwartenden Regeldifferenz, wenn erweiterte Strecke und Regler in bestimmter Art und Weise miteinander gekoppelt werden.

---

124 Geeignetes Führungsverhalten: Die Rückführgröße $r(t)$ (gemessene Regelgröße) folgt der Führungsgröße $w(t)$ mit ausreichender Genauigkeit, und die bleibende Regeldifferenz verschwindet.

125 Vernünftiges Störverhalten: Die Rückführgröße $r(t)$ (gemessene Regelgröße) wird möglichst wenig durch Störgrößen beeinflusst, und stationäre Störungen werden ohne bleibende Regeldifferenz ausgeregelt.

126 Laststörungen sind am Strecken*ausgang* angreifende Störungen (vgl. Bild 3-108 auf S. 145).

127 Versorgungsstörungen sind am Reglerausgang (d. h. vor dem Übertragungsglied „Steller und ggf. Stellantrieb", vgl. Bild 3-108 auf S. 145) oder auch (im Bild 3-108 nicht dargestellte) am Strecken*eingang sowie innerhalb der Strecke* angreifende Störungen.

Tabelle 3-13: Allgemeine Empfehlungen zur Wahl der Reglerstruktur

Erweiterte Strecke		F/S	Reglertyp				
Typ	Beispiele für typische Regelgrößen		P	I	PI	PD	PID
PT_1	Füllstand, Spannung, Druck, Durchfluss	F/S (V/L)	-	+	++	-	+
PT_n $(n{\geq}2)$	Temperatur	F/S (V/L)	-	-	++ [1)] (T_1, T_Σ)	-	++ [2)] (T_1, T_2, T_Σ)
PT_nT_t $(n{\geq}1)$	Massestrom	F/S (V/L)	-	+	++ [1)] (T_1, T_Σ)	-	++ [2)] (T_1, T_2, T_Σ)
IT_n, IT_nT_t $(n{\geq}1)$	Lage/Winkel von Werkzeugen bzw. Werkstücken bei Werkzeugmaschinen	F/S (L)	++ [3)] (T_Σ)	-	-	++ [4)] (T_1, T_Σ)	-
		S (V)	-	-	+ [5)] (T_Σ)	-	+ [6)] (T_1, T_Σ)

++ gut geeignet, + geeignet, - ungeeignet
F: Führungsverhalten, S: Störverhalten (V: Versorgungsstörung; L: Laststörung)

1) Reglerentwurf setzt voraus, dass die *Übertragungsfunktion bekannt* und *eine oder keine dominierende Zeitkonstante abspaltbar* ist (übrige oder alle Zeitkonstanten einschließlich Totzeit in Summenzeitkonstante T_Σ zusammenfassen). In diesem Fall Reglerentwurf analytisch (falls eine dominierende Zeitkonstante abspaltbar, z. B. nach Reinisch) durchführen. Anderenfalls empirisch mittels grafischer Auswertung der gemessenen Sprungantwort der erweiterten Strecke für PT_n-Typ ($n{\geq}2$) *PID*-Regler (z. B. nach Chien/Hrones/Reswick) bzw. für PT_nT_t-Typ ($n{=}1$) *PI*-Regler (z. B. nach Strejc-Chien/Hrones/Reswick) entwerfen. Alternativ kann für PT_nT_t-Typ ($n{=}1$) *PI*-Regler mittels Experiment nach Ziegler/Nichols bemessen werden.

2) Reglerentwurf setzt voraus, dass die *Übertragungsfunktion bekannt* ist und *zwei dominierende Zeitkonstanten abspaltbar* sind (übrige Zeitkonstanten einschließlich Totzeit in Summenzeitkonstante T_Σ zusammenfassen). In diesem Fall Reglerentwurf analytisch (z. B. nach Reinisch) durchführen. Anderenfalls Regler für $n{\geq}2$ empirisch mittels grafischer Auswertung der Sprungantwort der erweiterten Strecke entwerfen (z. B. nach Chien/Hrones/Reswick) oder mittels Experiment nach Ziegler/Nichols (Voraussetzung: $n{\geq}3$ für PT_n-Typ bzw. $n{\geq}2$ für PT_nT_t-Typ) bemessen.

3) Reglerentwurf setzt voraus, dass die *Übertragungsfunktion bekannt* und *keine dominierende Zeitkonstante abspaltbar* ist (alle Zeitkonstanten einschließlich Totzeit in Summenzeitkonstante T_Σ zusammenfassen). In diesem Fall Reglerentwurf analytisch (z. B. nach Reinisch) durchführen. Anderenfalls Regler empirisch mittels grafischer Auswertung der Sprungantwort der erweiterten Strecke entwerfen (z. B. nach Chien/Hrones/Reswick) oder mittels Experiment nach Ziegler/Nichols (Voraussetzung: $n{\geq}2$ für IT_n-Typ bzw. $n{\geq}1$ für IT_nT_t-Typ) bemessen.

4) Reglerentwurf setzt voraus, dass die *Übertragungsfunktion bekannt* und *eine dominierende Zeitkonstante abspaltbar* ist (übrige Zeitkonstanten einschließlich Totzeit in Summenzeitkonstante T_Σ zusammenfassen). In diesem Fall Reglerentwurf analytisch (z. B. nach Reinisch) durchführen. Anderenfalls *P*-Regler empirisch mittels grafischer Auswertung der Sprungantwort der erweiterten Strecke entwerfen (z. B. nach Chien/Hrones/Reswick) oder mittels Experiment nach Ziegler/Nichols (Voraussetzung: $n{\geq}2$ für IT_n-Typ bzw. $n{\geq}1$ für IT_nT_t-Typ) bemessen.

5) Reglerentwurf setzt voraus, dass die *Übertragungsfunktion bekannt* und *keine dominierende Zeitkonstante abspaltbar* ist (alle Zeitkonstanten einschließlich Totzeit in Summenzeitkonstante T_Σ zusammenfassen). In diesem Fall Reglerentwurf analytisch (z. B. nach symmetrischem Optimum) durchführen. Anderenfalls Regler für IT_nT_t-Typ ($n{=}1$) empirisch z. B. mittels Experiment nach Ziegler/Nichols bemessen und auf Stabilität achten (ggf. Nachstellzeit T_n erheblich vergrößern, um Wirksamkeit des I-Anteils zu vermindern und dadurch Regelkreis zu stabilisieren)!

6) Reglerentwurf setzt voraus, dass die *Übertragungsfunktion bekannt* und *eine dominierende Zeitkonstante abspaltbar* ist (übrige Zeitkonstanten einschließlich Totzeit in Summenzeitkonstante T_Σ zusammenfassen). In diesem Fall Reglerentwurf analytisch (z. B. nach symmetrischem Optimum) durchführen. Anderenfalls Regler für IT_nT_t-Typ bzw. IT_n-Typ ($n{\geq}2$) empirisch z. B. mittels Experiment nach Ziegler/Nichols bemessen und auf Stabilität achten (ggf. Nachstellzeit T_n erheblich vergrößern, um Wirksamkeit des I-Anteils zu vermindern und dadurch Regelkreis zu stabilisieren)!

Tabelle 3-14: Hinweise bezüglich der zu erwartenden bleibenden Regeldifferenz

Erweiterte Strecke mit	Regelglied	Bleibende Regeldifferenz bei					
		Störgrößenänderungen am Reglerausgang		Störgrößenänderungen am Streckenausgang		Führungsgrößen-änderungen	
		sprung-förmig	anstiegs-förmig	sprung-förmig	anstiegs-förmig	sprung-förmig	anstiegs-förmig
grundsätzlich P-Verhalten	ohne I-Anteil	$\neq 0$	$-\infty$	$\neq 0$	$-\infty$	$\neq 0$	∞
	mit I-Anteil	$= 0$	$\neq 0$	$= 0$	$\neq 0$	$= 0$	$\neq 0$
grundsätzlich I-Verhalten	ohne I-Anteil	$\neq 0$	$-\infty$	$= 0$	$\neq 0$	$= 0$	$\neq 0$
	mit I-Anteil	$= 0\,(!)$	$\neq 0\,(!)$	$= 0\,(!)$	$= 0\,(!)$	$= 0\,(!)$	$= 0\,(!)$

(!): Auf möglicherweise auftretende Stabilitätsprobleme achten!

Bekannterweise gelingt es nicht immer, das analytische Modell der erweiterten Strecke hinreichend genau zu entwickeln. Deshalb ist die Fragestellung nach einer alternativen Bestimmung des Modells der erweiterten Strecke interessant. Eine Antwort darauf ist die experimentelle Prozessanalyse. Wie am Beispiel des pneumatischen Stellantriebs erkennbar, ist die Ermittlung der statischen Kennlinie einer erweiterten Strecke bzw. auch einer Streckenkomponente dabei der erste Schritt. Darauf aufbauend wird als Vorgabe der Verfahrenstechnik der sogenannte Arbeitsbereich der erweiterten Strecke einschließlich des Arbeitspunktes in die statische Kennlinie eingetragen und auf Linearität überprüft. Bei der statischen Kennlinie der industriellen Durchflussregelstrecke (vgl. Bild 3-115 auf S. 150) würde das bedeuten, den Arbeitspunkt bei folgenden Koordinaten festzulegen:

- Reglerausgangsgröße $y_R = 50\ \%$,
- Durchfluss $\dot{V} = 40\ \%$.

Linearität der statischen Kennlinie wäre näherungsweise in dem Bereich gegeben, wo die Reglerausgangsgröße Werte zwischen 40 % und 60 % annimmt.

Vom festgelegten Arbeitspunkt aus werden dann die erforderlichen Experimente, z. B. Aufprägen eines sprungförmigen Testsignals durch sprungförmige Änderung der Reglerausgangsgröße y_R auf den Eingang der erweiterten Strecke (Stelleinrichtung, Regelstrecke sowie Messeinrichtung – vgl. Bild 3-108 auf S. 145) zur Bestimmung des dynamischen Verhaltens durchgeführt. Das heißt, anhand der Sprungantwort ist feststellbar, ob die jeweilige erweiterte Strecke grundsätzlich P- oder I-Verhalten (jeweils mit oder ohne Verzögerungs- bzw. Totzeit) besitzt. Die Sprungantwort der erweiterten Strecke wird zur Ermittlung von Kennwerten bzw. Parametern (z. B. Verzugszeit, Ausgleichszeit bzw. Proportionalbeiwert, Zeitkonstanten) genutzt, mit denen durch Einsetzen in sogenannte Bemessungsformeln, auch als praktische Einstellregeln bezeichnet, die in der Gleichuing des PID-Reglers (vgl. Bild 3-109 auf S. 145) benötigten Reglerparameter K_p, T_n und T_v berechnet werden. Das bedeutet, aus der Sprungantwort beispielsweise die Kennwerte T_g, T_u sowie bei erweiterten Strecken mit Ausgleich den Proportionalbeiwert K_{PS} (vgl. Bild 3-118 auf S. 154) bzw. bei erweiterten Strecken ohne Ausgleich den Integrierbeiwert K_I (vgl. Bild 3-119 auf S. 154) zu ermitteln,[128] diese Kennwerte anschließend z. B. für erweiterte Strecken mit Ausgleich in die Bemessungsformeln des Verfahrens nach Chien/Hrones/Reswick einzusetzen und die Reglerparameter K_p, T_n sowie T_v zu berechnen.

Als Beispiel von auf der grafischen Auswertung der Sprungantwort basierenden Einstellregeln wird nachfolgend das nach Chien/Hrones/Reswick benannte Verfahren vorgestellt. Voraussetzung für die Anwendung der Einstellregeln nach Chien/Hrones/Reswick ist eine erweiterte Strecke mit Ausgleich und Verzögerung zweiter oder höherer Ordnung (mit oder ohne Totzeit), so dass aus der Sprungantwort dieser erweiterten Strecke die Kennwerte T_g, T_u und K_{PS} (vgl. Bild 3-118) zu ermitteln sind. Die Reglerparameter werden danach unter Berücksichtigung der in Tabelle 3-13 enthaltenen Empfehlungen zur Wahl der Reglerstruktur mit den Bemessungsformeln berechnet, die in Tabelle 3-15 angegeben sind.

---

128 Um K_{PS} bzw. K_I als im Allgemeinen einheitenlose Parameter bestimmen zu können, müssen Eingangssignal und Sprungantwort der (erweiterten) Strecke jeweils auf den Bereich 0...100% normiert werden.

Tabelle 3-15: *Einstellregeln nach Chien/Hrones/Reswick[129]*

	Versorgungsstörungen		Führungsgrößenänderungen bzw. Laststörungen	
	$\Delta h = 0$	$\Delta h = 20\%$	$\Delta h = 0$	$\Delta h = 20\%$
P-Regler	$K_P = \dfrac{0,3}{K_{P_S}} \cdot \dfrac{T_g}{T_u}$	$K_P = \dfrac{0,7}{K_{P_S}} \cdot \dfrac{T_g}{T_u}$	$K_P = \dfrac{0,3}{K_{P_S}} \cdot \dfrac{T_g}{T_u}$	$K_P = \dfrac{0,7}{K_{P_S}} \cdot \dfrac{T_g}{T_u}$
PI-Regler	$K_P = \dfrac{0,6}{K_{P_S}} \cdot \dfrac{T_g}{T_u}$, $T_n = 4 \cdot T_u$	$K_P = \dfrac{0,7}{K_{P_S}} \cdot \dfrac{T_g}{T_u}$, $T_n = 2,3 \cdot T_u$	$K_P = \dfrac{0,35}{K_{P_S}} \cdot \dfrac{T_g}{T_u}$, $T_n = 1,2 \cdot T_g$	$K_P = \dfrac{0,6}{K_{P_S}} \cdot \dfrac{T_g}{T_u}$, $T_n = T_g$
PID-Regler	$K_P = \dfrac{0,95}{K_{P_S}} \cdot \dfrac{T_g}{T_u}$, $T_n = 2,4 \cdot T_u$, $T_v = 0,42 \cdot T_u$	$K_P = \dfrac{1,2}{K_{P_S}} \cdot \dfrac{T_g}{T_u}$, $T_n = 2 \cdot T_u$, $T_v = 0,42 \cdot T_u$	$K_P = \dfrac{0,6}{K_{P_S}} \cdot \dfrac{T_g}{T_u}$, $T_n = T_g$, $T_v = 0,5 \cdot T_u$	$K_P = \dfrac{0,95}{K_{P_S}} \cdot \dfrac{T_g}{T_u}$, $T_n = 1,35 \cdot T_g$, $T_v = 0,47 \cdot T_u$

Am Beispiel der im Bild 3-120 dargestellten und auf den Bereich 0...100 % normierten Sprungantwort einer erweiterten Strecke soll nun die Anwendung der Einstellregeln nach Chien/Hrones/Reswick erläutert werden. Bei diesem Sprungexperiment wird die Reglerausgangsgröße y_R zum Zeitpunkt $t = 0,5$ s um $\Delta y_R = 6$ % erhöht,[130] woraus sich der im Bild 3-120 dargestellte Verlauf der Rückführgröße $r(t)$ als Reaktion ergibt. Im Bild 3-120 sind bereits Wendetangente sowie Asymptote für denjenigen Wert, dem die Rückführgröße $r(t)$ (gemessene Regelgröße) für $t \to \infty$ zustrebt, eingezeichnet. Mittels der Schnittpunkte der Wendetangente mit der Zeitachse einerseits sowie der Asymptote andererseits werden – wie im Bild 3-120 gezeigt – die Kennwerte T_g und T_u bestimmt.[131] Der Proportionalbeiwert K_{P_S} der Strecke wird aus der Beziehung $K_{P_S} = \frac{\lim_{t\to\infty} r(t) - r_0}{\Delta y_r}$ berechnet. Mit $r_0 = 30$ % (Rückführgröße, d. h. gemessene Regelgröße, im Arbeitspunkt), $\lim_{t\to\infty} r(t) = 42$ % und $\Delta y_r - r_0 = 6$ % ergibt sich $K_{P_S} = \frac{42\% - 30\%}{6\%} = 2$. Weiterhin ist aus Bild 3-120 erkennbar, dass es sich um eine erweiterte Strecke mit P-Verhalten handelt, die mindestens zwei Zeitkonstanten enthält, weil für $t=0$ der Anstieg der Sprungantwort gleich Null und keine Totzeit erkennbar ist. Soll das Regelglied für Führungsverhalten ausgelegt werden, ist aus Tabelle 3-13 (vgl. S. 156) zu entnehmen, dass es PI- oder PID-Verhalten aufweisen sollte.

---

129 Es ist zu beachten, dass das Formelzeichen Δh hier die Überschwingweite, im Bild 3-119 jedoch den Wertezuwachs bezeichnet, um den sich die Übergangsfunktion $h(t)$ pro Zeiteinheit ändert.

130 Das Sprungexperiment findet im offenen Regelkreis statt, d. h. der Regler befindet sich im Handbetrieb, so dass die Reglerausgangsgröße $y_R(t)$ nicht durch den Regelalgorithmus sondern von Hand erzeugt wird! Die Größe y_{R_0} ist die Reglerausgangsgröße im Arbeitspunkt.

131 Nach [24] ist es in *grober* Näherung zulässig, im Bild 3-118 bzw. Bild 3-119 die Verzugszeit T_u als Totzeit T_t zu betrachten.

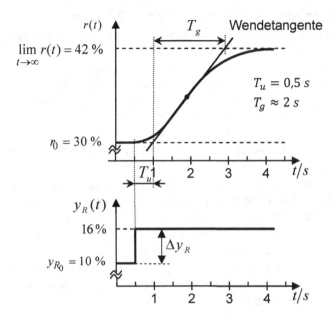

Bild 3-120: Beispiel der normierten Sprungantwort einer erweiterten Strecke als Grundlage für den Reglerentwurf nach den Einstellregeln von Chien/Hrones/Reswick

Den Empfehlungen von Tabelle 3-13 folgend, ist im vorliegenden Fall ein PID-Regler einzusetzen, dessen Parameter $K_p = 1{,}9$, $T_n = 2{,}7$ s sowie $T_v = 0{,}235$ s nach Tabelle 3-15 für Führungsverhalten mit einer maximalen Überschwingweite $\Delta h = 20\,\%$ nach Führungsgrößensprüngen berechnet wurden.

Im Unterschied zu den auf der grafischen Auswertung der Sprungantwort basierenden Verfahren für die Berechnung der Reglerparameter wird beim Verfahren von Ziegler/Nichols am geschlossenen Regelkreis experimentiert, wobei folgende Schritte abzuarbeiten sind:[132]

---

132 Prinzipiell kann das Verfahren auch angewendet werden, wenn die Übertragungsfunktion der erweiterten Strecke bekannt ist. Sofern der Regelkreis mit P-Regler aus systemtheoretischer Sicht die Stabilitätsgrenze erreichen kann, lassen sich die Kennwerte $K_{P_{krit.}}$ (kritische „Reglerverstärkung") bzw. $T_{krit.}$ (kritische Periodendauer, d. h. Periodendauer der Dauerschwingung an der Stabilitätsgrenze) durch analytische Auswertung der charakteristischen Gleichung $1+G_O(j\omega)=0$ ermitteln, wobei $G_O(j\omega)$ der Frequenzgang des aufgeschnittenen einschleifigen Regelkreises ist.

Schritt 1: Betreiben des geschlossenen Regelkreises mit einem P-Regler.

Schritt 2: Prüfung, ob der ausgewählte Regelkreis gefahrlos an der Stabilitätsgrenze, an der Dauerschwingungen[133] auftreten, betrieben werden darf.

Schritt 3: Schrittweises Erhöhen des Proportionalbeiwertes K_P („Reglerverstärkung") des P-Reglers, bis der Regelkreis an der Stabilitätsgrenze Dauerschwingungen ausführt. Derjenige Proportionalbeiwert K_P, bei dem der Regelkreis an die Stabilitätsgrenze gelangt, entspricht der kritischen Reglerverstärkung K_{Pkrit}.

Schritt 4: Bestimmung der kritischen Periodendauer T_{krit} der Dauerschwingung an der Stabilitätsgrenze.

Schritt 5: Auswahl der geeigneten Reglerstruktur entsprechend des dynamischen Übertragungsverhaltens der erweiterten Strecke sowie Anforderungen an das Führungs- bzw. Störverhalten (vgl. Hinweise in Tabelle 3-16).[134]

Schritt 6: Einsetzen von K_{Pkrit} bzw. T_{krit} in die Bemessungsformeln für die Berechnung der erforderlichen Reglerparameter (vgl. Tabelle 3-17).

Die Anwendung des Verfahrens von Ziegler/Nichols wird zu einem späteren Zeitpunkt am Beispiel einer Durchflussregelstrecke erläutert (siehe S. 168 ff.), so dass an dieser Stelle auf ein Anwendungsbeispiel verzichtet wird.

Tabelle 3-16: Wahl der Reglerstruktur beim Reglerentwurf nach Ziegler/Nichols

Reglertyp	Typ der (erweiterten) Strecke	Mit Reglertyp prinzipiell ausregelbar:	Bemerkung
P-Regler	IT_n (n≥2), IT_nT_t (n≥1)	$F_⌐$, $L_⌐$	Bleibende Regeldifferenz bei $V_⌐$ sowie $F_⁄$, $L_⁄$!
PI-Regler	PT_1T_t	$F_⌐$, $V_⌐$, $L_⌐$	Bleibende Regeldifferenz bei $V_⁄$ sowie $F_⁄$, $L_⁄$!
	IT_1T_t	$F_{⌐⁄}$, $L_{⌐⁄}$, $V_⌐$	Auf Stabilität achten!
PID-Regler	PT_n (n≥3), PT_nT_t (n≥2)	$F_⌐$, $V_⌐$, $L_⌐$	Bleibende Regeldifferenz bei $V_⁄$ sowie $F_⁄$, $L_⁄$!
	IT_n, IT_nT_t (n≥2)	$F_{⌐⁄}$, $L_{⌐⁄}$, $V_⌐$	Auf Stabilität achten!

F: Führungsgröße;   L: Laststörung;   V: Versorgungsstörung,

‾⌐ : sprungförmige Änderung; ⁄ : anstiegsförmige Änderung

---

133 Voraussetzung ist, dass der Regelkreis aus systemtheoretischer Sicht überhaupt die Stabilitätsgrenze erreichen kann, d. h. nicht jeder Regelkreis ist in der Lage, die erforderlichen Dauerschwingungen auszuführen.

134 Hierzu muss das dynamische Übertragungsverhalten der erweiterten Strecke qualitativ – z. B. aus Erfahrungswissen oder einer qualitativen theoretischen Prozessanalyse – bekannt sein.

Tabelle 3-17:   Einstellregeln nach Ziegler/Nichols

Reglertyp	Reglerparameter		
	K_p	T_n	T_v
P-Regler	$0{,}5 \cdot K_{Pkrit}$	-	-
PI-Regler	$0{,}45 \cdot K_{Pkrit}$	$0{,}83 \cdot T_{krit}$	-
PID-Regler	$0{,}6 \cdot K_{Pkrit}$	$0{,}5 \cdot T_{krit}$	$0{,}125 \cdot T_{krit}$

Sofern es gelingt, durch theoretische bzw. experimentelle Prozessanalyse die Übertragungsfunktion der erweiterten Strecke zu bestimmen, können sogenannte analytische, d. h. auf der Übertragungsfunktion der erweiterten Strecke basierende Entwurfsverfahren angewendet werden. Ein solches Verfahren ist u. a. das Entwurfsverfahren nach Reinisch [46], dessen Grundzüge im Folgenden kurz erläutert werden.

Das Ziel bei der Anwendung des Entwurfsverfahrens nach Reinisch besteht darin, für eine gegebene erweiterte Strecke ein Regelglied zu entwerfen, so dass der aufgeschnittene Regelkreis (Reihenschaltung aus Regelglied und erweiterter Strecke nach Bild 3-108 auf S. 145) IT_1-Verhalten aufweist, weil dann

- der geschlossene Regelkreis wie ein Schwingungsglied zweiter Ordnung betrachtet werden kann, dessen maximale Überschwingweite Δh (z. B. 10% des stationären Endwertes der Rückführgröße r) einstellbar ist,
- bleibende Regeldifferenzen im Allgemeinen ausregelbar sind.

Das Übertragungsverhalten des aufgeschnittenen Regelkreises wird durch die Übertragungsfunktion

$$G_O(s) = G_R(s) \cdot G_{ES}(s) \tag{3-23}$$

beschrieben, wobei $G_R(s)$ die Übertragungsfunktion des Regelgliedes und $G_{ES}(s)$ die der erweiterten Strecke ist. Sofern man nun für $G_O(s)$ das für den aufgeschnittenen Regelkreis geforderte IT_1-Verhalten vorgibt und ferner $G_{ES}(s)$ bekannt ist, lässt sich aus (3-23) die Übertragungsfunktion

$$G_R(s) = \frac{G_O(s)}{G_{ES}(s)} \tag{3-24}$$

des Regelgliedes bestimmen. Zu diesem Zweck wird zunächst die in Zeitkonstantenform darzustellende Übertragungsfunktion

$$G_{ES}(s) = \frac{K_{PS}}{(sT_I)^\nu} \frac{(1+sT_1')(1+sT_2') \cdots (1+sT_m')}{(1+sT_1)(1+sT_2) \cdots (1+sT_n)} e^{-sT_t} \tag{3-25}$$

der erweiterten Strecke so approximiert, dass sich daraus die im Folgenden erläuterten vier Streckentypen ableiten[135] und anschließend die „Soll"-Übertragungsfunktion des aufgeschnittenen Regelkreises $G_O(s)$ geeignet vorgeben lassen.

---

135 Ist ν >1 bzw. sind mehr als zwei dominierende oder keine dominierenden Zeitkonstanten vorhanden (Fußnote 136 auf S. 162 beachten!), so lässt sich das Entwurfsverfahren im Allgemeinen nicht mit befriedigendem Ergebnis anwenden!

1. *Approximation der Übertragungsfunktion* $G_{ES}(s)$

- Streckentyp **A1** (Bedingung: Erweiterte Strecke mit grundsätzlich P-Verhalten):
  - Abspaltung *einer* dominierenden[136] *Nenner*-Zeitkonstanten,
  - Zusammenfassung der übrigen Zeitkonstanten von Zähler und Nenner einschließlich ggf. vorhandener Totzeit T_t zur Summenzeitkonstanten[137] $T_{\Sigma A1}$

  führt zur approximierten erweiterten Strecke mit der Übertragungsfunktion

$$G_{ES_{A1}}(s) = \frac{K_{PS_{A1}}}{(1+sT_1)(1+sT_{\Sigma_{A1}})}. \tag{3-26}$$

- Streckentyp **A2** (Bedingung: Erweiterte Strecke mit grundsätzlich P-Verhalten):
  - Abspaltung *zweier* dominierender *Nenner*-Zeitkonstanten,
  - Zusammenfassung der übrigen Zeitkonstanten von Zähler und Nenner einschließlich ggf. vorhandener Totzeit T_t zur Summenzeitkonstanten $T_{\Sigma A2}$

  führt zur approximierten erweiterten Strecke mit der Übertragungsfunktion

$$G_{ES_{A2}}(s) = \frac{K_{PS_{A2}}}{(1+sT_1)(1+sT_2)(1+sT_{\Sigma_{A2}})}. \tag{3-27}$$

- Streckentyp **B1** (Bedingung: Erweiterte Strecke mit grundsätzlich I-Verhalten):
  - *keine* dominierenden *Nenner*-Zeitkonstanten vorhanden,
  - Zusammenfassung aller Zeitkonstanten von Zähler und Nenner einschließlich ggf. vorhandener Totzeit T_t zur Summenzeitkonstanten $T_{\Sigma B1}$

  führt zur approximierten erweiterten Strecke mit der Übertragungsfunktion

$$G_{ES_{B1}}(s) = \frac{K_{PS_{B1}}}{sT_{I_{B1}}(1+sT_{\Sigma_{B1}})}. \tag{3-28}$$

- Streckentyp **B2** (Bedingung: Erweiterte Strecke mit grundsätzlich I-Verhalten):
  - Abspaltung *einer* dominierenden *Nenner*-Zeitkonstanten,
  - Zusammenfassung aller Zeitkonstanten von Zähler und Nenner einschließlich ggf. vorhandener Totzeit T_t zur Summenzeitkonstanten $T_{\Sigma B2}$

  führt zur approximierten erweiterten Strecke mit der Übertragungsfunktion

$$G_{ES_{B2}}(s) = \frac{K_{PS_{B2}}}{sT_{I_{B2}}(1+sT_1)(1+sT_{\Sigma_{B2}})}. \tag{3-29}$$

Die Summenzeitkonstante $T_{\Sigma x}$ $(x = A1 \vee A2 \vee B1 \vee B2)$, welche jeweils in den Übertragungsfunktionen der einzelnen Streckentypen enthalten ist, wird nach folgender Vorschrift berechnet:

---

136 Eine Nennerzeitkonstante T_1 ist im Vergleich zu einer anderen Nennerzeitkonstanten T_2 dominierend, wenn $T_1 > 10T_2$ gilt!

137 Die Bildung der Summenzeitkonstanten wird in Beziehung (3-30) gleichzeitig für alle vier Streckentypen erläutert!

$$T_{\Sigma_x} = \sum_{i=1\vee 2\vee 3}^{n} T_i - \sum_{j=1}^{m} T'_j + T_t \tag{3-30}$$

$$\underbrace{\phantom{\sum_{i=1\vee 2\vee 3}^{n} T_i}}$$

0 dom. ZK: $i=1$

1 dom. ZK: $i=2$ (ZK: Zeitkonstante,

2 dom. ZK: $i=3$ dom.: dominierend)

2. *Festlegung der „Soll"-Übertragungsfunktion $G_O(s)$*

Gefordert ist IT_1-Verhalten. Daher gilt für die „Soll"-Übertragungsfunktion $G_O(s)$ folgender Ansatz:

$$G_O(s) = \frac{1}{sT_I(1+sT_{\Sigma_x})}. \tag{3-31}$$

Aus der Beziehung $T_I = a \cdot T_{\Sigma_x}$ ergibt sich somit als „Soll"-Übertragungsfunktion des aufgeschnittenen Regelkreises

$$G_O(s) = \frac{1}{s \cdot a \cdot T_{\Sigma_x}(1+sT_{\Sigma_x})}. \tag{3-32}$$

Der Faktor a wird in Abhängigkeit von der jeweils geforderten Überschwingweite entsprechend Tabelle 3-18 festgelegt.

Tabelle 3-18:   Faktor a in Abhängigkeit von der Überschwingweite Δh

$\Delta h / \%$	0	5	10	15	20	30	40	50	60
a	4	1,9	1,4	1,07	0,83	0,51	0,31	0,19	0,1

3. *Berechnung der Übertragungsfunktion $G_R(s)$ des Regelgliedes*

Aus Beziehung (3-24) lässt sich nun die Übertragungsfunktion $G_R(s)$ des Regelgliedes bestimmen. Hierzu werden die zuvor bestimmte Übertragungsfunktion $G_O(s)$ des aufgeschnittenen Regelkreises sowie die approximierte Übertragungsfunktion $G_{ES}(s)$ der erweiterten Strecke in (3-24) eingesetzt. Beispielsweise ergibt sich für den Streckentyp A1 allgemein:

$$G_{ES_{A1}} = \frac{K_{PS_{A1}}}{(1+sT_1)(1+sT_{\Sigma_{A1}})},$$

$$G_O(s) = \frac{1}{s \cdot a \cdot T_{\Sigma_{A1}} \cdot (1+sT_{\Sigma_{A1}})}, \tag{3-33}$$

$$G_R(s) = \frac{G_O(s)}{G_{ES_{A1}}} = \frac{(1+sT_1)(1+sT_{\Sigma_{A1}})}{s \cdot a \cdot T_{\Sigma_{A1}} \cdot (1+sT_{\Sigma_{A1}}) \cdot K_{PS_{A1}}} = \frac{(1+sT_1)}{s \cdot a \cdot T_{\Sigma_{A1}} \cdot K_{PS_{A1}}}.$$

Die in (3-33) bestimmte Übertragungsfunktion ist – wie man durch Koeffizientenvergleich feststellen kann – die Übertragungsfunktion eines PI-Reglers:

$$G_R(s) = \frac{(1+sT_1)}{s \cdot a \cdot T_{\Sigma_{A1}} \cdot K_{P_{S_{A1}}}} = G_{R_{PI}}(s) = K_P\left(1 + \frac{1}{sT_n}\right) = \frac{K_P(1+sT_n)}{sT_n}$$

$$\Rightarrow T_n = T_1,$$

(3-34)

$$\Rightarrow \frac{1}{s \cdot a \cdot T_{\Sigma_{A1}} \cdot K_{P_{S_{A1}}}} = \frac{K_P}{sT_n} = \frac{K_P}{sT_1} \Rightarrow K_P = \frac{T_1}{a \cdot T_{\Sigma_{A1}} \cdot K_{P_{S_{A1}}}}.$$

Führt man diese Rechnung für jeden der festgelegten vier Streckentypen aus, erhält man die im Bild 3-121 gezeigte Zuordnung zwischen Streckentyp und Reglertyp einschließlich der Beziehungen zur Berechnung der Reglerparameter.

Streckentyp	Reglertyp	Reglerparameter
Typ A1	PI-Regler	$K_P = \dfrac{T_1}{aT_{\Sigma_{A1}}K_{P_{S_{A1}}}}; \quad T_n = T_1$
Typ A2	PID-Regler	$K_P = \dfrac{T_1+T_2}{aT_{\Sigma_{A2}}K_{P_{S_{A2}}}}; \quad T_n = T_1 + T_2; \quad T_v = \dfrac{T_1 \cdot T_2}{T_1 + T_2}$
Typ B1	P-Regler	$K_P = \dfrac{T_{I_{B1}}}{aT_{\Sigma_{B1}}K_{P_{S_{B1}}}}$
Typ B2	PD-Regler	$K_P = \dfrac{T_{I_{B2}}}{aT_{\Sigma_{B2}}K_{P_{S_{B2}}}}; \quad T_v = T_1$

Bild 3-121: Zuordnung Streckentyp/Reglertyp einschließlich Beziehungen zur Berechnung der Reglerparameter beim Verfahren nach Reinisch

Das Entwurfsverfahren nach Reinisch wird nun auf die Übertragungsfunktion

$$G(s) = \frac{(1+0,67 \cdot s)}{(1+120 \cdot s)(1+40 \cdot s)(1+2 \cdot s)(1+1,5 \cdot s)(1+0,5 \cdot s)}$$

(3-35)

einer erweiterten Strecke angewendet. Man erkennt aus dieser (in Zeitkonstantenform dargestellten) Übertragungsfunktion, dass es sich um eine erweiterte Strecke mit grundsätzlich P-Verhalten handelt und zwei dominierende Zeitkonstanten, nämlich T_1=120 s sowie T_2=40 s, auftreten. Demzufolge ist diese erweiterte Strecke dem Streckentyp A2 zuzuordnen. Daher ist nach Bild 3-121 ein PID-Regler einzusetzen. Fordert man ferner, dass die gemessene Regelgröße nach sprungförmigen Führungsgrößenänderungen um höchstens 5% überschwingen darf, ergibt sich aus Tabelle 3-18 für den Faktor a der Wert 1,9. Die Summenzeitkonstante beträgt 3,33 s, der Proportionalbeiwert der erweiterten Strecke ist gleich Eins. Mit diesen Werten erhält man durch Anwendung der im Bild 3-121 für den Streckentyp A2 angegebenen Beziehungen folgende Reglerparameter:

$$K_p = \frac{120\,s + 40\,s}{1{,}9 \cdot 3{,}33\,s \cdot 1} = 25{,}3; \; T_n = 120\,s + 40\,s = 160\,s; \; T_v = \frac{120\,s \cdot 40\,s}{120\,s + 40\,s} = 30\,s. \tag{3-36}$$

Zum besseren Verständnis wird nun der experimentellbasierte Reglerentwurf an Hand der Durchflussregelstrecke der Versuchsanlage MPS-PA[138] der Fa. Festo Didactic beispielhaft erläutert [47].

Zuerst wird für die Durchflussregelstrecke die statische Kennlinie ermittelt (Bild 3-122). Dadurch ist es möglich, die Linearität der Regelstrecke zu beurteilen und einen geeigneten Arbeitspunkt für die auszuführenden Sprungexperimente festzulegen. Wie aus der statischen Kennlinie im Bild 3-122 erkennbar, ist eine ausgeprägte Nichtlinearität vorhanden. Das heißt, die eingesetzte Kreiselpumpe liefert bis nahezu 40% der Stellleistung keinen signifikanten Durchfluss, was ein anschauliches Beispiel einer im Vergleich zu den verfahrenstechnischen Erfordernissen zu schwach ausgelegten Kreiselpumpe ist. Anders formuliert: Das Stellverhalten der eingesetzten Kreiselpumpe ist für den projektierten Durchflussregelkreis unzureichend, da nicht der gesamte Arbeitsbereich nutzbar ist.

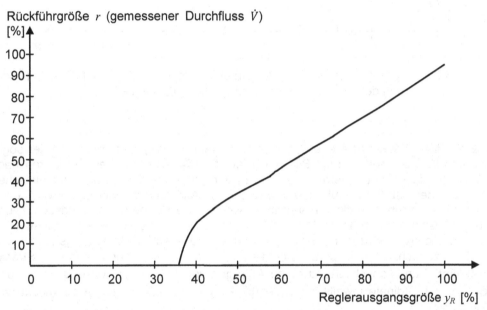

Bild 3-122:   Statische Kennlinie der Durchflussregelstrecke des MPS-PA

Der im Bild 3-123 dargestellte zeitliche Verlauf eines Sprungexperiments überdeckt fast den gesamten Linearitätsbereich und bewirkt mittels sprungförmiger Änderung der Reglerausgangsgröße y_R von 40 % auf 90 % die auszuwertende Sprungantwort.

---

138 Die Bezeichnung MPS-PA (**M**odulares **P**roduktionssystem – **P**rozess**a**utomation) ist eine firmenspezifische Bezeichnung der Fa. Festo Didactic für die im Vertrieb befindliche neue Anlagengeneration zur Prozessautomatisierung.

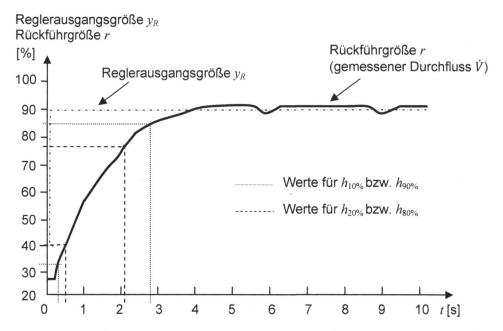

Bild 3-123:   Sprungexperiment an der Durchflussregelstrecke des MPS-PA (Änderung der Reglerausgangsgröße y_R von 40 % auf 90 %)

Die auf diese Weise erhaltene Sprungantwort kann im Allgemeinen mittels der sogenannten Wendetangente (vgl. Bild 3-118 auf S. 154) oder mit dem Verfahren nach Strejc [48] ausgewertet werden. Wie die Erfahrungen aus der verfahrenstechnischen Praxis zeigen, ist das Verfahren von Strejc zur Auswertung der Sprungantwort bevorzugt anzuwenden. Bei diesem Verfahren werden die Kennwerte Verzugszeit T_u und Ausgleichszeit T_g nach der im Bild 3-124 dargestellten Vorgehensweise ermittelt. Hierzu wird nach Normierung der Sprungantwort – woraus sich die Übergangsfunktion $h(t)$ ergibt – zunächst der Proportionalbeiwert $K_{P_S} = \lim_{t \to \infty} h(t)$ der erweiterten Strecke bestimmt[139] und anschließend durch Abtragen von $h_{20\%} = 0{,}2 \cdot K_{P_S}$ und $h_{80\%} = 0{,}8 \cdot K_{P_S}$ auf der Ordinate jeweils die zugehörige $t_{20\%}$- bzw. $t_{80\%}$-Prozentzeit ermittelt (vgl. Bild 3-124).

---

139 Der Proportionalbeiwert der erweiterten Strecke kann auch aus ihrer statischen Kennlinie nach der Beziehung $K_{P_S} = {}^{\Delta r}/_{\Delta y_R}$ bestimmt werden.

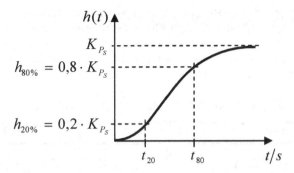

Bild 3-124:   Zur Bestimmung der Kennwerte T_u und T_g nach Strejc

Als weiteres bewährtes Paar sind auch $h_{10\%} = 0,1 \cdot K_{P_S}$ und $h_{90\%} = 0,9 \cdot K_{P_S}$ für die Berechnung der Reglerparameter verwendbar [48]. In Tabelle 3-19 sind die erforderlichen Berechnungsformeln für die Kennwerte T_u und T_g angegeben.

Tabelle 3-19:   Berechnungsformeln für die Kennwerte T_u und T_g nach Strejc

	$^{20}\!/_{80}$	$^{10}\!/_{90}$
$T_u = \ldots$	$1,161 \cdot t_{20} - 0,161 \cdot t_{80}$	$1,048 \cdot t_{10} - 0,048 \cdot t_{90}$
$T_g = \ldots$	$0,721 \cdot (t_{80} - t_{20})$	$0,455 \cdot (t_{90} - t_{10})$

Für die hier betrachtete Durchflussregelstrecke wird zunächst anhand ihrer statischen Kennlinie (vgl. Bild 3-122) der Proportionalbeiwert $K_{P_S} = \frac{\Delta r}{\Delta y_R}$ berechnet. Aus der statischen Kennlinie ergibt sich $K_{P_S} = \frac{\Delta r}{\Delta y_R} = \frac{91,5\% - 27,5\%}{90\% - 40\%} = 1,28$. Darauf aufbauend bestimmt man dann zum Beispiel die Werte $h_{20\%}$ bzw. $h_{80\%}$ (alternativ kann man auch die Werte für $h_{10\%}$ und $h_{90\%}$ verwenden) und setzt diese Werte in die Berechnungsformeln entsprechend Tabelle 3-19 ein. In Tabelle 3-20 sind die zugehörigen Ergebnisse zusammengestellt.

Tabelle 3-20: Berechnung der Kennwerte T_u und T_g nach Strejc (vgl. auch Bild 3-123)

	$^{20}\!/_{80}$ (– – – –)	$^{10}\!/_{90}$ (⋯⋯⋯)
$h_{20\%/10\%}$	$h_{20} = 40,3\% : t_{20} = 0,8s - 0,35s = 0,45s$	$h_{10} = 33,9\% : t_{10} = 0,65s - 0,35s = 0,3s$
$h_{80\%/90\%}$	$h_{80} = 78,7\% : t_{80} = 2,4s - 0,35s = 2,05s$	$h_{90} = 85,1\% : t_{90} = 3,2s - 0,35s = 2,85s$
T_u	$1,161 \cdot t_{20} - 0,161 \cdot t_{80} = 0,19s$	$1,048 \cdot t_{10} - 0,048 \cdot t_{90} = 0,18s$
T_g	$0,721 \cdot (t_{80} - t_{20}) = 1,15s$	$0,455 \cdot (t_{90} - t_{10}) = 1,16s$

Setzt man nun die ermittelten Kennwerte des Ansatzes nach Strejc – zum Beispiel für 20%/80% – in die Einstellregeln nach Chien/Hrones/Reswick (vgl. Tabelle 3-15 auf S. 158) ein,[140] ergeben sich die in Tabelle 3-21 aufgeführten Reglerparameter für jeweils einen P-, PI- bzw. PID-Regler, die jeweils für Führungsverhalten mit 20 % Überschwingen ausgelegt wurden.

Tabelle 3-21:   Reglerparameter für die Durchflussregelstrecke

	P-Regler		PI-Regler		PID-Regler	
K_P	$0,7 \cdot \dfrac{T_g}{T_u \cdot K_{P_s}}$	3,31	$0,6 \cdot \dfrac{T_g}{T_u \cdot K_{P_s}}$	2,83	$0,95 \cdot \dfrac{T_g}{T_u \cdot K_{P_s}}$	4,49
T_n			$1,0 \cdot T_g$	1,15 s	$1,35 \cdot T_g$	1,55 s
T_v					$0,47 \cdot T_u$	0,089 s

Den Empfehlungen zur Wahl der Reglerstruktur folgend (vgl. Tabelle 3-13 auf S. 156), ist bei einer erweiterten Strecke mit Ausgleich für Führungsverhalten ein Regler mit I-Anteil einzusetzen. Betrachtet man die in Bild 3-123 dargestellte Sprungantwort, so kann man für das dynamische Übertragungsverhalten der erweiterten Strecke näherungsweise PT_1T_t-Verhalten ansetzen. Somit kommt im vorliegenden Fall gemäß Tabelle 3-13 nur ein I- bzw. PI-Regler für den Einsatz im Regelkreis in Frage. Sofern die Totzeit T_t im Vergleich zur Zeitkonstanten T_1 dominieren würde, käme der I-Regler in Betracht. Da dies hier erkennbar nicht der Fall ist (vgl. Bild 3-123), fällt daher die Wahl auf den PI-Regler. Die Ergebnisse der Reglererprobung für das Führungsverhalten werden im Bild 3-126 dargestellt.

Ein anderer Zugang, der sich vor allem für schwingfähige Regelkreise, wie am Beispiel der Durchflussregelstrecke gegeben, eignet, ist das Verfahren von Ziegler/Nichols. Wie dazu Bild 3-125 für die bereits behandelte Durchflussregelstrecke des MPS-PA zeigt, gelingt es, den Durchflussregelkreis zum Dauerschwingen an der Stabilitätsgrenze anzuregen. Aus Bild 3-125 ist als kritische Reglerverstärkung $K_{Pkrit.} = 11,8$ sowie als Periodendauer der Dauerschwingung an der Stabilitätsgrenze $T_{krit.} = 6,7$ s abzulesen. Um bleibende Regeldifferenzen nach sprungförmigen Führungs- bzw. Störgrößenänderungen ausregeln zu können, ist, wie bereits ausgeführt (vgl. Tabelle 3-16 auf S. 160), ein PI-Regler einzusetzen, wenn für das dynamische Übertragungsverhalten der erweiterten Strecke näherungsweise PT_1T_t-Verhalten angenommen wird. Entsprechend den in Tabelle 3-17 (vgl. S. 161) angegebenen Bemessungsformeln erhält man für den PI-Regler als Reglerparameter: $K_p = 0,45 \cdot K_{pKrit.} = 5,31$ bzw. $T_n = 0,83 \cdot T_{Krit.} = 5,5\ s$.

Die Validierung der mittels Verfahren nach Ziegler/Nichols bzw. Strejc-Chien/Hrones/Reswick ermittelten Reglerparameter erfolgt gleichfalls wieder an der Durchflussregelstrecke der Versuchsanlage MPS-PA der Fa. Festo Didactic. Dazu wurden

---

140 Die Vorgehensweise, Verzugszeit sowie Ausgleichszeit nach dem Verfahren von Strejc sowie auf dieser Basis die Reglerparameter mit den Bemessungsformeln nach Chien/Hrones/Reswick (vgl. Tabelle 3-15 auf S. 158) zu berechnen, soll hier fortan als Verfahren nach *Strejc-Chien/Hrones/Reswick* bezeichnet werden.

die Sprungantworten des geschlossenen Regelkreises für einen Führungsgrößen-sprung von 50 % auf 80 % aufgenommen und im Bild 3-126 dargestellt.

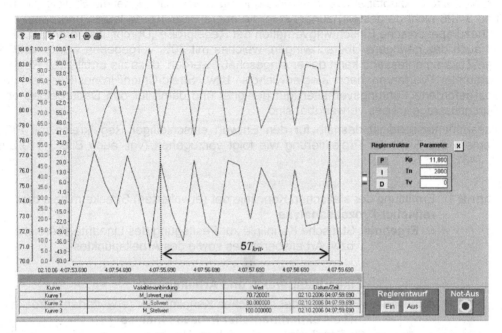

Bild 3-125: Dauerschwingungen des Durchflussregelkreises an der Stabilitätsgrenze

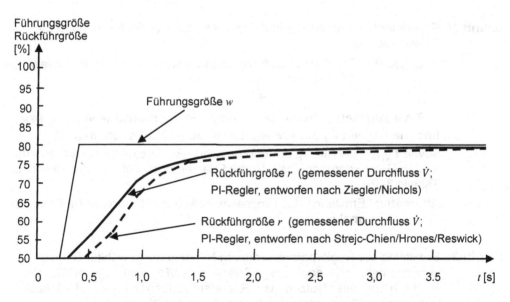

Bild 3-126: Übergangsverhalten des geschlossenen Durchflussregelkreises (Parametrierung nach dem Verfahren von Ziegler/Nichols bzw. Strejc-Chien/Hrones/Reswick) für einen Führungsgrößensprung von 50 % auf 80 %

Das im Bild 3-126 dargestellte Führungsverhalten des Durchflussregelkreises des MPS-PA ist im Sinne der auf S. 155 genannten Forderungen an das Führungs- bzw. Störverhalten akzeptabel und zeigt eine günstige Dynamik, wobei die Stellsignale (im Bild 3-126 nicht dargestellt) zunächst in die obere Begrenzung laufen und damit das nahezu aperiodische Einschwingverhalten der Regelgröße „Durchfluss" fördern. Damit ist auch das geringere Überschwingen, welches mit 20% vorgegeben wurde, erklärbar. Zusammenfassend kann daher eingeschätzt werden, dass die ermittelten Reglerparameter (Verfahren nach Ziegler/Nichols- bzw. Strejc-Chien/Hrones/Reswick) für das geforderte Führungsverhalten gut geeignet und damit für den Dauerbetrieb des Durchflussregelkreises verwendbar sind.

Zusammenfassend ist deshalb für den Entwurf einschleifiger Regelkreise mit PID-Reglern aus Sicht der Projektierung wie folgt vorzugehen (vgl. auch Bild 3-110 auf S. 146):

Schritt 1: Ermittlung der statischen Kennlinie der (erweiterten) Strecke mittels **theoretischer Prozessanalyse**

⇒ **Ergebnis:** Statische Kennlinie zur Festlegung des Linearitätsbereiches bzw. Arbeitsbereiches sowie des Arbeitspunktes

Linearitätsbereich und Arbeitspunkt

Alternativ: Ermittlung der statischen Kennlinie der (erweiterten) Strecke mittels **experimenteller Prozessanalyse**

⇒ **Ergebnis:** Statische Kennlinie zur Festlegung des Linearitätsbereiches bzw. Arbeitsbereiches sowie des Arbeitspunktes

Schritt 2: Experimente im Arbeitspunkt (Sprungexperiment oder Experiment nach Ziegler/Nichols)

⇒ **Ergebnis:** Ermittlung von Kennwerten bzw. Parametern der erweiterten Strecke

z. B. **Verzugszeit** T_u**, Ausgleichszeit** T_g **, Proportionalbeiwert** K_{P_S} **bzw. Integrierbeiwert** K_I **der erweiterten Strecke, Zeitkonstanten,** $K_{P_{Krit.}}$ **sowie** $T_{Krit.}$ ⇒ Ableitung der erforderlichen Reglerstruktur gemäß zu erfüllenden Güteforderungen (vgl. hierzu Erläuterungen auf S. 155 sowie bzw. Tabelle 3-16)

Alternativ: Ermittlung des Prozessmodells durch **theoretische Prozessanalyse**

Schritt 3: Ermittlung der Reglerparameter durch Nutzung ausgewählter Bemessungsformeln (z. B. nach Strejc-Chien/Hrones/Reswick, Ziegler/Nichols, Reinisch und unter Nutzung von Reglerentwurfssoftware – z. B. Matlab)

⇒ **Ergebnis:** Parametersätze für die Regelalgorithmen

Proportionalbeiwert K_p**, Nachstellzeit** T_n **und Vorhaltzeit** T_v

Schritt 4: Regelkreistest, d. h. simulative Untersuchung des Regelkreisverhaltens[141]
⇒ **Ergebnis:** Simulative Aussage zum Erfolg des Reglerentwurfs

Sofern das simulierte Regelkreisverhalten den Forderungen an das Führungs- bzw. Störverhalten entspricht, kann der Regelkreis in Betrieb genommen werden.

Schritt 5: Regelkreisinbetriebnahme und Regelkreiserprobung (Stabilität, Führungs- bzw. Störverhalten)
⇒ **Ergebnis:** Inbetriebnahmevorschrift

3.4.5 Fachsprachen für die Implementierung von Steuer- sowie Regelalgorithmen auf speicherprogrammierbarer Technik

3.4.5.1 Allgemeines

Die Software für speicherprogrammierbare Technik[142] umfasst allgemein

- Systemsoftware (Firmware, Bausteinbibliotheken, Konfigurier-, Parametrier-, Test- und Inbetriebnahmesoftware) sowie

- Anwendersoftware (Anwenderprogramm)

und wird im Detail-Engineering erarbeitet (vgl. Bild 2-2 auf S. 6 bzw. Bild 2-5 auf S. 8). Oft enthält das mit der Anfrage vom Kunden an den Anbieter übergebene Lastenheft in Form allgemeiner, d. h. von eingesetzter Hardware sowie Systemsoftware unabhängiger, Funktionspläne Vorgaben für die Anwendersoftware bzw. werden diese im Rahmen des Basic-Engineerings vom Anbieter erarbeitet. Dabei wird als Grundlage häufig die Symbolik für Funktionspläne der Ablaufsteuerung nach DIN EN 60848 [49] verwendet.[143]

Mit der Entscheidung für den Einsatz speicherprogrammierbarer Technik eines bestimmten Herstellers ist die Systemsoftware als vorgegeben zu betrachten, weil Hardware und Systemsoftware bei speicherprogrammierbarer Technik eine Einheit

---

141 Konnte die Prozessanalyse als Information über die erweiterte Strecke lediglich Kennwerte wie z. B. Ausgleichs- bzw. Verzugszeit liefern, lässt sich der Regelkreis im Allgemeinen nicht simulieren, weil dazu Differenzialgleichung, Übertragungsfunktion, Frequenzgang oder Gewichts- bzw. Übergangsfunktion der erweiterten Strecke benötigt werden.

142 Wie in Fußnote 46 auf S. 66 bereits erläutert, ist mit dem Begriff „Speicherprogrammierbare Technik" SPS-Technik gemeint, die separat und/oder als integraler Bestandteil von Prozessleitsystemen eingesetzt wird.

143 Erläuterungen zu DIN EN 60848 sowie ein sich auf Bild 3-129 (vgl. S. 177) beziehendes Beispiel sind im Anhang 7 enthalten.

bilden. Auf Basis der Systemsoftware entwickelt nun der Projektierungsingenieur (Anwender) die zur Lösung einer vorliegenden Aufgabe geeignete Anwendersoftware. Diese Tätigkeit umfasst das Konfigurieren und Parametrieren sowohl auf der Steuerungs- und Regelungsebene als auch auf der Prozessführungsebene (Prozessdatenverarbeitung, Prozessbedienung und -beobachtung)[144]. Während das Konfigurieren und Parametrieren auf der Prozessführungsebene produktabhängig unterschiedlich gehandhabt wird, nutzt der Anwender beim Konfigurieren und Parametrieren auf der Steuerungs- und Regelungsebene standardisierte Fachsprachen. Um die nachfolgenden Betrachtungen überschaubar zu halten, wird im Folgenden nur das Konfigurieren und Parametrieren auf der Steuerungs- und Regelungsebene betrachtet.

International haben sich für das *Konfigurieren und Parametrieren der Steuerungs- und Regelungsebene* folgende Fachsprachen durchgesetzt:

- Strukturierter Text (ST),
- Kontaktplan (KOP),
- Anweisungsliste (AWL),
- Funktionsplan (FUP),
- Ablaufsprache (AS).

Als zunehmend problematisch erweist sich hierbei, dass die SPS- bzw. PLS-Hersteller zwar die genannten Fachsprachen anbieten, jedoch jeder Hersteller seinen eigenen „Dialekt" verwendet. Dadurch ist z. B. bei einem Anlagenumbau im Sinne einer Modernisierung der Austausch des Systems von Hersteller A gegen ein moderneres Produkt des Herstellers B wie ein Rückbau mit anschließender Neuerrichtung zu betrachten, was mit entsprechend hohen Investitionen verbunden ist. Vor dem Hintergrund einer anhaltenden stürmischen Weiterentwicklung der Rechentechnik wird die Zahl der Fälle zunehmen, auf die dieses Modernisierungsszenario zutrifft. Daher müssen sich die Hersteller der Forderung stellen, dass mit ihren Produkten solche Modernisierungsprojekte künftig mit wirtschaftlicherem Aufwand als bisher realisierbar sind. Das setzt aber voraus, dass die genannten Fachsprachen international einheitlich genormt werden. Diesem Anspruch widmet sich die Norm DIN EN 61131-3 [50], indem sie sich als Ziel die Bereitstellung eines einheitlichen, d. h. herstellerunabhängigen, Konfigurier- und Parametrierstandards für die Erarbeitung der Anwendersoftware setzt, damit die auf dieser Basis entwickelte Anwendersoftware auf jeder Hardware ablauffähig ist, die den Standard DIN EN 61131-3 unterstützt. Im Folgenden werden die Fachsprachen nach DIN EN 61131-3 näher betrachtet.

---

144 Das Konfigurieren und Parametrieren auf der Prozessführungsebene wird oft auch als HMI-Konfiguration bezeichnet, wobei HMI als Abkürzung für Human Machine Interface steht.

3.4.5.2   Fachsprachen nach DIN EN 61131-3

In DIN EN 61131-3 [50] werden die zur *Konfiguration und Parametrierung der Steuerungs- und Regelungsebene* nutzbaren Fachsprachen genormt. Dazu zählen:

1. Strukturierter Text (ST, engl. „ST" – Structured Text):

   - textuelle Sprache, die wie eine Hochsprache strukturiert ist,
   - ermöglicht Beschreibung komplexerer Prozeduren, die mit grafischen Sprachen nicht oder nur schwer darstellbar sind sowie Einbindung externer Anwendungen (z. B. C^{++}-Anwendungen).

2. Anweisungsliste (AWL, engl. „IL" – Instruction List): [145]

   - textuelle Sprache, die aus Steuerungsanweisungen mit einem Operator und einem Operanden besteht,
   - ermöglicht Beschreibung komplexerer Prozeduren, die mit grafischen Sprachen nicht oder nur schwer darstellbar sind.

3. Kontaktplan (KOP, engl. „LD" – Ladder Diagram):

   - grafische Fachsprache, abgeleitet aus direkt verdrahteten Relaissteuerungen.

4. Funktionsbausteinsprache (FBS, engl. „FBD" – Function Block Diagram):

   - grafische Fachsprache, abgeleitet aus dem Logikplan elektronischer Schaltungen (FUP),
   - „Dialekt"[146]: CFC (Continuous Function Chart → Konfiguration und Parametrierung von auf speicherprogrammierbarer Technik ablaufenden Regelungen).

5. Ablaufsprache (AS, engl. „SFC" – Sequential Function Chart):[147]

   - Petri-Netz-ähnliche grafische Fachsprache für ablauforientierte Steuerungsprogramme,
   - ist aus Schritten und Transitionen aufgebaut.

Zur Veranschaulichung zeigt Bild 3-127 am Beispiel der logischen Funktion (Verknüpfungsfunktion) $E = \overline{(A \vee B)} \wedge (C \vee D)$ die Darstellung in ST, AWL, KOP und FBS.

Um die Betrachtungen zu den genannten Fachsprachen abzurunden, wird im Folgenden am Beispiel des bereits im Abschnitt 3.3.3.5 vorgestellten Rührkesselreaktors (vgl. Angaben auf S. 80 ff.) gezeigt, wie Anwenderprogramme aus Funktionsbausteinen zusammengesetzt werden, wobei zur Konfiguration und Parametrierung der Funktionsbausteine die Fachsprachen „FBS" bzw. „AS" benutzt werden sollen.

---

145 Ausgewählte Befehle der Fachsprache „AWL" sind im Anhang 8 aufgeführt.

146 Da die Fachsprache „CFC" grundsätzlich wie die Funktionsbausteinsprache aufgebaut ist, sehen es die Autoren als gerechtfertigt und sinnvoll an, die von DIN EN 61131-3 nicht erfasste Fachsprache „CFC" hier mit einzuordnen.

147 Symbolik und ausgewählte Symbole der Fachsprache „AS" sind im Anhang 9 aufgeführt. Die Kenntnis der Funktionsweise einer Ablaufkette wird vorausgesetzt. Zur Vertiefung wird auf DIN EN 61131-3 [50] verwiesen.

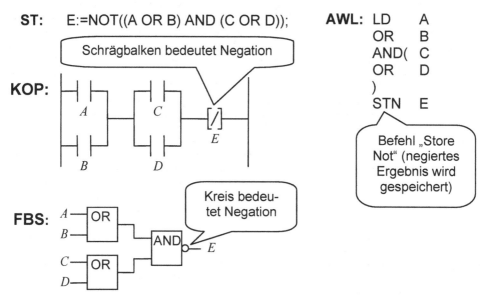

Bild 3-127: Darstellung der Verknüpfungsfunktion $E = \overline{(A \vee B) \wedge (C \vee D)}$ in den Fachsprachen ST, KOP, FBS und AWL[148]

Zentrale EMSR-Stelle ist US 1 (vgl. Bild 3-61 auf S. 82), in welcher der Steueralgorithmus abgearbeitet wird. Eingangsgrößen für den Steueralgorithmus sind Binärsignale (vgl. hierzu auch Tabelle 3-12 auf S. 139), die beim Erreichen von

- Grenzwerten sowie Zwischenwert des Füllstandes (EMSR-Stelle LIS+/- 2) bzw. von Grenzwerten der Temperatur (EMSR-Stelle TIS± 3) mittels Funktionsbausteinen jeweils aus Messwerten für Füllstand bzw. Temperatur erzeugt werden,

- Endlagen an den Armaturen V1, V2 und V5 (EMSR-Stellen GS±O± 5, 6 und 9) entstehen.

Ausgangsgrößen sind Binärsignale für das Ein-/Ausschalten der Antriebsmotoren M1 bzw. M2 für die Pumpen P1 bzw. P2 sowie des Antriebsmotors M3 für das Rührwerk im Rührkesselreaktor R1 und Binärsignale für das Öffnen sowie Schließen der Armaturen V1 bis V5 (vgl. hierzu auch Tabelle 3-12 auf S. 139).

Es bietet sich an, für die Überwachung der Grenzwerte bzw. des Zwischenwertes bezüglich der gemessenen Werte (Analogwerte) für Füllstand bzw. Temperatur sowie Bildung der jeweiligen Binärsignale bei Erreichen von Grenzwerten bzw. Zwischenwert einen Funktionsbaustein in der Fachsprache „FBS" und für den Steueralgorithmus einen Funktionsbaustein in der Fachsprache „AS" zu entwickeln. Da hier nur die prinzipielle Vorgehensweise veranschaulicht werden soll, wird auf die beim Entwickeln von Funktionsbausteinen erforderliche Variablendeklaration nicht eingegangen.

---

148 Mittels Ablaufsprache werden sequentielle binäre Systeme beschrieben. Die aufgeführte Verknüpfungsfunktion beschreibt jedoch ein kombinatorisches binäres System – eine Darstellung mittels Ablaufsprache ist daher nicht zweckmäßig.

Den Funktionsbaustein „ESV" (Eingangssignalverarbeitung), der jeweils für die Über-wachung von Grenzwerten bzw. Zwischenwert bezüglich der gemessenen Werte (Analogwerte) für Füllstand bzw. Temperatur sowie Bildung der jeweiligen Binärsigna-le bei Erreichen von Grenzwerten bzw. Zwischenwert verwendet wird, zeigt Bild 3-128. Er wird zur Realisierung der Funktionen der EMSR-Stellen „LIS+/- 2" bzw. „TIS±3" eingesetzt.

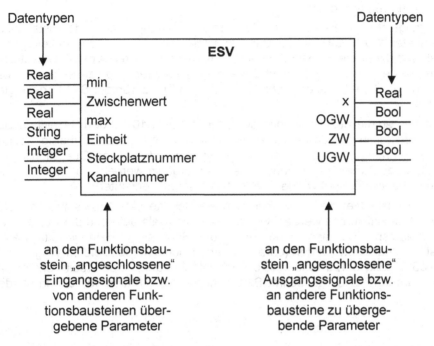

Bild 3-128: Funktionsbaustein zur Überwachung von Grenzwerten bzw. Zwischen-wert von Füllstand bzw. Temperatur für das Beispiel „Rührkesselreaktor"

Auf der linken Seite des Funktionsbausteins werden jeweils Parameter sowie Signale aufgeführt, die an den Funktionsbaustein übergeben werden. Parameter sind hier:[149]

• minimaler Wert (min), Zwischenwert und maximaler Wert (max), bezüglich welcher die Eingangsgröße zu überwachen ist (vgl. Angaben auf S. 80 f.),

• Einheit der Eingangsgröße,

• Steckplatznummer der Baugruppe, zu welcher der Eingabekanal gehört, an den die Eingangsgröße angeschlossen ist,

• Nummer des Eingabekanals, an den die Eingangsgröße angeschlossen ist.

---

149 An den Funktionsbaustein „ESV" werden in diesem Beispiel keine Signale von anderen Funktionsbausteinen übergeben.

Auf der rechten Seite werden jeweils Signale bzw. Parameter, die vom Funktionsbaustein ausgegeben bzw. übergeben werden, dargestellt. Signale sind hier: [150]

- Ausgangswert (x),
- oberer Grenzwert erreicht (OGW),
- Zwischenwert erreicht (ZW),
- unterer Grenzwert erreicht (UGW).

Bild 3-129 zeigt den inneren Aufbau des mittels Ablaufsprache[151] darzustellenden Funktionsbausteins „Ablaufkette" für den _Nominal_betrieb,[152] der den Steueralgorithmus enthält und daher die Funktionen der EMSR-Stelle US 1 realisiert.[153] Der Steueralgorithmus wurde – wie im Abschnitt 3.4.2 bereits erläutert – prozessmodellbasiert entworfen (vgl. S. 133 ff.). Bei der Umsetzung des im Bild 3-105 auf S. 141 gezeigten Steuernetzes

- korrespondieren die Bezeichnungen der Schritte S0…S10 mit den Bezeichnungen s_0 … s_{10} der Stellen des Steuernetzes (vgl. Bild 3-105; Falls zweckmäßig, können diese Bezeichnungen auch mit den Bezeichnungen derjenigen Operationen, die den Stellen des Steuernetzes zugeordnet sind, ergänzt werden. Aus Gründen der besseren Übersichtlichkeit wurde im Bild 3-129 darauf verzichtet),
- brauchen Stellsignale, die nicht über mehrere Schritte aktiv sein sollen, nicht im Folgeschritt deaktiviert zu werden, weil diese Stellsignale aufgrund der Eigenschaften der Ablaufsprache nach Deaktivierung des Schrittes, in dem sie aktiv waren, automatisch deaktiviert werden (daraus ergeben sich einerseits die im Vergleich zu Bild 3-105 im Bild 3-129 erkennbaren Vereinfachungen, andererseits erklärt das auch, warum im Bild 3-129 Schritt S10 nicht mit einer Aktion verbunden werden muss).

---

150 Vom Funktionsbaustein „ESV" werden in diesem Beispiel keine Parameter an andere Funktionsbausteine übergeben.

151 Hinweis in Fußnote 147 auf S. 173 beachten!

152 Der Einfachheit halber wird hier nur der Steueralgorithmus für den Nominalbetrieb (Normalbetrieb) betrachtet.

153 Um auch ein Beispiel zur Darstellung von Funktionsplänen nach DIN EN 60848 anführen zu können, wird der mittels Ablaufsprache formulierte Steueralgorithmus nach Bild 3-129 im Anhang 7 in der Symbolik von Funktionsplänen der Ablaufsteuerung nach DIN EN 60848 dargestellt.

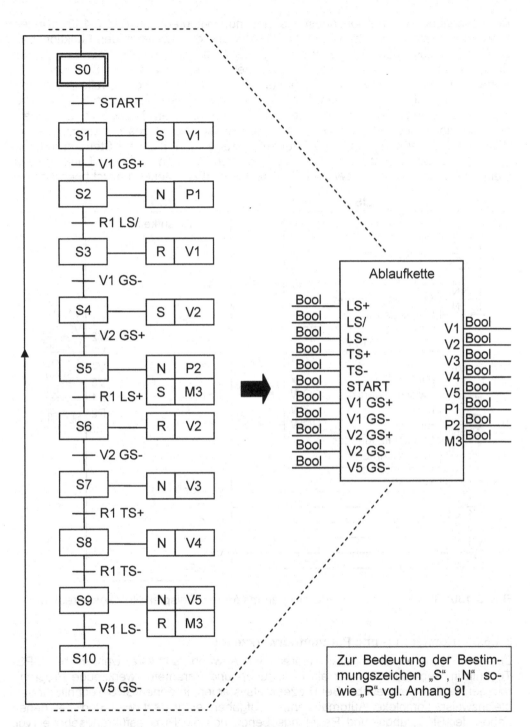

Bild 3-129: Funktionsbaustein „Ablaufkette" für das Beispiel „Rührkesselreaktor"

Die beschriebenen Funktionsbausteine sind nun entsprechend Bild 3-130 in einem Anwenderprogramm zusammenzufügen. Dabei sind die jeweils an den Funktionsbaustein angeschlossenen Signale bzw. Parameter zu bezeichnen. Die beim Entwurf des Steueralgorithmus für die Ereignis- bzw. Stellsignale verwendeten Bezeichnungen werden im Funktionsbaustein „Ablaufkette" zu Platzhaltern, an die jeweils die „realen" Signale „angeschlossen" werden. Um dies zu verdeutlichen, wurden im Bild 3-130 für die „realen" Signale zwar ähnliche, jedoch nicht die gleichen Bezeichnungen gewählt (was prinzipiell auch möglich wäre). Das am Anschluss „x" des Funktionsbausteins „ESV" anzuschließende Signal wird nur zur Anzeige (d. h. nicht zur Steuerung) benötigt und wird daher nicht beschaltet. Aus ähnlichen Gründen wird beim Funktionsbaustein „TIS 3" der Ausgang „ZW" nicht beschaltet (wird zur Steuerung nicht benötigt).

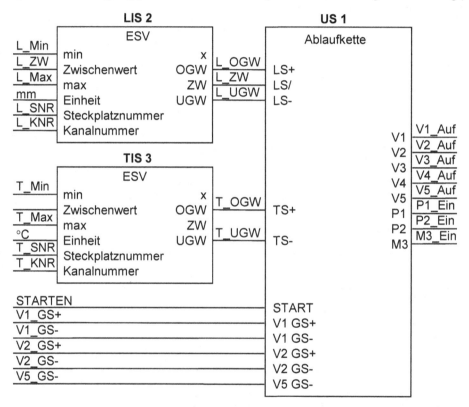

Bild 3-130: Struktur des Anwenderprogramms für das Beispiel „Rührkesselreaktor"

3.4.5.3 Konfigurier- und Parametrierwerkzeuge

Zum Konfigurieren und Parametrieren der Anwendersoftware werden bei SPS-Technik im separaten Einsatz als Konfigurier- und Parametrierwerkzeuge Programmiergeräte (PCs) eingesetzt. Bei Prozessleitsystemen, in denen SPS-Technik für vergleichsweise komplexe Automatisierungsaufgaben eingesetzt wird und bei denen neben der Steuerungs- und Regelungsebene auch die Prozessführungsebene (vgl. Ebenenmodell nach Bild 3-2 auf S. 16) zu konfigurieren und zu parametrieren ist, sind hingegen Engineeringsysteme erforderlich.

4 Projektierung der elektrischen, pneumatischen und hydraulischen Hilfsenergieversorgung

4.1 Einführende Bemerkungen

Jede Automatisierungsanlage benötigt zur Realisierung ihrer Funktionalität unterschiedliche Hilfsenergien, wobei, wie bereits in der Überschrift zum Ausdruck gebracht, elektrische, pneumatische und hydraulische Hilfsenergie zum Einsatz kommen. Nahezu alle EMSR-Stellen benötigen elektrische bzw. pneumatische Hilfsenergie, letztere z. B. für pneumatische Stellantriebe. Die hydraulische Hilfsenergie ist für die „klassischen" EMSR-Stellen weniger erforderlich, wird aber dort eingesetzt, wo besonders große Stellkräfte, wie zum Beispiel in der Kraftwerkstechnik oder an Schneid- sowie Walzeinrichtungen in der Stahlindustrie bzw. anderen Branchen des Maschinenbaus, aufzubringen sind. Demzufolge sind für die Bereitstellung dieser Hilfsenergien entsprechende Projektierungsleistungen zu realisieren. Die dafür erforderliche prinzipielle Vorgehensweise wird im Folgenden erläutert. Darüber hinausgehende Ausführungen sind nicht Ziel und Inhalt dieses Buches.

4.2 Basisstruktur der Hilfsenergieversorgung

Bild 4-1 zeigt einführend die Projektkomponenten sowie ihr Zusammenwirken für das komplette Projekt einer Automatisierungsanlage (vgl. auch Bild 3-1 auf S. 14). Dabei wird mittels Verbindern die Verknüpfung von Pneumatik- und Hydraulikprojekt mit dem EMSR-Projekt sowie mittels Klemmen die Verknüpfung von Elektro- und EMSR-Projekt dokumentiert. Das bedeutet, bereits bei Erarbeitung der EMSR-Stellenpläne (vgl. Abschnitt 3.3.4.4) ist festzulegen, welche Hilfsenergieart in welchem Umfang (elektrische Leistung, Luftbedarf bzw. hydraulische Hilfsenergie) erforderlich ist. Die einzelnen Zuführungen der Hilfsenergien sind jeweils in die Verbinderliste (pneumatische oder hydraulische Hilfsenergie)[154] bzw. Klemmenpläne (elektrische Hilfsenergie) einzutragen. Verbinderliste und Klemmenpläne ergänzen die Unterlagen des Kernprojektes, indem Bedarf sowie Zuführung der elektrischen, pneumatischen bzw. hydraulischen Hilfsenergie für die projektierten Automatisierungsmittel vollständig erfasst und an Hand der oben genannten Verbinderlisten bzw. Klemmenpläne sowie der daraus resultierenden Erweiterung der EMSR-Stellenpläne (Beispiele vgl. Bild 3-70 bis Bild 3-74 auf S. 95 bis S. 99) dokumentiert werden.

Des Weiteren sind auch die Anforderungen seitens EMV (Elektromagnetische Verträglichkeit) sowie Blitzschutz zu berücksichtigen, für deren vertiefende Behandlung auch auf entsprechende Spezialliteratur (z. B [51, 52]) verwiesen wird.

---

154 In Verbinderlisten werden pneumatische bzw. hydraulische Leitungsverbindungen dokumentiert (ähnlich wie elektrische Leitungsverbindungen in Klemmenplänen).

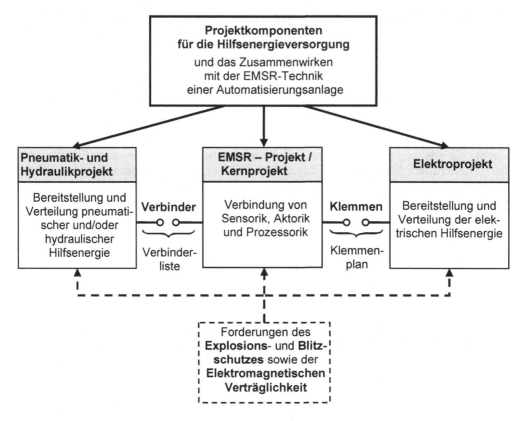

Bild 4-1: EMSR-Projekt im Zusammenwirken mit dem Elektro-, Pneumatik- und Hydraulikprojekt

Damit ist im Weiteren die Fragestellung relevant, wie die notwendigen Hilfsenergien bereitgestellt werden bzw. ihr Bedarf im Einzelnen ermittelt wird. Am Beispiel der elektrischen Hilfsenergie wird zunächst auf Bereitstellung und Ermittlung der erforderlichen elektrischen Leistung eingegangen.

4.3   Elektrische Hilfsenergieversorgung

4.3.1 Bereitstellung und Verteilung

Generell kann davon ausgegangen werden, dass der Bedarf an elektrischer Hilfsenergie, insbesondere für eine Produktionsanlage, erheblich ist, wozu auch die zugehörige Automatisierungsanlage beiträgt. Deshalb ist es wichtig, den erforderlichen Bedarf an elektrischer Hilfsenergie umfassend zu ermitteln und beim Gesamtenergiebedarf einer Industrieanlage zu berücksichtigen. Dabei soll hauptsächlich von der im Bild 4-2 dargestellten Struktur ausgegangen werden.

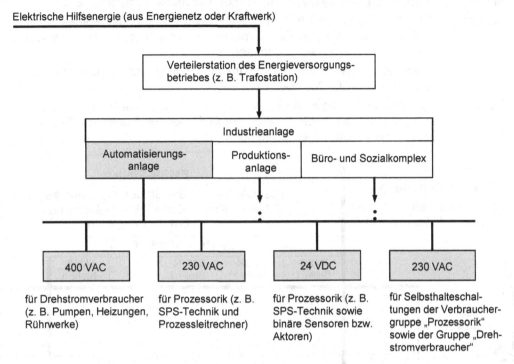

Bild 4-2: Übersicht zur Bereitstellung und Verteilung der elektrischen Hilfsenergie

Die benötigte elektrische Hilfsenergie wird demnach meist aus einem leistungsstarken Energienetz entnommen.[155] Als Hauptverbraucher sind neben der Automatisierungsanlage vor allem die Produktionsanlage an sich sowie der Büro- und Sozialkomplex zu berücksichtigen. Ausgehend von der Automatisierungsanlage werden Verbraucher der Spannungsebenen 400 VAC, 230 VAC und 24 VDC betrachtet. Diese Verbraucher sind für Automatisierungsanlagen charakteristisch und bestimmen den elektrischen Leistungsbedarf der Automatisierungsanlage.

4.3.2 Bedarfsermittlung

Als Basisansatz wird hierzu für jede einzelne EMSR-Stelle der elektrische Leistungsbedarf ermittelt und danach die Summe des Bedarfs aller EMSR-Stellen, die dem Gesamtbedarf der Automatisierungsanlage entspricht, gebildet. Dazu wird folgende Vorgehensweise empfohlen (vgl. Bild 4-3):

---

155 In bestimmten Industriezweigen (Zuckerindustrie, Papierindustrie) ist es üblich, neben der Industrieanlage ein Kraftwerk für die Bereitstellung der benötigten elektrischen Hilfsenergie zu errichten.

Schritt 1:   Tabellieren aller EMSR-Stellen einer Automatisierungsanlage.

Schritt 2:   Ermittlung des erforderlichen elektrischen Leistungsbedarfes für jede EMSR-Stelle an Hand der Firmendokumentationen für die jeweils aus-gewählten Automatisierungsmittel.

Schritt 3:   Zeilenweises Addieren der elektrischen Leistungen für die Spannungs-ebenen 400 VAC, 230 VAC bzw. 24 VDC.

Schritt 4:   Ermittlung des gesamten elektrischen Leistungsbedarfes für die Automa-tisierungsanlage durch Addition der in der letzten Spalte von Bild 4-3 an-gegebenen elektrischen Leistungen.

Hauptverteilung der elektrischen Hilfsener-gie (Starkstromzellen)		EMSR-Stellen (Regelkreise, binäre Steuerungen und separate Messstellen – Basis R&I-Fließschema und EMSR-Stellenpläne)					
		Leistungsbedarf [kW]					
		EMSR-Stelle 1	EMSR-Stelle 2	EMSR-Stelle 3	...	EMSR-Stelle n	Σ
Prozess-leitwarte	400 V AC	1,0	1,5		...	1,5	4,0
	230 V AC	0,3	0,5 (Reserve)	0,5	...		1,3
	24 V DC				...		0,0
Schaltraum	400 V AC	1,0			...		1,0
	230 V AC	1,0	0,5	0,5	...		2,0
	24 V DC				...		0,0
Feld	400 V AC	5,0	12,0	10,0	...	2,0	29,0
	230 V DC	0,7	2,1 (Reserve)	0,7	...	3,2	6,7
	24 V DC	0,3	1,2	1,0	...	0,5	3,0
Gesamtlei-stungsbedarf		Σ 400 V AC: 34 kW		Σ 230 V AC: 10 kW		Σ 24 V DC: 3 kW	47 kW

Bild 4-3:   Beispiel zur Ermittlung des Leistungsbedarfes einer Automatisierungsanlage

Für die vollständige Realisierung des Elektroprojektes zur Verteilung der elektrischen Hilfsenergie sowie Ermittlung des elektrischen Leistungsbedarfes einer Automatisie-rungsanlage sind in Ergänzung der obigen Ausführungen weitere vertiefende Betrachtungen erforderlich, die nachfolgend zumindest benannt und kurz vorgestellt werden. Dazu ist an erster Stelle der sogenannte Gleichzeitigkeitsfaktor zu nennen, welcher berücksichtigt, dass nicht alle Verbraucher einer Industrieanlage gleichzeitig in Betrieb sind, wodurch eine gewisse Reduktion des Bedarfes an elektrischer Leistung erzielt werden kann. Die Ermittlung dieses Gleichzeitigkeitsfaktors ist hauptsächlich durch die Anforderungen des verfahrenstechnischen Prozessbetriebes sowie die redundante Auslegung der relevanten Verbraucher bestimmt. Des Weiteren ist auch die Einteilung der Verbraucher nach statischer oder dynamischer Last wesentlich. So wirken zum Beispiel Apparateheizungen als statische Lasten und die gleichfalls in der Automatisierungsanlage eingesetzten Elektromotoren als dynamische Lasten. Dabei gilt, dass bei statischen Lasten an Hand des Wirkungsgrades die tatsächlich vom Verbraucher aufgenommene elektrische Leistung berechnet werden kann, während bei dynamischen Lasten eine Berechnung nach DIN EN ISO 5199 [53] durchzuführen ist (vgl. auch [54]). Diese Betrachtungen erfordern folglich detailliertere Planungsleistungen, die den Rahmen der in diesem Abschnitt vorgestellten Grundansätze zu Inhalt und Ausführung eines Elektroprojektes deutlich überschreiten würden und daher hier nicht angestellt werden.

4.3.3 Zuschaltung

Bei der Zuschaltung der elektrischen Hilfsenergie ist zwischen der Prozessorik, beispielsweise repräsentiert durch speicherprogrammierbare Technik, und den eigentlichen Großverbrauchern der Produktionsanlage zu unterscheiden. Daher soll die Zuschaltung der elektrischen Hilfsenergie stets getrennt erfolgen, das heißt, zuerst die Zuschaltung der Prozessorik und danach der Großverbraucher. Generell ist dabei das Prinzip der Selbsthalteschaltung (Bild 4-4) anzuwenden. Das heißt, der Taster „EIN" ist so lange zu betätigen, bis der Kontakt zwischen den Anschlüssen 1 und 2 (Selbsthaltekontakt) der jeweils zugehörigen Schaltschütze die Selbsthaltung aktiviert hat, um zuerst für die Prozessorik die Spannung 230 VAC durchzuschalten. Anschließend kann mit dem anderen Taster „EIN" die Spannung 400 VAC für Großverbraucher zugeschaltet werden. Dabei sind sowohl für die Prozessorik als auch für die Großverbraucher jeweils die Selbsthaltekontakte zweier Schütze in Reihe geschaltet, womit erreicht wird, dass beim Ausschalten bzw. bei NOT-Ausschaltung die elektrische Hilfsenergie durch mindestens ein Schaltschütz abgeschaltet wird, falls, bedingt durch technischen Defekt, ein Schütz „klemmen" sollte. Für die NOT-AUS-Schaltung (Bild 4-4b) wurde hier beispielhaft je ein NOT-AUS-Taster der Prozessleitwarte, dem Schaltraum bzw. dem Feld zugeordnet.

Der Anschluss von Baugruppen speicherprogrammierbarer Technik (z. B. Analogeingabebaugruppen, Binärausgabebaugruppen usw.) ist den jeweiligen Produktdokumentationen zu entnehmen (z. B. [25]). Zur Veranschaulichung wird im Bild 4-5 das allgemeine Prinzip der Stromversorgung binärer SPS-Baugruppen sowie daran angeschlossener binärer Sensorik bzw. Aktorik gezeigt. Dabei wird angenommen, dass durch Schütz „K1" über den Kontakt mit den Anschlüssen 5 und 6 ein 24 VDC-Stromversorgungsgerät eingeschaltet wird (vgl. Bild 4-5). Dieses Stromversorgungsgerät versorgt die Binäreingabe- bzw. Binärausgabebaugruppen, an denen jeweils binäre Sensoren (symbolisiert durch Kontakte) bzw. binäre Aktoren (symbolisiert durch Stellventile mit elektromagnetischen Stellantrieben) angeschlossen sind.

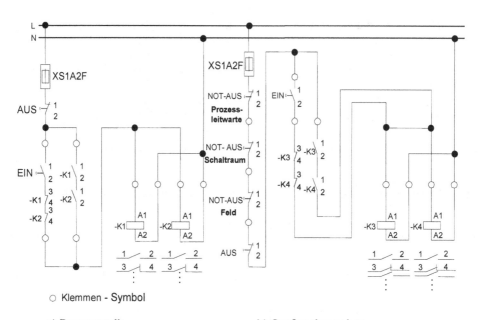

○ Klemmen - Symbol

a) Prozessorik
(z. B. SPS-Technik bzw. Prozessleitrechner)

b) Großverbraucher
(z. B. Aktorik in der Produktionsanlage)

Bild 4-4: Basisstruktur für die Zuschaltung der elektrischen Hilfsenergie

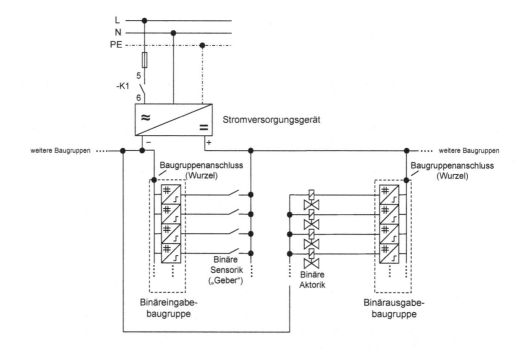

Bild 4-5: Prinzip der Stromversorgung binärer SPS-Baugruppen

4.3.4 Systematisierung

Zur Einordnung des Elektroprojekts werden nachfolgend prinzipielle Vorgehensweise und Leistungsumfang zusammenfassend dargestellt (Bild 4-6). Dabei soll verdeutlicht werden, wie die Projektierungsleistungen für die Bereitstellung der elektrischen Hilfsenergieversorgung für die Automatisierungsanlage zugleich Bestandteil des Elektroprojekts einer Industrieanlage sind. Sowohl an Hand einzelner Ausführungsbeispiele als auch durch die Vorstellung prinzipieller Lösungsschritte wird der Elektroprojektierungsumfang dargestellt und damit ein detaillierteres Bearbeiten der Projektierungsinhalte für die Bereitstellung und Verteilung der elektrischen Hilfsenergie ermöglicht.

Übersicht

Erarbeitung eines Übersichtbildes zur Verteilung der elektrischen Hilfsenergie für die einzelnen Verbrauchergruppen einer Industrieanlage (Bild 4-2).

(Schritt 1)

Leistungsbedarf – Teil 1

Ermittlung des elektrischen Leistungsbedarfes für die Automatisierungsanlage, d. h. für

• Prozessleitwarte,

• Schaltraum und

• Feld (Bild 4-3).   **(Schritt 2)**

Leistungsbedarf – Teil 2

Ermittlung des elektrischen Leistungsbedarfes für die weiteren Verbrauchergruppen der gesamten Industrieanlage   **(Schritt 3)**

Fortsetzung (Schritt 4 bis 7) siehe Folgeseite!

Schritt 1 bis 3 von S. 185!

Basisstromlaufplan

Erarbeitung eines Basisstromlaufplans (Hauptvertei-
lungsstromlaufplans) für die Automatisierungsanlage
sowie die weiteren Verbrauchergruppen der gesamten
Industrieanlage   **(Schritt 4)**

Dekomposition des Basisstromlaufplans

Dekomposition des Basisstromlaufplans in mehrere Ebenen entsprechend des Umfangs von Automatisierungsanlage sowie weiteren Verbrauchergruppen der gesamten
Industrieanlage – Erarbeitung aller Einzelstromlaufpläne.
                                                                   (Schritt 5)

Schaltschranklayout

Erarbeitung der Schaltschrankbelegungspläne (Schaltschranklayouts) zur Realisierung der Verteilung der
elektrischen Hilfsenergie.   **(Schritt 6)**

Verbinderliste

Erarbeitung der Verbinderliste für die Automatisierungsanlage, d. h. des Planungsdokuments zur Kopplung von
Elektroprojekt und EMSR-Projekt.   **(Schritt 7)**

Bild 4-6:   Ansatz zur Projektierung der elektrischen Hilfsenergie

4.4 Pneumatische Hilfsenergieversorgung

4.4.1 Bereitstellung und Verteilung

Zur Versorgung einer Automatisierungsanlage mit pneumatischer Hilfsenergie wird Druckluft benötigt. Diese Druckluft wird meistens durch Kolbenverdichter oder Schraubenverdichter erzeugt. Für beide Verdichtertypen hält die einschlägige Industrie eine umfangreiche Produktpalette bereit, wobei je nach Luftmengen- und Luftdruckbedarf die unterschiedlichsten Anforderungen zu realisieren sind. Für die Projektierung einer Anlage zur Bereitstellung und Verteilung der pneumatischen Hilfsenergie wird daher folgende Vorgehensweise empfohlen:

Schritt 1:   *Ermittlung des erforderlichen Bedarfes an pneumatischer Hilfsenergie (Druckluftmenge).*

Dafür sind vom Projektierungsingenieur, ausgehend vom Nominalbetrieb (Normalbetrieb), für jeden Luftverbraucher, zum Beispiel pneumatischer Stellantrieb oder pneumatischer Arbeitszylinder, die erforderlichen Luftmengen zu ermitteln, wozu jeweils die entsprechenden Herstellerunterlagen auszuwerten sind. Die Summierung des Luftverbrauchs aller auf der Basis pneumatischer Hilfsenergie arbeitenden Automatisierungsmittel ergibt den Gesamtluftbedarf einer Automatisierungsanlage.

Schritt 2:   *Auswahl und Dimensionierung eines Drucklufterzeugers einschließlich eines geeigneten Druckminderers (Abströmregler).*

Der Projektierungsingenieur soll bei der Auswahl und Dimensionierung eines Drucklufterzeugers ca.10 % bis 20 % Reserve bezüglich des ermittelten Gesamtluftbedarfes berücksichtigen. Dabei kann generell davon ausgegangen werden, dass bei der Lufterzeugung ein Schraubenverdichter weniger Geräuschbelastung als ein Kolbenverdichter erzeugt. Vorteilhafterweise ist der mittels Druckluerzeuger realisierbare Primärdruck ca. 40% über dem in der Automatisierungsanlage benötigten Arbeitsdruck anzusetzen, wodurch a priori eine Reserve für die jeweils abgeforderten Luftmengen erzielt wird. Der gleichfalls benötigte Druckminderer muss den für die Automatisierungsanlage relevanten Arbeitsdruck gewährleisten und dabei gleichzeitig auch die erforderliche Luftmenge bereitstellen, d. h. den erforderlichen Luftdurchsatz sichern.

Schritt 3:   *Auswahl und Dimensionierung von Luftspeicher, Ölabscheider und Lufttrockner (Kondenstrockner).*

Je nach Durchsatz des für die Automatisierungsanlage ausgewählten Druckluerzeugers sowie Anzahl der in der Automatisierungsanlage vorhandenen Automatisierungsmittel, die mit pneumatischer Hilfsenergie zu versorgen sind, wird die Größe von Druckluftspeicher, Ölabscheider, Kondenstrockner und Nassabscheider bestimmt.

Dieser Vorgehensweise entsprechend ist für die Druckluerzeugung und -aufbereitung die im Bild 4-7 dargestellte Anlagenstruktur zu planen.

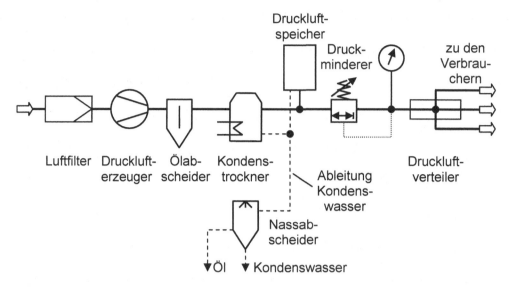

Bild 4-7: Struktur einer Anlage zur Erzeugung und Verteilung von Druckluft (pneumatische Hilfsenergie)

4.4.2 Verknüpfung von pneumatischer sowie elektrischer Hilfsenergieversorgung

Die Verknüpfung von pneumatischer und elektrischer Hilfsenergie erfolgt in anschaulicher Form am Beispiel pneumatischer Stellventile, gilt aber auch in ähnlicher Weise für mit pneumatischer Hilfsenergie betriebene Stelleinrichtungen ereignisdiskreter Prozesse. Als wesentliches Automatisierungsmittel für diese Verknüpfung kommt das sogenannte Wegeventil (Bild 4-8) zum Einsatz.

Das aus zwei Kammern bestehende Wegeventil wird mit dem binären elektrischen Einheitssignal 0/24 VDC gesteuert. Gleichzeitig ist es an die pneumatische Hilfsenergie angeschlossen. Je nach Schaltzustand wird die pneumatische Hilfsenergie zum Stellungsregler durchgeschaltet oder im Ruhezustand, wie im Beispiel nach Bild 4-8 dargestellt, durch Entlüftung gegen Atmosphäre entspannt. Dazu sind pro Kammer drei Anschlüsse vorgesehen, woraus sich auch die Bezeichnung 3/2-Wegeventil ableitet. Sowohl bei analogem pneumatischen als auch analogem elektrischen Stellsignal soll mittels pneumatischem Membranstellantrieb jeweils ein Drosselstellglied betätigt werden. In ersterem Fall wird ein pneumatischer, im anderen Fall ein elektropneumatischer Stellungsregler benötigt. Sofern es sich bei dem analogen elektrischen Stellsignal um ein Einheitsstromsignal handelt, was in der gegenwärtigen verfahrenstechnischen Praxis überwiegend der Fall ist, wird der elektropneumatische Stellungsregler als I/p-Stellungsregler ausgeführt und auch so bezeichnet.

Die durchgängig pneumatische Lösung (analoges pneumatisches Stellsignal mit pneumatischem Stellungsregler) wird heute im Wesentlichen nur noch angewendet, wenn sich die Stelleinrichtung im explosionsgefährdeten Bereich befindet und andere Explosionsschutzmaßnahmen wie z. B. Eigensicherheit[156] im Vergleich zur durchgängig pneumatischen Lösung nicht kostengünstiger realisierbar sind.

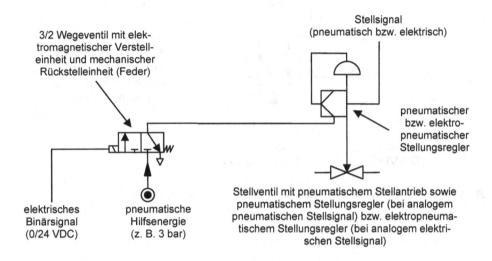

Bild 4-8: Zur Verknüpfung von pneumatischer und elektrischer Hilfsenergie

Die Funktion des pneumatischen Arbeitszylinders als wesentlichem Aktor für ereignisdiskrete Prozesse basiert gleichfalls auf pneumatischer Hilfsenergie, wobei das pneumatische Standardsignal von 6 bar verwendet wird. Die auch hier erforderliche Kopplung von pneumatischer und elektrischer Hilfsenergie erfolgt, wie bereits erläutert, gleichfalls mittels Wegeventil. Im Bild 4-9 wird dieses Zusammenwirken aufgezeigt. Wie beim Beispiel der pneumatischen Stellventile wird auch hier das Wegeventil mittels der binären Einheitssignale 0/24 VDC beaufschlagt und damit die pneumatische Hilfsenergie zum Arbeitszylinder durchgeschaltet.

---

156 Erläuterungen zur Zündschutzart „Eigensicherheit" siehe Abschnitt 5.3!

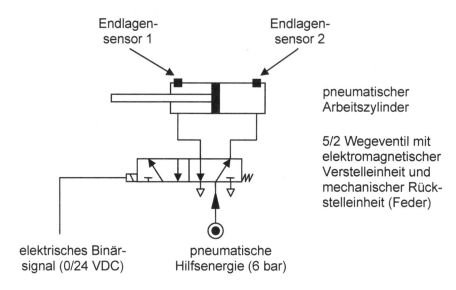

Bild 4-9:   Pneumatischer Arbeitszylinder – binär angesteuert

4.5   Hydraulische Hilfsenergieversorgung

4.5.1   Grundaufbau einer Hydraulikanlage – Basisansatz

Für die elektrische bzw. pneumatische Hilfsenergieversorgung einer Automatisierungsanlage sind normalerweise die zentrale Elektroenergieversorgung bzw. das zentrale Luftnetz verfügbar, so dass diese Hilfsenergien effektiv und durchgängig in Automatisierungsanlagen bereitstehen. Hingegen wird die hydraulische Hilfsenergie in Automatisierungsanlagen im Allgemeinen dort bereitgestellt, wo die entsprechenden Funktionseinheiten, zum Beispiel hydraulische Arbeitszylinder oder Hydraulikmotoren, diese Hilfsenergie benötigen. Als Basis weiterer Ausführungen zur Projektierung einer Hydraulikanlage wird deshalb im Bild 4-10 zunächst der Grundaufbau einer Hydraulikanlage [55, 56] gezeigt sowie das funktionelle Zusammenwirken der wesentlichen Hydraulikkomponenten erläutert.

Im Standardfall wird eine mittels Drehstrommotor angetriebene Hydraulikpumpe, z. B. Konstantpumpe, für die Erzeugung des erforderlichen Ölstroms einschließlich Vordrucks eingesetzt. Dabei wird das Hydrauliköl aus einem Ölbehälter (Wanne) angesaugt und der erforderliche Vordruck mittels Druckbegrenzungsventil konstant gehalten. Gegebenenfalls kann mittels Hydrospeicher dieser konstante Vordruck zusätzlich gesichert werden, indem der Hydrospeicher gegen den Druck einer Feder oder eines Gaspolsters Hydrauliköl aufnimmt und bei evtl. auftretenden Ölverbrauchsspitzen wieder mit dem erforderlichen Öldruck in die Hydraulikanlage abgibt. Desweiteren sichert der Hydrospeicher auch bei nicht arbeitender Hydraulikpumpe den Vordruck im hydraulischen Grundkreislauf (z. B. ist bei Nennbelastung hydraulischer Arbeitszy-

linder etwa mit einer Drift von 1 mm/h bis 3 mm/h zu rechnen [57]). Über das 4/3-We-
geventil fließt das Hydrauliköl zur Druckseite von Arbeitszylinder bzw. Hydraulikmotor
und das verdrängte Hydrauliköl über den Filter wieder zurück in den Ölbehälter. Je
nach Einsatzfeld der projektierten Hydraulikanlage sowie der ausgewählten hydraulischen Bauelemente sind in Hydraulikkreisläufen Drücke von etwa 60 bar bis 900 bar
möglich.

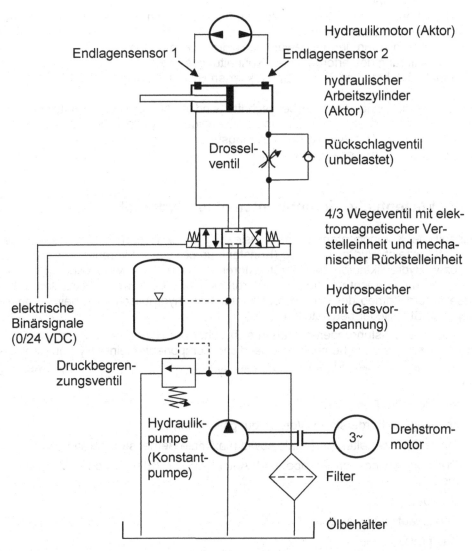

Bild 4-10:   Grundaufbau einer Hydraulikanlage (Hydraulikschaltplan mit Symbolen
nach ISO 1219 [58])

4.5.2   Grundüberlegungen für das Projektieren
einer Hydraulikanlage

In Anlehnung an Abschnitt 3.3 wird auch für das Projektieren einer Hydraulikanlage ein systematisches Vorgehen empfohlen, welches folgende Arbeitsschritte umfasst:

1. Auswahl der erforderlichen Hydraulikkomponenten für Aufbau und Funktion der Hydraulikanlage,
2. Berechnung der im Hydraulikkreis zu übertragenden und dem Hydraulikkreis zuzuführenden Leistung,
3. Dimensionierung der ausgewählten Hydraulikkomponenten,
4. Projektierung des erforderlichen Rohrleitungssystems,
5. Inbetriebnahme und Test der projektierten Hydraulikanlage.

Für die Realisierung dieser Arbeitsschritte sind entsprechende Kenntnisse zu wesentlichen Hydraulikkomponenten und notwendigen physikalischen Grundlagen, insbesondere unter dem Aspekt der Leistungsübertragung, erforderlich, auf die im folgenden Abschnitt eingegangen wird.

4.5.3   Wesentliche Komponenten einer Hydraulikanlage

Wesentliche Komponenten für die Auslegung einer Hydraulikanlage sind, wie im Bild 4-10 gezeigt, Hydraulikpumpe (Konstantpumpe) sowie hydraulischer Arbeitszylinder bzw. Hydraulikmotor, das heißt Aktoren, welche die jeweils benötigte Leistung einerseits zur Aufrechterhaltung von Vordruck sowie Ölstrom im Ölkreislauf und anderseits zum Antrieb der mit Hydraulikmotor bzw. hydraulischem Arbeitszylinder gekoppelten Stellglieder bereitstellen.

Die folgenden Ausführungen beziehen sich daher auf Hydraulikpumpe sowie Hydraulikmotor als – wie oben bemerkt – wesentliche Komponenten einer Hydraulikanlage.

Generell sind für Auswahl und Einsatz von Hydraulikpumpen folgende Parameter relevant:

- erforderlicher Pumpendruck,
- notwendiger Förderstrom (Verdrängungsvolumen),
- Temperaturverhalten (minimale sowie maximale Betriebstemperatur),
- Drehzahlbereich von Pumpe und Antriebsmotor (Elektro- oder Verbrennungsmotor),
- Geräuschpegel,
- Serviceaufwand sowie
- Kaufpreis.

Zur Verifizierung dieser Parameter stehen grundsätzlich folgende Basistypen von Hydraulikpumpen zur Verfügung:

- Außenzahnradpumpen (Konstantpumpen):
  - Einsatzfeld Mobilhydraulik,
  - Verdrängungsvolumen ca. 0,2 cm^3 bis 300 cm^3,
  - Betriebsdruck bis ca. 300 bar,
  - Drehzahlbereich ca. 500 min^{-1} bis 6000 min^{-1},
- Innenzahnradpumpen (Konstantpumpen):
  - Einsatzfeld Stationärhydraulik,
  - Verdrängungsvolumen ca. 3 cm^3 bis 250 cm^3,
  - Betriebsdruck bis ca. 300 bar,
  - Drehzahlbereich ca. 500 min^{-1} bis 3000 min^{-1},
- Flügelzellenpumpen (Konstantpumpen):
  - Einsatzfeld KFZ-Technik (z. B. Verteiler-Einspritzpumpe),
  - Verdrängungsvolumen ca. 5 cm^3 bis 100 cm^3,
  - Betriebsdruck bis ca. 100 bar,
  - Drehzahlbereich ca. 1000 min^{-1} bis 2000 min^{-1},
- Radialkolben-/Axialkolbenpumpen (Konstantpumpen):
  - Einsatzfeld Hochdruckbereich,
  - Verdrängungsvolumen ca. 0,5 cm^3 bis 100 cm^3,
  - Betriebsdruck bis ca. 700 bar,
  - Drehzahlbereich ca. 1000 min^{-1} bis 3000 min^{-1}.

In vergleichbarer Weise sind auch bei Auswahl und Einsatz von Hydraulikmotoren entsprechende Parameter zu beachten:

- Drehzahl,
- Drehmoment,
- Leistung,
- Schluckvolumen,
- Geräuschpegel,
- Serviceaufwand sowie
- Kaufpreis.

Zur Verifizierung dieser Parameter stehen ebenfalls geeignete Basistypen von Hydraulikmotoren zur Verfügung:

- Zahnradmotoren:.
  - Einsatzfeld Mobilhydraulik (z. B. Antriebe für Förderbänder oder -schnecken),
  - Schluckvolumen ca. 1 cm^3 bis 200 cm^3,
  - maximaler Betriebsdruck ca. 300 bar,
  - Drehzahlbereich ca. 500 min^{-1} bis 10000 min^{-1},

- Axialkolbenmotoren nach dem Mehrhubprinzip:
  - Einsatzfeld Rad- oder Windenantriebe,
  - Schluckvolumen ca. 200 cm³ bis 1000 cm³,
  - maximaler Betriebsdruck ca. 250 bar,
  - Drehzahlbereich ca. 5 min⁻¹ bis 300 min⁻¹,
- Radialkolbenmotoren nach dem Mehrhubprinzip:
  - Einsatzfeld Antriebe in Regelkreisen,
  - Schluckvolumen ca. 200 cm³ bis 8000 cm³,
  - maximaler Betriebsdruck ca. 450 bar,
  - Drehzahlbereich ca. 1 min⁻¹ bis 300 min⁻¹.

Ausgehend von den Anforderungen an die Hydraulikanlage bezüglich zu übertragender und durch Hydraulikmotor bzw. hydraulischen Arbeitszylinder abzugebender Leistung sind die Wirkungsgrade dieser Hydraulikkomponenten entscheidend (vgl. Bild 4-11 sowie Bild 4-12). Daher werden nachfolgend Wirkungsgrade von Hydraulikpumpen sowie Hydraulikmotoren betrachtet.

Hydraulikpumpen

Für Hydraulikpumpen werden volumetrischer Wirkungsgrad $\eta_{P_{vol.}}$ sowie mechanisch-hydraulischer Wirkungsgrad $\eta_{P_{mh}}$ (Bild 4-11) unterschieden.

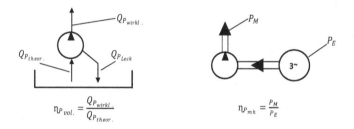

Bild 4-11:   Volumetrischer sowie mechanisch-hydraulischer Wirkungsgrad für Hydraulik*pumpen*

Dabei berechnet sich der volumetrische Wirkungsgrad $\eta_{P_{vol}}$ (vgl. Bild 4-11) zu

$$\eta_{P_{vol.}} = \frac{Q_{P_{wirkl.}}}{Q_{P_{theor.}}} \tag{4-1}$$

mit

- $Q_{P_{theor.}}$ – theoretischer (aufgenommener) Volumenstrom,
- $Q_{P_{wirkl.}}$ – wirklicher (abgegebener) Volumenstrom ($Q_{P_{wirkl.}} = Q_{P_{theor.}} - Q_{P_{Leck}}$),
- $Q_{P_{LECK}}$ – Leckage-Volumenstrom

sowie der mechanisch-hydraulische Wirkungsgrad $\eta_{P_{mh}}$ (vgl. Bild 4-11) zu

$$\eta_{P_{mh}} = \frac{P_M}{P_E} \qquad (4\text{-}2)$$

mit

- P_M – **mechanische (abgegebene) Leistung der Hydraulikpumpe und**

- P_E – zugeführte elektrische Leistung.

Hydraulikmotoren

Für den Hydraulikmotor sind gleichfalls der volumetrische Wirkungsgrad $\eta_{M_{vol.}}$ sowie der mechanisch hydraulische Wirkungsgrad $\eta_{M_{mh}}$ (Bild 4-12) zu unterscheiden.

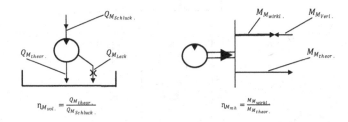

Bild 4-12:   Volumetrischer sowie mechanisch-hydraulischer Wirkungsgrad für Hydraulik*motoren*

Dabei berechnet sich der volumetrische Wirkungsgrad $\eta_{M_{vol.}}$ (vgl. Bild 4-12) zu

$$\eta_{M_{vol.}} = \frac{Q_{M_{theor.}}}{Q_{M_{Schluck.}}} \qquad (4\text{-}3)$$

mit

- $Q_{M_{theor.}}$ – theoretischer (abgegebener) Volumenstrom,

- $Q_{M_{Schluck.}}$ – wirklicher (aufgenomm.) Volumenstrom ($Q_{M_{Schluck}} = Q_{M_{theor.}} + Q_{M_{Leck}}$),

- $Q_{M_{Leck}}$ – Leckage Volumenstrom.

sowie der mechanisch hydraulische Wirkungsgrad $\eta_{M_{mh}}$ (vgl. Bild 4-12) zu

$$\eta_{M_{mh}} = \frac{M_{M_{wirkl.}}}{M_{M_{theor.}}} \qquad (4\text{-}4)$$

mit

- $M_{M_{theor.}}$ – theoretisches (abgegebenes) Moment des Hydraulikmotors,

- $M_{M_{wirkl.}}$ – wirkl. (abgeg.) Mom. d. Hydraulikmotors ($M_{M_{wirkl.}} = M_{M_{theor.}} - M_{M_{Verl.}}$),

- $M_{M_{Verl.}}$ – Verlustmoment des Hydraulikmotors.

Vernachlässigt man zur Vereinfachung die Wirkungsgrade von Rohrleitungssystem, Wegeventilen, Druckventilen, Stromventilen sowie Filtern, so ergibt sich für den Gesamtwirkungsgrad die nachfolgende Beziehung:

$$\eta_{ges.} = \eta_{P_{vol.}} \eta_{P_{mh}} \eta_{M_{vol.}} \eta_{M_{mh}}.$$ (4-5)

4.5.4 Projektierungsbeispiel

Als Projektierungsbeispiel wird der im Bild 4-13 dargestellte Hydraulikkreis betrachtet.

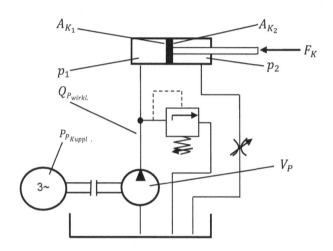

Bild 4-13:   Hydraulikkreis – Projektierungsbeispiel

Folgende technische Parameter sind gegeben:

- $\eta_{P_{vol.}} = 0{,}85$ (Volumetrischer Wirkungsgrad der Pumpe – Herstellerangabe),

- $\eta_{P_{ges.}} = 0{,}8$ (Gesamtwirkungsgrad der Pumpe – Herstellerangabe),

- $V_P = 50\ \text{cm}^3$ (Verdrängungsvolumen der Pumpe – Herstellerangabe),

- $n_P = 1500\ \text{min}$ (Drehzahl der Pumpe – Herstellerangabe),

- $A_{K_1} = 100\ \text{cm}^2$ (Kolbenfläche 1 des hydraul. Arbeitszyl. – Herstellerangabe),

- $F_K = 45\ \text{kN}$ (Kraft auf Kolben d. hydraul. Arbeitszyl. – Projektierungsanford.),

- $A_{K_2} = 50\ \text{cm}^2$ (Kolbenfläche 2 des hydraul. Arbeitszyl. – Projektierungsanford.),

- $p_2 = 40\ \text{bar}$ (Druck im hydraul. Arbeitszyl. nach Kolben – Projektierungsanford.).

Damit sind für die Auslegung des Hydraulikkreises folgende Zielparameter gesucht:

- $Q_{P_{wirkl.}}$ (wirklicher Förderstrom der Pumpe),

- $p_1 = p_p$ (Pumpendruck),

- v_K (Geschwindigkeit des hydraulischen Arbeitszylinderkolbens),

- $P_{Hz_{ab}}$ (abgegebene Leistung des hydraulischen Arbeitszylinders),

- $P_{P_{Kuppl.}}$ (zugeführte Kupplungsleistung für die Pumpe).

Schritt 1 – Auswahl und Dimensionierung von Hydraulikpumpe, elektr. Antriebsmotor, hydraulischem Arbeitszylinder, Druckbegrenzungsventil und Drosselventil:

Entsprechend den Ausführungen der Abschnitte 4.5.2 und 4.5.3 werden folgende Hydraulikkomponenten ausgewählt:

- Zahnradpumpe (Verdrängungsvolumen 20 cm³ bis 100 cm³),
- elektrischer Antriebsmotor für Zahnradpumpe (max. 8 kW),
- hydraulischer Arbeitszylinder (Differenzialzylinder mit einseitiger Kolbenstange),
- Druckbegrenzungsventil (Grenzdruckbereich beträgt lt. Projektierungsanforderung 1,1 p_{max} = 1,1 p_2),
- Drosselventil (Drosselrückschlagventil).

Schritt 2 – Berechnung von zu übertragender und durch den hydraulischen Arbeitszylinder abzugebender Leistung:

- Die Basis dieser Berechnung bildet der wirkliche Förderstrom der Hydraulikpumpe $Q_{P_{wirkl.}}$. Dafür gilt entsprechend Beziehung (4-1):

$$Q_{P_{wirkl.}} = Q_{P_{theor.}} \eta_{P_{vol.}} \qquad (4\text{-}6)$$

und nach [55]

$$Q_{P_{theor.}} = \frac{V_P \, n_P}{10^3} \qquad (4\text{-}7)$$

mit n_p = 1500 min⁻¹ sowie V_P = 50 cm³, d. h.

$$Q_{P_{theor.}} = \frac{50 cm^3 \cdot 1500 min^{-1}}{10^3} = 75 \, l/min \qquad (4\text{-}8)$$

und damit

$$Q_{P_{wirkl.}} = 75 l/min \cdot 0{,}85 = 63{,}75 l/min. \qquad (4\text{-}9)$$

Berücksichtigt man nun, dass für die Kräftebilanz am Arbeitszylinder (vgl. Bild 4-13)

$$p_1 A_{K_1} = p_2 A_{K_2} + F_K \qquad (4\text{-}10)$$

gilt, so folgt:[157]

$$p_1 = \frac{p_2 A_{K_2}}{A_{K_1}} + \frac{F_K}{A_{K_1}} = \frac{40bar \; 50cm^2}{100cm^2} + \frac{45000N}{100cm^2} = 20bar + \frac{45daN}{cm^2} = 65 \; bar. \qquad (4\text{-}11)$$

Für die Berechnung der zuzuführenden Kupplungsleistung $P_{P_{Kuppl.}}$ ist zunächst die vom hydraulischen Arbeitszylinder abzugebende Leistung $P_{Hz_{ab}}$ zu berechnen. Dafür gilt nach [55]:

$$P_{Hz_{ab}} = F_K v_K \qquad (4\text{-}12)$$

Da die auf den Kolben des hydraulischen Arbeitszylinders einwirkende Kraft F_K gegeben ist, muss demnach die Geschwindigkeit v_K dieses Kolbens berechnet werden. In Anwendung des Kontinuitätsprinzips nutzt man dafür die Beziehung

$$Q_{P_{wirkl.}} = A_{K_1} v_K, \qquad (4\text{-}13)$$

woraus sich durch Umstellen und Einsetzen der entsprechenden Werte für die Geschwindigkeit des Kolbens des hydraulischen Arbeitszylinders

$$v_K = \frac{Q_{P_{wirkl.}}}{A_{K_1}} = \frac{63750cm^3}{100cm^2 min} = 637,5cm/\min = 6,375m/min \qquad (4\text{-}14)$$

ergibt.

Mit $v_K = \frac{6,375m}{min} = \frac{0,1063m}{s}$ ergibt sich nun die abgegebene Leistung des hydraulischen Arbeitszylinders nach Beziehung (4-12) zu[157]

$$P_{Hz_{ab}} = 45000N \frac{0,1063m}{s} = \frac{4783,5Nm}{s} = 4,7835kW \qquad (4\text{-}15)$$

und schließlich die der Hydraulikpumpe zuzuführende Leistung zu[157] [158]

$$P_{P_{Kuppl.}} = \frac{P_{Hz_{ab}}}{\eta_{P_{ges.}}} = \frac{4,7835kW}{0,8} = 5,979kW. \qquad (4\text{-}16)$$

---

157 Es gilt: $1000 \frac{Nm}{s} = 1 \; kW$ bzw. $1 \frac{daN}{cm^2} = 1bar$.

158 Leistungsverluste durch Rohrleitungen und eingebaute weitere Hydraulikkomponenten (Wegeventile, Stromventile, Ölfilter usw.) werden vernachlässigt.

5 Maßnahmen zur Prozesssicherung

5.1 Überblick

In den bisherigen Ausführungen wurden die hauptsächlichen inhaltlichen Schwerpunkte der Projektierungsarbeit beschrieben und erläutert. Zusätzlich dazu muss unbedingt auch das Thema „Prozesssicherung" betrachtet werden, weil die Prozesssicherung eine wichtige Ergänzung der Projektierungsarbeit ist (vgl. hierzu auch Ausführungen im Abschnitt 3.1). Dabei liegt auf der Hand, dass zum Beispiel für die Automatisierung eines Kernkraftwerkes bedeutend höhere Anforderungen umzusetzen sind, als für die Automatisierungsanlage einer Brauerei. Projektierungsleistungen zur Prozesssicherung erfordern daher vom Projektierungsingenieur viel Erfahrung und sind ein wesentlicher Beitrag für den sicheren Betrieb einer Automatisierungsanlage. Die nachfolgenden Ausführungen können sich daher nur auf die Erläuterung prinzipieller Herangehensweisen beziehen, wobei der Basisansatz entsprechend VDI/VDE 2180 [59] die Grundlage bildet.

5.2 Basisansatz nach VDI/VDE 2180

Zur Erhöhung der Prozesssicherheit empfiehlt VDI/VDE 2180 [59] eine niveaugestufte Erweiterung der Automatisierungsanlage. Das bedeutet, es werden zusätzliche Automatisierungsmittel projektiert und in die vorhandene Automatisierungsanlage integriert bzw. parallel zu dieser installiert. Hierzu werden folgende Stufen unterschieden:

Stufe 1: In Stufe 1 werden prozessleittechnische Einrichtungen, basierend auf Sensorik, Aktorik und Prozessorik, nach VDI/VDE 2180 als PLT-Betriebseinrichtung bezeichnet, für die Realisierung des Nominalbetriebs sowie weitere Sensoren für die Überwachung von Grenzwerten der Produktionsanlage eingesetzt, ergänzt um weitere Sensoren für die Überwachung von Grenzwerten eines kontinuierlichen und/oder ereignisdiskreten Prozesses. Dabei wird von der Grundüberlegung ausgegangen, dass die für den Nominalbetrieb projektierte Sensorik bzw. Aktorik im Zusammenwirken mit den in der Prozessorik implementierten Steuer- bzw. Regelalgorithmen die Prozesse in der Produktionsanlage immer in den von der Verfahrenstechnik festgelegten Arbeitsbereich führen bzw. dort halten kann. Bewegen sich aber einzelne Prozessparameter aus diesem Arbeitsbereich heraus, sprechen die Überwachungssensoren, nach VDI/VDE 2180 als PLT-Überwachungseinrichtung bezeichnet, an und führen durch entsprechende Steuereingriffe die Prozessparameter aus dem zulässigen Grenzbereich in den Arbeitsbereich – nach VDI/VDE 2180 auch als Gutbereich bezeichnet – zurück.

Stufe 2: In Stufe 2 wird nun davon ausgegangen, dass auch die Überwachungssensoren ausfallen können und damit entsprechende Prozessparameter weiter in den noch zulässigen Fehlbereich abdriften können. Damit die Automatisierungsanlage auch auf diese verschärfte Prozesssituation reagieren kann, werden zusätzliche, von der vorhandenen Automatisierungsanlage unabhängige, hilfsenergielose prozessleittechnische Schutzeinrichtungen, z. B. Überdruckventile, Überströmventile u. ä. Automatisierungsmittel, nach VDI/VDE 2180 gleichfalls als PLT-Überwachungseinrichtung (erweitert) bezeichnet, für die Prozesssicherung eingesetzt. Damit gelingt es, die Prozesse in der Produktionsanlage vor kritischen Betriebszuständen, nach VDI/VDE 2180 als unzulässige Fehlbereiche bezeichnet, zu bewahren und durch entsprechende Noteingriffe wieder in die Arbeitsbereiche zurückzuführen.

Stufe 3:   Stufe 3 umfasst die Stufen 1 und 2, wobei zusätzlich als wesentliche Erweiterung eine weitere prozessleittechnische Einrichtung – basierend auf kompletter Ausstattung mit Sensorik, Aktorik sowie Prozessorik und nach VDI/VDE 2180 als PLT-Schutzeinrichtung bezeichnet – projektiert sowie in „heißer" Redundanz zur vorhandenen Automatisierungsanlage bereitgehalten wird. Damit verfügt die Automatisierungsanlage über eine zusätzliche Automatisierungsstruktur, die bei entsprechenden Funktionsstörungen der für den Gutbereich zuständigen prozessleittechnischen Einrichtung einschließlich PLT-Überwachungseinrichtung (aus Stufe 2) den weiteren Betrieb der Prozesse in der Produktionsanlage übernimmt und sichert.

5.3   Bemerkungen zum Explosionsschutz

Im Rahmen der Prozesssicherheit kommt auch dem Explosionsschutz (Ex-Schutz) eine tragende Bedeutung zu. Das heißt, je nach zu automatisierendem verfahrenstechnischen Prozess sind häufig explosionsgefährdete Prozessabschnitte in Produktionsanlagen[159] vorhanden, so dass eine zu projektierende Automatisierungsanlage zumindest in diesen Prozessabschnitten explosionssicher ausgelegt werden muss. Solche Prozessabschnitte bzw. auch komplette Produktionsanlagen findet man zum Beispiel in Lackfabriken, Zementwerken, Tanklagern, aber auch in Mühlen oder Kläranlagen. Für die Projektierung dieser Anlagen werden nachfolgend grundlegende Hinweise gegeben, wobei nach [51] und [60] dafür auch die „Verordnung über elektrische Anlagen in explosionsgefährdeten Räumen – Elex V" [61] und weitere Vorschriften heranzuziehen sind. Gleichzeitig gilt aber auch für dieses Projektierungsfeld, dass die Erfahrungen des Projektierungsingenieurs sowie das entsprechende Firmen-Know How Funktionalität und Prozesssicherheit der projektierten Automatisierungsanlage entscheidend mitbestimmen. Bei jedem Automatisierungsprojekt sind daher im Zusammenwirken mit dem Verfahrenstechniker die explosionsgefährdeten Bereiche festzulegen und in eine der sogenannten Ex-Zonen einzuordnen.

Zunächst wird der Begriff „Ex-Zone" erläutert. Die Einteilung der explosionsgefährdeten Anlagenabschnitte erfolgt gemäß Elex V, wobei 11 Zonen unterschieden werden, deren Relevanz für den Ex-Schutz einer Automatisierungsanlage und damit für die Projektierung der Automatisierungsanlage unterschiedlich ist. Die für Automatisierungsanlagen wesentlichen Ex-Zonen werden nachfolgend kurz vorgestellt. Es gilt folgende Gruppen- bzw. Zoneneinteilung:

---

159 Der Begriff „Produktionsanlage" wird hier gleichbedeutend zu den Begriffen „verfahrenstechnischer Prozess" bzw. „verfahrenstechnische Prozessabschnitte" verwendet.

- Gruppe 1 — Explosionsgefährdung durch **Gase, Dämpfe oder Nebel** für komplette verfahrenstechnische Prozesse bzw. Prozessabschnitte:
  - – Zone 0: Bereiche mit ständiger oder langzeitiger Explosionsgefährdung,
  - – Zone 1: Bereiche mit gelegentlicher Explosionsgefährdung,
  - – Zone 2: Bereiche mit seltener Explosionsgefährdung,

- Gruppe 2 — Explosionsgefährdung durch **Stäube** für komplette verfahrenstechnische Prozesse bzw. Prozessabschnitte::
  - – Zone 10: Bereiche mit häufiger oder langzeitiger Explosionsgefährdung,
  - – Zone 11: Bereiche mit gelegentlicher Explosionsgefährdung,

- Gruppe 3 — Explosionsgefährdung durch **Erzeugung oder Anwendung explosionsfähiger Gasgemische** für medizinisch genutzte Räume:
  - – Zone G bzw. M: Bereiche mit dauernder oder zeitweiser Explosionsgefährdung.

Der Projektierungsingenieur muss also entscheiden, welche Ex-Zonen er für die Automatisierungsanlage berücksichtigen muss. Die Anforderungen des Explosionsschutzes beeinflussen selbstverständlich auch Entwicklung und Bauformen von Automatisierungsmitteln, insbesondere der Sensorik bzw. Aktorik. Diese Feldgeräte sind in explosionssicherer Ausführung generell durch das im Bild 5-1 dargestellte Symbol als äußere gut sichtbare Kennzeichnung für explosionsgeschützte Technik gekennzeichnet und nahezu ausnahmslos in explosionsgefährdeten Automatisierungsanlagen einzusetzen. Darüberhinaus erkennt man diese Automatisierungsmittel auch sofort an ihrer robusten Bauform bzw. robusten Gehäuseausführung.

Bild 5-1:   Ex-Zeichen entsprechend Elex V [51]

Zur Realisierung dieser explosionsgeschützten Automatisierungsmittel werden bewährte konstruktive Prinzipien angewendet, die unter dem Fachbegriff „Zündschutzarten" zusammengefasst sind. Zur besseren Veranschaulichung werden dazu als Auszug im Bild 5-2 einige Beispiele vorgestellt. Nähere Erläuterungen sind z. B. DIN EN 60079 [62] zu entnehmen.

Das erste Beispiel beschreibt die Zündschutzart *„Druckfeste Kapselung – d"* nach DIN EN 60079-1 [63] (vgl. Bild 5-2a), wobei durch Konstruktion eines druckfesten Gehäuses verhindert wird, dass Explosionen im Inneren des Gehäuses Schäden in der äußeren Umgebung verursachen. Eine weitere Möglichkeit bietet die Zündschutzart *„Eigensicherheit i"* nach DIN EN 60079-11 [64] (vgl. Bild 5-2b). In einem eigensicheren Stromkreis wird die Stromkreisenergie so begrenzt, dass weder im Nominalbetrieb noch im Fehlerfall eine explosionsfähige Umgebung durch zum Beispiel Zündfunken oder Lichtbogen entzündet wird. Schließlich kann auch die Zündschutzart *„Vergusskapselung – m"* nach DIN EN 60079-18 [65] eingesetzt werden (vgl. Bild 5-2c), bei welcher Bauelemente, die eine explosionsfähige Umgebung zünden könnten, so in einer Vergussmasse eingeschlossen sind, dass keinerlei Schäden in der äußeren Umgebung verursacht werden.

a) Druckfeste Kapselung „d"

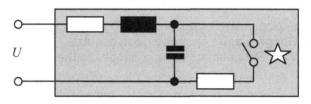

b) Eigensicherheit „i"

c) Vergusskapselung „m"

Bild 5-2:   Beispiele für Zündschutzarten [51]

5.4   Schutzgrade elektrischer Automatisierungsmittel

Schließlich ist in diesem Zusammenhang auch die Problematik des Berührungs- und Fremdkörperschutzes sowie der Schutzgrade des Wasserschutzes anzusprechen. Diese Schutzfunktionalitäten sind gleichfalls für die Auswahl und Projektierung der auf elektrischer Hilfsenergie basierenden Automatisierungsmittel wichtig und durch entsprechende Kennzeichnung nach DIN EN 60529 [66] auf diesen Automatisierungsmitteln kenntlich zu machen. Dafür wird eine Kennzeichnung aus entsprechenden Kennziffern verwendet, die wie folgt aufgebaut ist:

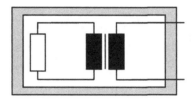

Für den Berührungs- und Fremdkörperschutz sind die nachfolgend genannten Schutzgrade festgelegt (Tabelle 5-1).

Tabelle 5-1:   Schutzgrade für den Berührungs- und Fremdkörperschutz [51]

Erste Kennziffer	Schutzgrad
0	Kein besonderer Schutz.
1	Schutz gegen Eindringen von festen Fremdkörpern mit einem Durchmesser größer als 50 mm, kein Schutz gegen absichtlichen Zugang z. B. mit der Hand, jedoch Fernhalten großer Körperflächen.
2	Schutz gegen Eindringen von festen Fremdkörpern mit einem Durchmesser größer als 12 mm, Fernhalten von Fingern oder vergleichbaren Gegenständen.
3	Schutz gegen Eindringen von festen Fremdkörpern mit einem Durchmesser größer als 2,5 mm (kleine Fremdkörper), Fernhalten von Werkzeugen, Drähten oder ähnlichem von einer Dicke größer als 2,5 mm.
4	Schutz gegen Eindringen von festen Fremdkörpern mit einem Durchmesser größer als 1mm (kornförmige Fremdkörper), Fernhalten von Werkzeugen, Drähten oder ähnlichem von einer Dicke größer als 1 mm.
5	Schutz gegen schädliche Staubablagerungen. Das Eindringen von Staub ist nicht vollkommen verhindert. Der Staub darf nicht in solchen Mengen eindringen, dass die Arbeitsweise des Betriebsmittels beeinträchtigt wird (staubgeschützt).
6	Schutz gegen Eindringen von Staub, vollständiger Berührungsschutz.

Für den Wasserschutz sind nach DIN EN 60529 [66] ebenfalls Schutzgrade festgelegt, die nachfolgend aufgeführt werden (vgl. Tabelle 5-2).

Tabelle 5-2:   Schutzgrade für den Wasserschutz [51]

Zweite Kennziffer	Schutzgrad
0	Kein besonderer Schutz
1	Schutz gegen tropfendes Wasser, das senkrecht fällt. Es darf keine schädliche Wirkung haben (Tropfwasser).
2	Schutz gegen tropfendes Wasser, das senkrecht fällt. Bei Kippen des Betriebsmittels um 15° bezüglich seiner normalen Lage darf es keine schädliche Wirkung haben (schrägfallendes Tropfenwasser).
3	Schutz gegen Wasser, das in einem beliebigen Winkel bis zu 60° zur Senkrechten fällt. Es darf keine schädliche Wirkung haben (Sprühwasser).
4	Schutz gegen Wasser, das aus allen Richtungen gegen das Betriebsmittel spritzt. Es darf keine schädliche Wirkung haben (Strahlwasser).
5	Schutz gegen einen Wasserstrahl aus einer Düse, der aus allen Richtungen gegen das Betriebsmittel gerichtet wird. Es darf keine schädliche Wirkung haben (Strahlwasser).
6	Schutz gegen schwere See oder starken Wasserstrahl. Wasser darf nicht in schädlichen Mengen in das Betriebsmittel eindringen (Überfluten).
7	Schutz gegen Wasser, wenn das Betriebsmittel unter festgelegten Druck- und Zeitbedingungen in Wasser getaucht wird. Wasser darf nicht in schädlichen Mengen eindringen (Eintauchen).
8	Das Betriebsmittel (Gehäuse) ist geeignet zum dauernden Untertauchen in Wasser bei Bedingungen, die durch den Hersteller zu beschreiben sind.

5.5 SIL-Klassifizierung

5.5.1 Allgemeines

Wurden in den Abschnitten 5.1 bis 5.4 die Basisansätze nach VDI/VDE 2180 [59] sowie weitere auf Engineeringerfahrung basierende Ansätze zur Erhöhung der Prozesssicherheit erläutert, wird mit der sogenannten SIL(Safety Integrity Level)-Klassifikation ein erweiterter Ansatz beschrieben, welcher zusätzlich auch die Berechnung quantitativer Parameter zur Bewertung der Prozesssicherheit (Sicherheitsbewertung) nutzt. Damit gelingt es, eine quantitative Aussage zur sogenannten funktionalen Sicherheit einer Automatisierungsanlage einschließlich des verfahrenstechnischen Prozesses zu machen. Es ist daher zunächst notwendig, die erforderlichen Schritte zur Bestimmung einer SIL-Klassifikation allgemein darzustellen und anschließend anwendungsbezogen zu vertiefen. Die wesentlichen Grundlagen zur Ermittlung der SIL-Klassifikation werden durch DIN EN 61508 [12], DIN EN 61511 sowie [13] VDI/VDE 2180 [59] bereitgestellt und auf dieser Basis in den nachfolgenden Abschnitten erläutert.

5.5.2 Risikograph – SIL-Klassifizierung

Generell werden durch DIN EN 61508 [12] sowie DIN EN 61511 [13] vier Sicherheitsstufen (SIL 1 bis SIL 4) definiert, welche „die Maßnahmen zur Risikobeherrschung" (vgl. [67]) von Prozessen bzw. Prozessabschnitten beschreiben. Dabei repräsentiert Sicherheitsstufe 1 (SIL 1) die geringsten und Sicherheitsstufe 4 (SIL 4) die höchsten Anforderungen. Für Prozesse ohne Sicherheitsanforderungen hat sich aus bewährter Praxiserfahrung heraus der Begriff der „Sicherheitsstufe 0" („SIL 0") etabliert.

Damit ergibt sich nun die Fragestellung, wie eine Sicherheitsstufe (SIL 1 bis SIL 4) im Sinne der SIL-Klassifikation ermittelt wird. Zur Beantwortung dieser Fragestellung wird auf das als SIL-Assessment bezeichnete Bewertungsverfahren verwiesen, wofür nach DIN EN 61508 [12] der sogenannte Risikograph entwickelt wurde (Bild 5-3). Zwecks Ausführung einer Risikoabschätzung werden an Hand des Risikographen unterschiedliche Risikofaktoren betrachtet und bewertet. Damit ergibt sich als weitere Fragestellung, wer die Bewertung dieser Risikofaktoren vornimmt. Für eine objektive und fehlerfreie Bewertung der Risikofaktoren gilt generell, dass mit steigender Sicherheitsstufe auch eine zunehmende Unabhängigkeit der Person bzw. von Personen oder Organisationen vom eigentlichen Projektanten bzw. Betreiber eines Prozesses notwendig ist (vgl. [68]). Das heißt im Einzelnen:

- Für Sicherheitsstufe SIL 1 muss die Bewertung der Risikofaktoren durch eine unabhängige Fachperson erfolgen.

- Für Sicherheitsstufe SIL 2 erfolgt die Bewertung der Risikofaktoren durch eine unabhängige Fachabteilung.

- Ab Sicherheitsstufe SIL 3 muss die Bewertung der Risikofaktoren durch eine unabhängige Organisation oder Fachabteilung vorgenommen werden unter Beachtung von Komplexität und Innovationsgrad.

- Für Sicherheitsstufe SIL 4 erfolgt die Bewertung der Risikofaktoren durch eine unabhängige Organisation.

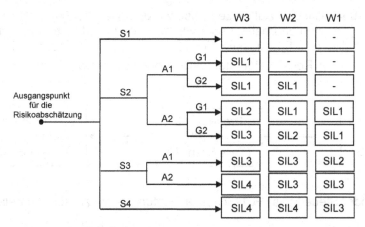

Erläuterung der Risikofaktoren:
- Schadensausmaß (S)
    S1: leichte Verletzung einer Person, kleinere schädliche Umwelteinflüsse
    S2: schwere irreversible Verletzung einer oder mehrerer Personen oder Tod einer
         Person; vorübergehende größere schädliche Umwelteinflüsse
    S3: Tod mehrerer Personen; langandauernde größere schädliche Umwelteinflüsse
    S4: katastrophale Auswirkungen, sehr viele Tote
- Aufenthaltswahrscheinlichkeit (A)
    A1: selten bis öfter
    A2: häufiger bis dauernd
- Gefahrenabwendung (G)
    G1: möglich unter bestimmten Bedingungen
    G2: kaum möglich
- Eintrittswahrscheinlichkeit (des unerwünschten Ereignisses) W
    W1: sehr gering
    W2: gering
    W3: relativ hoch

Bild 5-3:   Risikograph (vgl. [67])

5.5.3 Bestimmung relevanter Parameter zur SIL-Klassifikation

Wurde also im vorherigen Abschnitt die SIL-Klassifikation mittels Risikofaktoren bestimmt und damit dem Projektanten für die Projektierung und Errichtung eines verfahrenstechnischen Prozesses (einer Produktionsanlage) die Vorgabe der erforderlichen
Sicherheitsstufe gemacht, so gilt es nun mittels der sogenannten FMEA (Failure Mode
and Effect Analysis) quantitative Parameter zur SIL-Klassifikation zu ermitteln, um die
mit dem Risikograph ermittelte Sicherheitsstufe (SIL 1 bis SIL 4) zu verifizieren.

Betrachtet man dazu als Beispiel einen verfahrenstechnischen Prozess, so sind zunächst durch den Projektanten entsprechende verfahrenstechnische Prozessabschnitte einschließlich zugeordneter EMSR-Technik bzgl. SIL-Klassifikation (gleichbedeutend mit Definition einer Sicherheitsstufe SIL1 bis SIL 4 nach Risikograph) zu ermitteln. Darauf aufbauend werden anschließend die mit einem Sicherheitsrisiko behafte-
ten verfahrenstechnischen Prozessabschnitte anhand der eingesetzten Automatisierungsmittel sowie daraus resultierender Automatisierungsstrukturen und daraus ab-
leitbarer relevanter Parameter überprüft, um die jeweils festgelegte Sicherheitsstufe

(SIL 1 bis SIL 4) zu verifizieren. Auf diese Weise werden alle erforderlichen Prozessabschnitte vom Projektanten bearbeitet und somit bzgl. ihrer SIL-Einstufung verifiziert, wodurch sich schließlich eine SIL-Klassifikation für den Gesamtprozesses ergibt.

Als Beispiel wird nun ein Regel- oder Steuerkreis (prinzipielle Darstellung nach [12]) betrachtet (Bild 5-4).

Bild 5-4: Regel- oder Steuerkreis (PLT-Schutzeinrichtung) – prinzipielle Darstellung

Zunächst wird die Architektur des Beispiel-Regel- oder Steuerkreises (PLT-Schutzeinrichtung) analysiert und für die Realisierung einer Sicherheitsstufe bewertet. Entsprechend [69] besteht zum Beispiel ein Teilsystem „aus einer oder mehreren Baugruppen, die entweder als 1001-, 1002-, 2002- oder 2003-Architektur verschaltet sind" [69]. Diese Architekturen sind wie folgt definiert:

- *1001-Architektur:* Das Teilsystem umfasst eine Baugruppe – einkanalige Architektur. Fällt die Baugruppe aus, fällt das Teilsystem aus.

- *1002-Architektur:* Das Teilsystem umfasst zwei parallel geschaltete Baugruppen – man spricht von einer zweikanaligen Architektur. Für den sicheren Zustand des Teilsystems muss mindestens eine Baugruppe funktionieren.

- *2002-Architektur:* Das Teilsystem umfasst zwei parallel geschaltete Baugruppen – man spricht auch hier von einer zweikanaligen Architektur. Für den sicheren Zustand des Teilsystems müssen beide Baugruppen funktionieren.

- *2003-Architektur:* Das Teilsystem umfasst drei parallel geschaltete Baugruppen – man spricht von einer dreikanaligen Architektur. Für den sicheren Zustand des Teilsystems müssen mindestens zwei Baugruppen funktionieren.

Für die Auswahl einer entsprechenden Architektur ist die Hardware Fault Tolerance (HFT) entscheidend. „Die HFT eines Teilsystems (Automatisierungsmittels) beschreibt quasi die Güte einer Sicherheitsfunktion" [67], d. h. (vgl. [67]):

- HFT 0 – Einkanalige Ausführung: Ein einzelner Fehler (d. h. Baugruppenausfall) kann zum Sicherheitsverlust führen.

- HFT 1 – Redundante Ausführung: Um einen Sicherheitsverlust zu verursachen, müssen mindestens zwei Fehler (d. h. Baugruppenausfälle) gleichzeitig auftreten.

- HFT 2 – Zweifach redundante Ausführung: Um einen Sicherheitsverlust zu verursachen, müssen mindestens drei Fehler (d. h. Baugruppenausfälle) gleichzeitig auftreten.

Ferner ist für die Verifikation der zu realisierenden Sicherheitsstufe auch der Anteil ungefährlicher Ausfälle einer Baugruppe relevant, die durch den Safe Failure Fraction (SFF)-Wert ausgewiesen werden. Dieser SFF-Wert wird nach [69] mittels Beziehung

$$SFF = \frac{\lambda_{SD} + \lambda_{SU} + \lambda_{DD}}{\lambda_{SD} + \lambda_{SU} + \lambda_{DD} + \lambda_{DU}} \tag{5-1}$$

mit

- λ_{SD} : Rate erkannter und ungefährlicher Ausfälle eines Kanals einer Baugruppe (SD – **s**afe **d**edected),

- λ_{SU}: Rate unerkannter und ungefährlicher Ausfälle eines Kanals einer Baugruppe (SU – **s**afe **u**ndedected),

- λ_{DD}: Rate erkannter gefahrbringender Ausfälle eines Kanals einer Baugruppe (DD – **d**angerous **d**edected) und

- λ_{DU} : Rate unerkannter gefahrbringender Ausfälle eines Kanals einer Baugruppe (DU – **d**angerous **u**ndedected)

berechnet. Damit gelingt es, mittels des HFT- und des berechneten SFF-Wertes nach DIN EN 61511 die Sicherheitsstufe (SIL 1 bis SIL 4) einer Baugruppe zu ermitteln und mit der Vorgabe aus dem Risikograph zu verifizieren (vgl. Tabelle 5-3 bzw. Tabelle 5-4).

Tabelle 5-3: Zusammenhang zwischen SFF, HFT und SIL (Typ A)[160]

SFF	HFT (Hardware Fault Tolerance)		
(Safe Failure Fraction)	0	1	2
< 60 %	SIL 1	SIL 2	SIL 3
60 % – < 90 %	SIL 2	SIL 3	SIL 4
90 % – < 99 %	SIL 3	SIL 4	SIL 4
≥ 99 %	SIL 3	SIL 4	SIL 4

Tabelle 5-4: Zusammenhang zwischen SFF, HFT und SIL (Typ B)[161]

SFF	HFT (Hardware Fault Tolerance)		
(Safe Failure Fraction)	0	1	2
< 60 %	Nicht erlaubt	SIL 1	SIL 2
60 % – < 90 %	SIL 1	SIL 2	SIL 3
90 % – < 99 %	SIL 2	SIL 3	SIL 4
≥ 99 %	SIL 3	SIL 4	SIL 4

---

160 Baugruppen Typ A („Einfache" Baugruppen): Verhalten im Fehlerfall exakt vorhersagbar.

161 Baugruppen Typ B („Komplexe" Baugruppen): Verhalten im Fehlerfall nicht exakt vorhersagbar.

Schließlich ist als wesentlicher Parameter auch die Kenngröße „Probability of Failure on Demand (PFD)" bzw. die Kenngröße „Average Probability of Failure on Demand (PFD$_{AVG}$)"[162] wie folgt zu berechnen:[163]

$$PFD_{AVG} \approx \frac{1}{2} \cdot \lambda_{DU} \cdot T_1 \qquad (5\text{-}2)$$

mit

- λ_{DU}: Rate unerkannter gefahrbringender Ausfälle eines Kanals einer Baugruppe (DU – **d**angerous **u**ndedected) und

- T_1: Zeitintervall der Wiederholungsprüfungen.

Anschließend ist nach [12] die erforderliche Sicherheitsstufe (SIL 1 bis SIL 4) zu bestimmen (vgl. Tabelle 5-5) und gleichfalls mit der Vorgabe aus dem Risikograph zu verifizieren.

Tabelle 5-5: Zulässige Wahrscheinlichkeiten für gefährlichen Ausfall/PFD-Werte

SIL	PFD$_{AVG}$	Max. des akzeptierten Ausfalls
SIL 1	$\geq 10^{-2}$ bis $< 10^{-1}$	ein gefährlicher Ausfall pro 10 Jahre
SIL 2	$\geq 10^{-3}$ bis $< 10^{-2}$	ein gefährlicher Ausfall pro 100 Jahre
SIL 3	$\geq 10^{-4}$ bis $< 10^{-3}$	ein gefährlicher Ausfall pro 1000 Jahre
SIL 4	$\geq 10^{-5}$ bis $< 10^{-4}$	ein gefährlicher Ausfall pro 10000 Jahre

Betrachtet man abschließend nochmals den im Bild 5-4 dargestellten Regel- oder Steuerkreis, so kann beispielhaft für die Verifikation der aus dem Risikograph ermittelten Sicherheitsstufe – zum Beispiel SIL 2 – folgende Vorgehensweise empfohlen werden:

- Die Wahrscheinlichkeit eines gefährlichen Ausfalls PFD$_{AVG}$, nachfolgend als Ausfallwahrscheinlichkeit bezeichnet, ergibt sich immer aus den einzelnen Ausfallwahrscheinlichkeiten der am Aufbau des Regel- oder Steuerkreises (PLT-Schutzeinrichtung) beteiligten Teilsysteme. Das bedeutet für das im Bild 5-4 dargestellte Beispiel, dass man in die Betrachtung Sensorik (Teilsystem S), Prozessorik (Teilsystem P) und Aktorik (Teilsystem A) einbezieht.

- Die erforderlichen SFF- und PFD$_{AVG}$-Werte werden vom Hersteller der Teilsysteme geliefert. Den HFT-Wert, also die Architektur, legt der Projektant fest.

---

162 Der PFD$_{AVG}$-Wert gibt die die Wahrscheinlichkeit an, mit der ein gefährlicher Fehler ausgerechnet dann unbemerkt vorhanden ist oder auftritt, wenn die Baugruppe (das Teilsystem) seine Schutzfunktion ausführen soll.

163 Voraussetzung zur Berechnung: Näherungsformel aus VDI/VDE 2180 [59]; 1001-Architektur ohne systematische Fehler.

Damit sind für den Regel- oder Steuerkreis folgende Werte[164] vorgegeben:

- Sensorik (Teilsystem S –

- Tabelle 5-4, Typ B):   **SIL 2**, SFF= 95 %,
  HFT=0, $PFD_{AVG} = 2{,}5 \cdot 10^{-4}$,

- Prozessorik (Teilsystem P –

- Tabelle 5-4, Typ B):   **SIL 3,** SFF= 97,5 %, HFT=1,
  $PFD_{AVG} = 1{,}3 \cdot 10^{-4}$,

- Aktorik (Teilsystem S – Tabelle 5-3, Typ A):   **SIL 2**, SFF= 81,3 %, HFT=0,
  $PFD_{AVG} = 4{,}5 \cdot 10^{-4}$.

Die Gesamtausfallwahrscheinlichkeit berechnet sich folglich zu

- $PFD_{AVGges.} = PFD_{AVGSensor} + PFD_{AVGProzessorik} + PF_{AVGAktor}$, d. h.

- $PFD_{AVGges.} = 2{,}5 \cdot 10^{-4} + 1{,}3 \cdot 10^{-4} + 4{,}5 \cdot 10^{-4} = 8{,}3 \cdot 10^{-4}$.

Im Ergebnis der Auswertung von Hardwarestruktur (HFT-Werte und SFF-Werte) ergibt sich für die Sensorik SIL 2, Prozessorik SIL 3 sowie die Aktorik SIL 2, d. h. die im Beispiel (vgl. Bild 5-4) geforderte Sicherheitsstufe SIL 2 wird anhand des Kriteriums „Hardwarestruktur" erfüllt. Die Berechnung der Gesamtausfallwahrscheinlichkeit PFD_{AVGges} als weiteres Kriterium ergibt nach Tabelle 5-5 für das betrachtete Beispiel die Sicherheitsstufe SIL 3, so dass auch anhand des PFD_{AVGges}-Wertes die beispielhaft festgelegte Sicherheitsstufe SIL 2 (siehe oben) erreicht wird.

---

164 Die Werte für HFT, SFF und PFD_{AVG} des Berechnungsbeispiels wurden [70] entnommen.

6 Einsatz von CAE-Systemen

6.1 Einführung

Bei der Projektierung von Automatisierungsanlagen sind Basic- bzw. Detail-Engineering bevorzugte Einsatzgebiete für CAE-Systeme. Zweckmäßigerweise wird zwischen CAE-Systemen für den Entwurf von Steuer- bzw. Regelalgorithmen und CAE-Systemen für die Erarbeitung von Unterlagen für das Basic- sowie Detail-Engineering unterschieden. Bekannte Systeme für den Entwurf von Steuer- bzw. Regelalgorithmen sind z. B. MATLAB Simulink [71], WinFact [72] und WinMOD [73]. Schwerpunkt der sich anschließenden Betrachtungen sind jedoch CAE-Systeme für die Erarbeitung von Unterlagen für das Basic- sowie Detail-Engineering. Bezüglich der CAE-Systeme für den Entwurf von Steuer- bzw. Regelalgorithmen wird auf o. g. CAE-Systeme verwiesen.

6.2 Typischer Funktionsumfang

6.2.1 Überblick

Vergleicht man bekannte CAE-Systeme für die Erarbeitung von Unterlagen für das Basic- sowie Detail-Engineering wie z. B. EPLAN PPE [74] bzw. PRODOK [75] miteinander, so lassen sich typische Funktionen erkennen, die in nahezu allen CAE-Systemen der gleichen Leistungsklasse vorhanden sind und hier unter dem Begriff „typischer Funktionsumfang" zusammengefasst werden. Da ein Teil der Projektierungsunterlagen (vgl. Bild 2-5 auf S. 8) beim Basic- und ein Teil beim Detail-Engineering erarbeitet wird, sind im typischen Funktionsumfang sowohl Funktionen für Basic- als auch für Detailengineering enthalten.

Für das Basic-Engineering werden im Wesentlichen Funktionen für die Erarbeitung von z. B.

- EMSR-Stellenliste,
- Signalliste,
- Verbraucherliste,
- EMSR-Stellenblättern,
- Geräteliste usw.

benötigt (vgl. hierzu auch Ausfürungen auf S. 91) Darüberhinaus unterstützen manche CAE-Systeme beim Basic-Engineering auch die Erarbeitung von R&I-Fließschemata.

Beim Detail-Engineering (vgl. hierzu auch Ausfürungen auf S. 91) handelt es sich im Wesentlichen um Funktionen für die Erarbeitung von

- EMSR-Stellenplänen sowie
- Montageunterlagen (Kabelliste, Kabel- sowie Klemmenpläne, Schaltschranklayouts).

Es ist daher zweckmäßig, nachfolgend den typischen Funktionsumfang detaillierter und dabei jeweils getrennt für Basic- bzw. Detail-Engineering zu betrachten.

6.2.2 Funktionsumfang für das Basic-Engineering

Bild 6-1 zeigt – im Allgemeinen vom Verfahrensfließschema (seltener vom R&I-Fließschema) in Papierform ausgehend – beispielhaft die Abfolge typischer für das Basic-Engineering benötigter Funktionen (z. B. Anlegen der Anlagenstruktur, Anlegen von EMSR-Stellen, Anlegen von EMSR-Stellenelementen, Generieren von Projektierungsunterlagen) und beschreibt auf diese Weise den typischen Funktionsumfang für das Basic-Engineering.

Die Produktionsanlage wird im Allgemeinen zunächst auf Basis des meist in Papierform vorliegenden Verfahrensfließschemas in z. B. Werke, Komplexe, Anlagen, Teilanlagen, Anlagenteile etc. gegliedert (vgl. auch Bild 3-75 auf S. 101). In diesen Ebenen werden die EMSR-Stellen angelegt und die zugehörigen verfahrenstechnischen Daten bzw. Rohrleitungsdaten zusammengetragen. Gleichzeitig mit dem Anlegen von EMSR-Stellen wird das R&I-Fließschema entwickelt.

Anschließend wird die EMSR-Stelle instrumentiert, d. h. gemäß Funktionen, die mit den im Bild 3-23 auf S. 40 aufgeführten Kennbuchstaben gekennzeichnet werden, sind in der EMSR-Stelle entsprechende EMSR-Stellenelemente (Geräte) anzulegen und ihnen Spezifikationen zuzuweisen.[165] Die in der Angebotsphase benötigten Projektierungsunterlagen werden schließlich unter Verwendung vom Hersteller des CAE-Systems mitgelieferter Formulare[166] quasi „auf Knopfdruck" generiert, d. h. zeitraubendes Ausfüllen von Listen entfällt. Parallel zum Anlegen von EMSR-Stellen werden – falls es die projektspezifischen Gegebenheiten erfordern – allgemeine Funktionspläne (z. B. in Form von Programmablaufplänen, Petri-Netzen oder Funktionsplänen der Ablaufsteuerung nach DIN EN 60848 [49]) erarbeitet. Da dies nicht von allen CAE-Systemen für die Projektierung von Automatisierungsanlagen unterstützt wird, wurden die diesbezüglichen Funktionen im Bild 6-1 aus dem typischen Funktionsumfang ausgeklammert.

---

165 Im Allgemeinen enthalten die CAE-Systeme bereits einen Grundstock an Spezifikationen.

166 Die CAE-Systeme verfügen über Formulareditoren, mit denen Formulare geändert bzw. neu erstellt werden können.

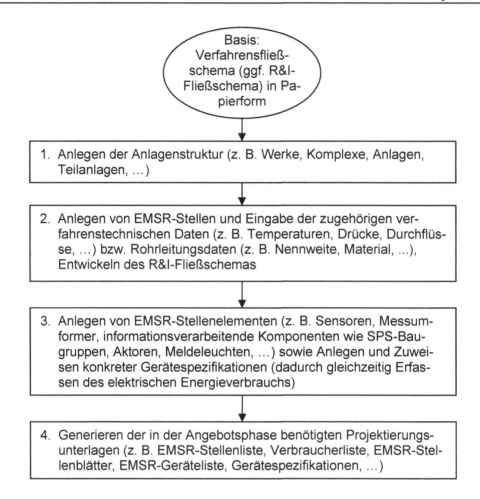

Bild 6-1:   Typischer Funktionsumfang für das Basic-Engineering

6.2.3 Funktionsumfang für das Detail-Engineering

Bild 6-2 zeigt – vom Basic-Engineering ausgehend – beispielhaft die Abfolge typischer für das Detail-Engineering benötigter Funktionen (z. B. Einrichten der „Ortswelt", Entwicklung des Verkabelungskonzepts sowie ggf. Zuweisung von Typicals, Generieren von Projektierungsunterlagen) und beschreibt auf diese Weise den typischen Funktionsumfang für das Detail-Engineering.

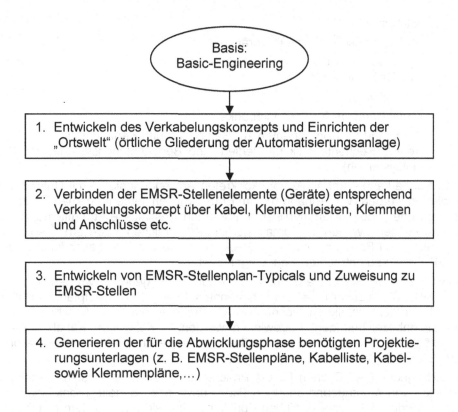

Bild 6-2: Typischer Funktionsumfang für das Detail-Engineering

Das Verkabelungskonzept ist entsprechend den Hinweisen aus Abschnitt 3.2 (vgl. Bild 3-4, Bild 3-5 sowie Bild 3-6), Abschnitt 4 sowie Anhang 5 zu entwickeln. Ohne Beschränkung der Allgemeinheit werden die Erläuterungen dabei auf elektrische Leitungsverbindungen konzentriert, weil sie in analoger Weise auch für pneumatische, hydraulische bzw. optische Leitungsverbindungen gelten (die Dokumentation drahtloser Verbindungen wird im Rahmen des vorliegenden Buches nicht behandelt).

Im Allgemeinen umfasst die ebenfalls zu entwickelnde örtliche Gliederung („Ortswelt") gemäß Abschnitt 3.3.4.4 (Bild 3-76 auf S. 102) sowie Anhang 6 mindestens die Ebenen

- „Feld":
  - Aufstellungsort für die verfahrenstechnischen Komponenten (z. B. Behälter, Apparate, Aggregate),
  - Einbauort für Mess- bzw. Stelleinrichtungen, örtliche separate Wandler sowie örtliche Verteiler (in der Feldebene installierte Klemmenkästen, auch Unterverteiler genannt),

- „Schaltraum":
  - – Aufstellungsort für Schaltschränke,
  - – Einbauort für SPS-Technik, separate Wandler (z. B. Potentialtrennstufen) sowie Rechenglieder,
- „Prozessleitwarte":
  - – Aufstellungsort für Schaltschränke,
  - – Einbauort für Komponenten zur Bedienung und Beobachtung (z. B. Kompaktregler, Rechentechnik für Bedien- und Beobachtungssysteme von Prozessleitsystemen).

Jede Ebene kann – abhängig vom konkreten Anwendungsfall – mit Unterebenen untergliedert werden (vgl. Anhang 6). Um EMSR-Stellenelemente gemäß Verkabelungskonzept über Kabel, Klemmenleisten, Klemmen Anschlüsse etc. miteinander verbinden zu können, werden in Montagegerüsten[167], örtlichen Verteilern[168] sowie Schaltschränken und Baugruppenträgern Steckplätze, die wie Platzhalter für die konkreten EMSR-Geräte zu betrachten sind, eingerichtet.

Damit die EMSR-Stellenpläne quasi „auf Knopfdruck" generiert werden können, muss der EMSR-Stelle zuvor meist ein sogenanntes Typical (Stromlaufplan mit Platzhaltern für z. B. Betriebsmittelkennzeichnungen, Gerätebezeichnungen, Anschluss- zw. Klemmenleistenbezeichnungen) zugewiesen werden.[169] Kabelliste, Kabel- sowie Klemmenpläne, etc. lassen sich in der gleichen Weise wie EMSR-Stellenliste, Verbraucherliste, EMSR-Stellenblätter usw. erzeugen.

Da nicht jedes CAE-System für die Projektierung von Automatisierungsanlagen das Erstellen von Montageanordnungen (Hook-up's) bzw. Schaltschrank-Layouts unterstützt, wurden die diesbezüglichen Funktionen im Bild 6-2 aus dem typischen Funktionsumfang ausgeklammert.

---

167 Montagegerüste werden vorzugsweise als Unterebenen in der Ebene „Feld" eingerichtet und dienen beispielsweise zur Aufnahme örtlich installierter Messumformer von Messeinrichtungen.

168 Örtliche Verteiler – wie bereits ausgeführt, auch als Unterverteiler bezeichnet – werden wie Montagegerüste vorzugsweise als Unterebenen in der Ebene „Feld" eingerichtet und dienen im Allgemeinen zur Aufnahme von Klemmenleisten, von denen aus sogenannte Stammkabel zur Ebene „Schaltraum" geführt werden (vgl. Abschnitt 3.2, Bild 3-4 bzw. Bild 3-5).

169 Vom Hersteller des CAE-Systems werden i. Allg. Typicals mitgeliefert, die mit gleichfalls mitgelieferten Editoren geändert bzw. neu erstellt werden können.

7 Kommerzielle Aspekte

7.1 Einführung

Die Ausführungen in den vorangegangenen Abschnitten waren vorrangig von technischer Betrachtungsweise geprägt, da selbige im Wesentlichen die Substanz der Projektierung von Automatisierungsanlagen kennzeichnet. Weil zu den in der Kernprojektierung auszuführenden Tätigkeiten (vgl. Bild 2-5 auf S. 8 bzw. Bild 3-1 auf S. 14) auch die während des Basic-Engineerings stattfindende Angebotserarbeitung gehört, sollen deshalb hier Kalkulation und Angebotsaufbau näher betrachtet werden. Wie aus den Erläuterungen des Abschnittes 2 hervorgeht, sind diese Aspekte bereits in der Akquisitionsphase (vgl. Bild 2-1 auf S. 5) im Rahmen der Angebotserarbeitung zu berücksichtigen. Folgerichtig ist daher die Kalkulation Bestandteil des die Akquisitionsphase durchdringenden Planungs- und Koordinierungsinhalts (vgl. Bild 2-4 auf S. 7) und bildet gleichzeitig eine wesentliche Grundlage des Angebots. Die nachfolgenden Ausführungen enthalten daher wesentliche Hinweise zu Kalkulation und Angebotsaufbau.

7.2 Hinweise zur Kalkulation von Automatisierungsprojekten

7.2.1 Allgemeines Kalkulationsmodell

Den Erläuterungen zur Kalkulation wird hier das nachfolgend dargestellte allgemeine Kalkulationsmodell zugrundegelegt (Bild 7-1). Es soll zeigen, wie sich der Gesamt-Nettopreis einer Automatisierungsanlage zusammensetzt und ist daher preisorientiert aufgebaut.[170]

Auf Basis von leittechnischem Mengengerüst sowie R&I-Fließschema werden ermittelt:

- erforderliche Mengen von Messeinrichtungen, Baugruppen speicherprogrammierbarer Technik[171], Bedien- und Beobachtungseinrichtungen, Kompaktreglern, separaten Wandlern (z. B. Potentialtrennstufen), Rechengliedern, Stelleinrichtungen

---

170 Üblicherweise wird die Kalkulation auf Basis der ermittelten Kosten K erarbeitet. Um daraus den Preis P zu ermitteln, wird auf die zuvor ermittelten Kosten K die in Prozent anzugebende Vetriebsspanne Vsp entsprechend der Beziehung $P=K/(1-(Vsp/100\%))$ aufgeschlagen. Der besseren Übersicht wegen wurde dieser Schritt im Bild 7-1 jedoch nicht mit dargestellt.

171 Gemeint sind Analogein-/ausgabe-, Binärein-/ausgabe- bzw. Spezialbaugruppen (vgl. S. 77) sowie Baugruppen für die busbasierte Datenübertragung.

und Gefäßsystemen (z. B. Schaltschränke, örtliche Verteiler[172]) für die Kalkulation von Hard- sowie Software,[173]

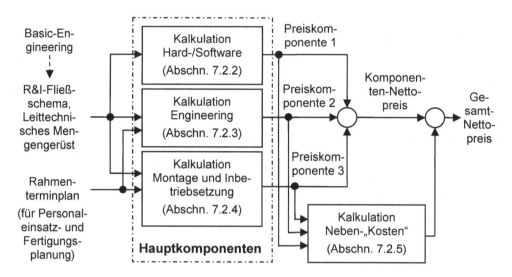

Hinweis: Die Plausibilitätsprüfung der Anteile der Hauptkomponenten am Komponenten-Nettopreis kann auf Basis von Tabelle 7-1 (vgl. S. 221) durchgeführt werden.

Bild 7-1:   Allgemeines Kalkulationsmodell

- Aufwendungen für Konfiguration und Parametrierung von Mess- bzw. Stelleinrichtungen sowie Einrichtungen der Informationsverarbeitung (speicherprogrammierbare Technik, Bedien- und Beobachtungseinrichtungen, Kompaktregler, separate Wandler, Rechenglieder) einschließlich Beschaffung und Projektmanagement für die Kalkulation des Engineerings,

- Aufwendungen für Montage und Inbetriebsetzung von Mess- bzw. Stelleinrichtungen sowie Einrichtungen der Informationsverarbeitung (speicherprogrammierbare Technik, Bedien- und Beobachtungseinrichtungen, Kompaktregler, separate Wandler, Rechenglieder) einschließlich Kabel und Montagematerial für die Kalkulation von Montage/Inbetriebsetzung.

Dabei ist zu beachten, dass bei der Kalkulation von sowohl Engineering als auch Montage und Inbetriebsetzung der Rahmenterminplan (vgl. auch Erläuterungen auf S. 218) mit einzubeziehen ist, um z. B. Tätigkeiten außerhalb der „Normal"-Arbeitszeit[174] mit entsprechend angepassten Stundensätzen berücksichtigen zu können. Bild 7-1 zeigt ferner, dass für die Preisbildung neben den Hauptkomponenten auch Ne-

---

172 Örtliche Verteiler werden – wie bereits ausgeführt – auch als Unterverteiler bezeichnet.

173 Bezüglich Kalkulation von Hard- sowie Software siehe Abschnitt 7.2.2!

174 In vielen Unternehmen gilt als „Normal"-Arbeitszeit die Arbeitszeit montags bis freitags 08:00 Uhr bis 17:00 Uhr.

benkosten[175] zu kalkulieren sind, die z. B. Aufwendungen für Fracht und Verpackung, Versicherungen, Reisekosten etc. beinhalten. Sie werden im Allgemeinen mittels Prozentsätzen, die jeweils auf die Preiskomponenten 1 bis 3 bezogen sind, kalkuliert und in den Gesamt-Nettopreis[176] einbezogen. Wenn der Kunde in seiner Anfrage fordert, den Gesamt-Nettopreis auf die Hauptkomponenten aufgeteilt darzustellen, ist zu beachten, dass Neben-„Kosten" dem allgemeinen Kalkulationsmodell (Bild 7-1) folgend zwar eine eigenständige und in den Gesamtnettopreis eingehende Komponente der Kalkulation bilden, jedoch im Angebot im Allgemeinen nicht als separate Preiskomponente aufgeführt werden. In diesem Fall sind sie so aufzuteilen, dass sie in den Preisen der Hauptkomponenten (vgl. Bild 7-1) mit enthalten sind (Vorgehensweise vgl. Abschnitt 7.2.5).

7.2.2 Kalkulation von Hard- sowie Software

Kalkulationsrelevante Hardwarekomponenten sind:

- Warteneinrichtung,
- Feldgeräte (Mess- sowie Stelleinrichtungen),
- Automatisierungssystem (Kompaktregler, speicherprogrammierbare Technik, separate Wandler, Rechenglieder),
- Rechentechnik für Prozessdatenverarbeitung, Bedien- und Beobachtungssystem sowie Engineeringsystem,
- Bussysteme und Interfaces,
- Gefäßsysteme (z. B. Schaltschränke in *Schalträumen* bzw. *Prozessleitwarten*),[177]

Kalkulationsrelevante Softwarekomponenten sind:

- Systemsoftware für Automatisierungs-, Bedien- und Beobachtungs-, Engineeringsystem (vgl. Abschnitt 3.4.5.1),
- Betriebssysteme für Rechentechnik,
- Sonstige Standard- bzw. Ergänzungssoftware (z. B. Parametrier- und Konfiguriersoftware für Kompaktregler sowie Frequenzumrichter, Excel, Access, C++ etc.).

Preiskomponente 1 (Bild 7-1) für Hard- und Software wird durch Multiplikation von Einzelpreisen mit den Mengen entsprechend des leittechnischen Mengengerüstes ermittelt. Häufig wird die Preisermittlung durch firmeneigene Kalkulationsinstrumente unterstützt.

---

175 Im Kalkulationsmodell (Bild 7-1) handelt es sich um eine bereits als Preis ausgedrückte Komponente. Deshalb ist an dieser Stelle im Begriff „Nebenkosten" das Wort „Kosten" strenggenommen nicht mehr gerechtfertigt. In Ermangelung eines geeigneteren Begriffs wurde daher im Bild 7-1 das Wort „Kosten" in Anführungszeichen gesetzt.

176 Wird auf den Gesamt-Nettopreis die Umsatzsteuer aufgeschlagen, ergibt sich der Gesamt-Bruttopreis.

177 Gefäßsysteme, die der Feldebene zugeordnet sind, werden bei der Kalkulation von Montage und Inbetriebsetzung (vgl. Abschnitt 7.2.4) berücksichtigt.

7.2.3 Kalkulation des Engineerings

Kalkulationsrelevante Engineeringkomponenten sind:

- Projektmanagement (Projektabwicklung incl. Werksabnahme – Factory Acceptance Test – und Abnahme auf der Baustelle – Site Acceptance Test; vgl. Abschnitt 2) einschließlich Terminplanung für Fertigung und Personaleinsatz,

- Detail-Engineering einschließlich

    - ggf. erforderlicher Überarbeitung (Präzisierung) von Unterlagen des Basic-
    Engineerings (R&I-Fließschema, EMSR-Stellenliste usw.),

    - Erarbeitung von Pflichtenheft, EMSR-Stellenplänen, Verkabelungsunterlagen
    (Kabelliste, Kabel- sowie Klemmenpläne), Schaltschrank-Layouts usw.,

    - Steuerungs- sowie Regelungsentwurf,

    - Erarbeitung der Anwendersoftware,

- Beschaffung von Hard- und Software,

- Dienstleistungen (z. B. Schulung, Softwareinstallation),

- Erarbeitung der Projektdokumentation (z. B. Anlagenhandbuch, Betriebshand-
buch, Hardware-Dokumentation etc.).

Zur Preisermittlung bezüglich des Engineerings wird meist das R&I-Fließschema gegenüber dem leittechnischen Mengengerüst bevorzugt. Dem R&I-Fließschema wird
der Umfang an Automatisierungsfunktionen (welche Prozessgrößen sind wie zu verarbeiten) entnommen und anschließend durch Hochrechnung über Typicalpreise bzw.
an Stundensätze gebundenen zeitlichen Aufwand das Engineering (Preiskomponente
2 in Bild 7-1) kalkuliert.

Dabei ist zu beachten:

- Stundensätze variieren abhängig von Qualifikation der Mitarbeiter und Zeitpunkt,
zu dem Arbeiten auszuführen sind,

- Zeitaufwand ist von Anzahl der gleichzeitig tätigen Mitarbeiter abhängig.

Die dafür erforderlichen Angaben sind dem Rahmenterminplan zu entnehmen, der –
wie bereits ausgeführt – eine wichtige Kalkulationsgrundlage ist und dessen Eckpunk-
te im Wesentlichen aus den im Bild 2-1 bis Bild 2-3 (vgl. S. 5 bis S. 7) dargestellten
Schritten von Akquisitions-, Abwicklungs- sowie Servicephase ableitbar sind. Auch die
Kalkulation des Engineerings wird wie die Kalkulation von Hard- und Software häufig
durch firmeneigene Kalkulationsinstrumente unterstützt.

7.2.4 Kalkulation von Montage und Inbetriebsetzung

Kalkulationsrelevante Komponenten von Montage und Inbetriebsetzung sind:

- Kabel, Montagematerial (z. B. Panzerrohre, Kabelpritschen, Befestigungselemen-
te) und Kleinmaterial (z. B. Schrauben), Gefäßsysteme (z. B. Montagegerüste,
Schaltschränke bzw. örtliche Verteiler – auch als Unterberteiler bezeichnet – in der
Feldebene),

- Baustelleneinrichtung,

- Montageleistungen,

- *Leittechnische Inbetriebsetzung* (auch „kalte" IBS genannt, umfasst Test der Signalwege sowie Kalibrierung von Mess- bzw. Stelleinrichtungen) sowie *verfahrenstechnische Inbetriebsetzung* (auch „heiße" IBS genannt, beinhaltet Test der Automatisierungsanlage im Zusammenwirken mit der verfahrenstechnischen Anlage unter realen Produktionsbedingungen) einschließlich *Probebetrieb*.

Zur Preisermittlung wird bei der Kalkulation des Materials (Kabel bzw. Montagematerial, Kleinmaterial, Gefäßsysteme) in gleicher Weise wie bei der Kalkulation von Hard- sowie Software (vgl. Abschnitt 7.2.2) verfahren. Bei der Kalkulation von Montage- bzw. Inbetriebsetzungsleistungen wird wie bei der Kalkulation des Engineerings (vgl. Abschnitt 7.2.3) verfahren. Das Ergebnis ist somit Preiskomponente 3 (Bild 7-1).

Soll mit der Montage eine Fremdfirma beauftragt werden, schreibt die projektausführende Firma die Montage aus. Sie kalkuliert in diesem Fall die Preiskomponente für die Montage auf Basis des Angebotspreises derjenigen Fremdfirma, die den Zuschlag für das Montageprojekt erhalten soll.

7.2.5 Kalkulation von Nebenkosten

Kalkulationsrelevante Nebenkosten[178] sind:

- Finanzierungskosten (Kapitalkostensatz gemäß firmenspezifischer Festlegung),
- Reisekosten,
- Versand und Verpackung,
- Versicherungen (z. B. Transportversicherung),
- Zölle,
- Währungsrisiko,
- Abwicklungsrisiko.

Der Preis für die Nebenkosten wird wie folgt ermittelt:

- Reisekosten: Kosten pro Reise (Fahrtkosten, Übernachtung, Reisestunden, Tagegeld) x Anzahl der Reisen,
- Versicherungen: Ansatz gemäß Angaben der Versicherer,
- „Übrige" Nebenkosten: Berechnung über firmenspezifisch festgelegte und auf die Preiskomponenten bezogene Prozentsätze. Folgende Richtwerte haben sich für Versand und Verpackung bzw. Abwicklungsrisiko als sinnvoll erwiesen:
  - Versand und Verpackung: 2...3% von Preiskomponente 1 (Hard-/Software),
  - Abwicklungsrisiko: bis zu 10% des Komponenten-Nettopreises.

Wie bereits auf S. 217 erläutert, sind Nebenkosten zwar als eigenständige Komponente bei der Preisbildung zu berücksichtigen, werden aber – wenn der Kunde in seiner Anfrage fordert, den Angebotspreis auf die Hauptkomponenten aufgeteilt darzustellen

---

178 Im Vergleich zu Bild 7-1 ist der Begriff „Nebenkosten" hier gerechtfertigt, weil es an dieser Stelle tatsächlich um die Zusammenstellung von *Kosten* geht, die anschließend in die Preisbildung einzubeziehen sind.

– im Angebot im Allgemeinen nicht als separate Preiskomponente aufgeführt. In diesem Fall werden Nebenkosten nach in den Unternehmen jeweils geltenden Umlageschlüsseln auf die Kosten der Hauptkomponenten umgelegt und nach der in Fußnote 170 auf S. 215 aufgeführten Beziehung jeweils deren Preis gebildet.

7.2.6 Kontrollmöglichkeit bezüglich Aufteilung des Komponenten-Nettopreises auf die Hauptkomponenten

Wie bereits im Bild 7-1 angedeutet, ist nach erfolgter Kalkulation eine Plausibilitätsprüfung bezüglich des Anteils von Preiskomponente 1, 2 bzw. 3 am Komponenten-Nettopreis möglich und zur Untermauerung der kalkulierten Preise bzw. zur Vorbereitung nachfolgender Preisverhandlungen zu empfehlen.

Aus der Literatur (z. B. [76]) sind verschiedene Ansätze zur Aufteilung des Gesamtnettopreises bekannt. Anliegen der nachfolgenden Ausführungen ist es, auf Basis dieser Ansätze eine Kontrollmöglichkeit für die Aufteilung des Komponenten-Nettopreises auf die Hauptkomponenten des im Bild 7-1 dargestellten Kalkulationsmodells zu schaffen. Ohne die Allgemeinheit einschränken zu wollen, soll das Kalkulationsmodell auf Automatisierungsanlagen angewendet werden, die mit Prozessleitsystemen ausgerüstet sind.[179]

Die Gesamtinvestition zur Errichtung einer Produktionsanlage (z. B. petrochemische Anlage, Pharma-Anlage, Kraftwerk) ist im Allgemeinen auf mehrere Gewerke, die in Ausschreibungen auch als Lose bezeichnet werden, aufgeteilt. Nach [76] kann man im Allgemeinen folgende typische Lose unterscheiden: Bauleistungen, Elektrotechnik, MSR-Technik (Prozessleittechnik), Rohrleitungen, Montage, Maschinen und Apparate. Setzt man die Gesamtinvestition mit 100% an, so entfallen nach [76] im statistischen Mittel ca. 15% der Gesamtinvestition auf die MSR-Technik bei einer Streuung von ca. ±9% um diesen Mittelwert. Diese Streuungen werden im Wesentlichen durch folgende Faktoren verursacht [76]:[180]

1. Domäne (z. B. Petrochemie, Pharmaindustrie, Kraftwerk), der die zu errichtende Anlage zuzuordnen ist,
2. Anlagengröße, die sich in der Zahl der EMSR-Stellen oder dem Komplexitätsgrad der Kontrolllogik ausdrücken lässt.

Ein gewisser Anteil der angegebenen Streuung rührt sicherlich auch daher, dass die in den ausgewerteten Anfragen [76] enthaltenen Anforderungen an Hard-/Software,

---

179 Sinngemäß sind die nachfolgenden Ausführungen auch auf *nicht* mit Prozessleitsystemen ausgerüstete Automatisierungsanlagen übertragbar. Einen Sonderfall bilden Anlagen, die zwar mit SPS-Technik, jedoch nicht mit Bedien- und Beobachtungssystem ausgerüstet sind. Bei solchen Anlagen reduzieren sich die Aufwendungen für Engineering sowie Montage und Inbetriebsetzung.

180 Entsprechend [76] ist auch der Standort mit seinen Bedingungen als dritter Einflussfaktor mit zu berücksichtigen. Die Autoren des vorliegenden Buches sehen diesen Faktor in der Kalkulation einer Automatisierungsanlage im Vergleich zu den anderen genannten Faktoren aber in eher untergeordneter Bedeutung.

Engineering sowie Montage und Inbetriebsetzung unterschiedlich ausgeprägt waren.[181]

In Auswertung der angegebenen Literatur sowie durch enge Zusammenarbeit mit Industriepartnern ist es möglich, hier eine für *Neuanlagen* geltende Aufteilung des Komponenten-Nettopreises für die Prozessleittechnik auf die Hauptkomponenten als *Orientierung* anzugeben (Tabelle 7-1), die als Kontrollmöglichkeit nutzbar ist.

Tabelle 7-1: Aufteilung des Komponenten-Nettopreises auf die Hauptkomponenten „Hard-/Software", „Engineering", „Montage und Inbetriebsetzung" bei *Neuanlagen*

Komponente	Prozentsatz
Hard-/Software	40%
Engineering	45%
Montage und Inbetriebsetzung	15%

Im Zusammenhang mit den in Tabelle 7-1 genannten prozentualen Angaben ergibt sich die nicht unbegründete Frage nach dem prozentualen Anteil der Neben-„Kosten" am Gesamt-Nettopreis. Hier kann nur festgestellt werden, dass Neben-„Kosten" immer mit Blick auf das konkrete zu kalkulierende Projekt mit seinen Anforderungen nach den im Abschnitt 7.2.5 enthaltenen Hinweisen kalkuliert werden müssen und daher eine allgemeine Prozentangabe wenig bzw. gar nicht tauglich wäre. Am Beispiel der Kalkulation von Reisekosten zeigt sich dies deutlich: Bei Projekten „vor der Haustür" sind z. B. so gut wie keine Reisekosten zu kalkulieren, was jedoch eher selten vorkommt. Im allgemeinen Fall ist die Automatisierungsanlage an einem Ort zu errichten, der sich viele Kilometer von der Niederlassung des Auftragnehmers entfernt befindet. Dadurch wird die Kalkulation der Reisekosten für ein konkretes Projekt entfernungsabhängig. Hinzu tritt, dass abhängig von Projektumfang und Schwierigkeitsgrad (z. B. Pilotanlage für ein neues Produktionsverfahren) unterschiedlich viele Reisen erforderlich sind.

7.3 Hinweise zu Projektakquisition sowie Angebotsaufbau

7.3.1 Projektakquisition

Wie im Abschnitt 2 bereits erläutert, wird im Rahmen des vorliegenden Buches von einem typischen Projektablauf ausgegangen, der im Wesentlichen durch folgende nacheinander abzuarbeitende Phasen beschrieben wird:

• Akquisitionsphase (vgl. Bild 2-1 auf S. 5),

---

181 Ein Beispiel hierfür ist, dass der Auftragnehmer in einem Projekt die Stelleinrichtungen (z. B. Stellventile mit zugehörigen Stellantrieben sowie Stellern), in einem anderen Projekt jedoch lediglich deren Steller sowie Stellantriebe zu liefern hat.

- Abwicklungsphase (vgl. Bild 2-2 auf S. 6) und

- Servicephase (vgl. Bild 2-3 auf S. 7).

Gegenstand der nachfolgenden Betrachtungen ist die Akquisitionsphase, in der sich der Anbieter [182] um den Auftrag bemüht. Sie umfasst diejenigen Tätigkeiten, die mit dem im Bild 2-1 dargestellten Ablauf, der sich vom Projektstart bis hin zur Auftragsvergabe erstreckt, verbunden sind.

Der Projektstart setzt voraus, dass Kunden (potentielle Auftraggeber) Investitionen planen. Als diesbezügliche Informationsquellen können dienen:

- Kundenkontakte,

- Kundenanfragen mit der Bitte um Abgabe eines Budgetangebots, [183]

- Amtsblätter (z. B. Amtsblätter der jeweiligen Bundesländer, Amtsblatt der Europäischen Gemeinschaft etc.).

Als wichtigste Informationsquellen sind sicherlich Kundenkontakte zu betrachten, weil man so im Vergleich zu den übrigen genannten Möglichkeiten sehr frühzeitig von beabsichtigten Investitionen Kenntnis erhält. Je eher ein Anbieter Kenntnis von einer geplanten Investition erlangt, desto mehr Zeit bleibt ihm, zu gegebener Zeit ein überzeugendes Angebot vorzulegen, d. h. desto größer sind seine Chancen bei der Auftragsvergabe.

Hat ein Anbieter Kenntnis über die beabsichtigte Kundeninvestition erlangt, so wird er im Allgemeinen mit dem betreffenden Kunden telefonisch oder schriftlich (z. B. per E-Mail) Kontakt aufnehmen, um einen Termin für ein persönliches Gespräch im Rahmen eines Kundenbesuchs zu vereinbaren. Im Verlauf dieses Gesprächs werden meist folgende Schwerpunkte angesprochen:

- Art und Umfang der Investition,

- Ziele, die der Kunde mit der Investition erreichen will,

- Projektorganisation (Ansprechpartner sowie zeitlicher Rahmen, in dem das Projekt realisiert werden soll).

Die Auskünfte des Kunden zu den genannten Schwerpunkten ermöglichen es dem Anbieter, die in der nach der Kontaktaufnahme folgenden Anfrage genannten Anforderungen, welche häufig in einem Lastenheft niedergelegt sind, treffend zu interpretieren. Dadurch gelingt es ihm, das Angebot auf die Kundenziele auszurichten und überzeugend diejenige Lösung vorzuschlagen, die dem Kunden im Sinne der angestrebten Ziele den größten Nutzen verschafft.

Hat der Kunde alle ihm vorliegenden Angebote ausgewertet, schließen sich die Vergabeverhandlungen mit den Anbietern an. Folgende Schwerpunkte werden im Rahmen von Vergabeverhandlungen diskutiert:

---

182 Zu den Begriffen „Kunde" bzw. „Anbieter" sowie „Auftraggeber" bzw. „Auftragnehmer" Hinweis in Fußnote 4 auf S. 5 beachten!

183 Kunden benutzen Budgetangebote (unverbindliche Schätzpreisangebote) im Sinne einer groben Schätzung, um sich einen ungefähren Überblick über die in den Investitionsplanungen zu berücksichtigenden Budgets zu verschaffen.

- Erfüllung der technischen Anforderungen,
- Allgemeine Vertragsbedingungen[184] (z. B. Haftung, Gewährleistungsfrist, Liefer-bedingungen und -frist),
- Preis.

Meist erhalten die Anbieter im Rahmen der Vergabeverhandlungen die Gelegenheit, ihr Angebot zu präsentieren. Damit die Angebotspräsentation optimal auf die Zuhörer ausgerichtet werden kann, ist es zweckmäßig, den Kreis der Zuhörer entsprechend ihrer spezifischen Interessen in folgende Gruppen zu unterteilen:

- *Entscheider* (z. B. Geschäftsführer oder Vorstandsgremium), welche die *Kaufgenehmigung* erteilen und sich auf die Auswirkungen des Angebots auf Unternehmen und Geschäftsergebnis sowie die Sicherung des Return on Investment (ROI) konzentrieren,
- *Coach* (z. B. Accountmanager[185]), der den Anbieter durch den Verkaufsprozess führt und sich auf den Erfolg des Anbieters konzentriert,
- *Wächter* (z. B. Unternehmensberater, Ingenieurbüros), die im Vergabeprozess als Prüfungsinstanz fungieren und sich auf die Erfüllung der Anforderungen an die angebotenen Lieferungen (Produkte) und Leistungen konzentrieren,
- *Anwender*, welche die angebotenen Lieferungen und Leistungen nutzen werden und sich daher auf den Nutzen der angebotenen Lieferungen und Leistungen für die tägliche Arbeit konzentrieren.

Die Angebotspräsentation optimal auf die Zuhörer auszurichten heißt, dabei auf das den Interessen der jeweiligen Zuhörergruppe entsprechende Informationsbedürfnis gezielt einzugehen. Demzufolge ist die Angebotspräsentation so aufzubauen, dass sie den Zuhörern überzeugend beantwortet, wie durch den im Angebot unterbreiteten Lösungsvorschlag die jeweils von den entsprechenden Zuhörern verfolgten Interessen verwirklicht werden.

Abhängig vom mit dem Projekt verbundenen Investitionsvolumen führt der Kunde häufig mit jedem der Anbieter mehrere Vergabeverhandlungen. Bei Vergabeverhandlungen, an denen auf Kundenseite Entscheider teilnehmen, stehen für diese Gruppe insbesondere Antworten auf folgende Fragen im Mittelpunkt:

- Wie beeinflussen die angebotenen Lieferungen und Leistungen die Geschäftsstrategie des Unternehmens?
- Welchen Mehrwert bringen sie für das Unternehmen?
- Woraus besteht der im Angebot dargestellte Ansatz?
- Welches sind die Risiken des Ansatzes, und wie werden sie unter Kontrolle gehalten?

---

184 Nähere Erläuterungen siehe Abschnitt 7.3.2.4.

185 Account-Manager werden auf Anbieterseite häufig eingesetzt, um die Aktivitäten der einzelnen Geschäftsbereiche des Anbieters gegenüber wichtigen Kunden (potentielle Auftraggeber!) zu koordinieren. Der Kundenvorteil besteht darin, dass für alle geschäftlichen Angelegenheiten auf Anbieterseite immer die gleiche Person – der Account-Manager – als erster Ansprechpartner zur Verfügung steht.

- Welche Ressourcen werden kundenseitig benötigt?

- Warum soll der Auftrag mit dem Anbieter statt mit einem der Konkurrenten reali-siert werden?

Wenn es dem Anbieter gelingt, sowohl Angebot als auch Vergabeverhandlungen ein-schließlich Angebotspräsentationen im dargestellten Sinn überzeugend zu gestalten, kommt es zum Vertragsabschluss mit dem Kunden, wodurch die Akquisitionsphase abgeschlossen wird und gleichzeitig der Kunde zum Auftraggeber bzw. der Anbieter zum Auftragnehmer wird.

7.3.2 Angebotsaufbau

7.3.2.1 Prinzipielles

Die Erarbeitung des Angebots ist gemäß Bild 2-1 (vgl. S. 5) ein Teilschritt der Akquisi-tionsphase. Es gleicht einer Bewerbung und ist daher mit entsprechender Sorgfalt zu erarbeiten. Wie für eine gute Bewerbung ist für ein gutes Angebot ausschlaggebend, dass es mit seinem Aufbau und dem auf die Interessen und Bedürfnisse seiner Emp-fänger ausgerichteten Inhalt die Erfüllung der gestellten Anforderungen sowie den Nutzen der angebotenen Lieferungen und Leistungen überzeugend vermittelt. Ziel der folgenden Ausführungen ist es daher, diesbezügliche Empfehlungen für den Ange-botsaufbau zu geben, wobei auf die Erarbeitung von Budgetangeboten nicht einge-gangen wird, weil sie im Vergleich zum hier betrachteten verbindlichen Angebot vom Kunden wesentlich seltener angefordert werden.

Die aktuelle Vergabepraxis zeigt, dass eine prinzipielle Gliederung des Angebots in

- allgemeinen Teil,

- technischen Teil,

- kommerziellen Teil

zweckmäßig ist.

Anliegen des *allgemeinen Teils* ist es, hauptsächlich den am Vergabeprozess beteilig-ten Entscheidern (vgl. Abschnitt 7.3.1) das Angebot im Kurzüberblick zu präsentieren und dabei vorzugsweise diejenigen Fragen zu beantworten, die sich den Entscheidern im Vergabeprozess stellen (vgl. Erläuterungen auf S. 223). Mit anderen Worten: Der allgemeine Teil ist darauf auszurichten, hauptsächlich die Entscheider vom Nutzen der angebotenen Lieferungen und Leistungen zu überzeugen. Daher hat gerade dieser Teil eine enorme Bedeutung für die Auftragsvergabe, weil er aus den genannten Gründen den Vergabeprozess entscheidend beeinflussen kann. Im *technischen Teil* – günstigerweise in Form eines Lasten-/Pflichtenheftes (Begründung vgl. Abschnitt 7.3.2.3) – werden die angebotenen Lieferungen und Leistungen schließlich detailliert beschrieben. Der *kommerzielle Teil* enthält die Vertragsbedingungen, mit denen Kun-de und Anbieter z. B. Liefer- und Leistungsumfang, Haftung, Lieferfrist, Gewährleis-tungsfrist, Zahlungsbedingungen usw. vereinbaren.

Richtet sich der allgemeine Teil an die Entscheider, so sind technischer und kommer-zieller Teil an Wächter sowie Anwender adressiert. Mit der vorgeschlagenen Dreitei-lung ist es daher möglich, die im Angebot enthaltenen Informationen empfängerbezo-gen, d. h. orientiert an den Interessen und Informationsbedürfnissen der genannten Gruppen gezielt darzustellen. Auf diese Weise entsteht also ein Angebot, das im Sin-ne der im Abschnitt 7.3.1 dargelegten Ausführungen überzeugt.

In den folgenden Abschnitten wird der Aufbau des allgemeinen, kommerziellen sowie technischen Teils näher betrachtet. Dabei ist zu beachten, dass die genannten Teile – obwohl sie *inhaltlich klar voneinander getrennt* sind – in der *Angebotsgliederung fließend ineinander übergehen*. Ein Beispiel zur Gliederung eines Angebots, aus dem der hier überblicksartig beschriebene Angebotsaufbau ersichtlich wird, ist Anhang 10 zu entnehmen.

7.3.2.2 Allgemeiner Teil

Das Anliegen des allgemeinen Teils wurde bereits im Abschnitt 7.3.2.1 erläutert und soll mit den nachfolgenden Ausführungen weiter untersetzt werden. Es besteht – wie bereits erläutert – darin, die am Vergabeprozess beteiligten Entscheider vom Nutzen der angebotenen Lieferungen und Leistungen zu überzeugen. Das bedeutet, bereits im allgemeinen Teil des Angebots auf wesentliche Fragen einzugehen, die sich den Entscheidern während des Vergabeprozesses stellen. Diesem Gedanken folgend, bietet es sich meist an, im allgemeinen Teil auf folgende Schwerpunkte einzugehen:

- Kurzfassung der Aufgabenstellung,

- in hohem Maße *aussagefähige* und zugleich äußerst *kurze* Beschreibung der angebotenen Lieferungen und Leistungen,

- Benennung von Kaufargumenten, d. h. Darstellung von Gründen, warum die angebotenen Lieferungen und Leistungen den Unternehmenswert erhöhen (z. B. Steigerung der Wettbewerbsfähigkeit),

- Benennung von Gründen für die Zusammenarbeit mit dem Anbieter, z. B.
  - vielfach eingesetzte Lösung (vgl. Microsoft versus Open Source),
  - Fachkompetenz,
  - Zuverlässigkeit und Image des Anbieters, ...

Die genannten Schwerpunkte sind auch Bestandteil der Angebotspräsentation vor den am Vergabeprozess beteiligten Entscheidern, d. h. mit den Überlegungen, die dem allgemeinen Teil des Angebots zugrunde liegen, wird gleichzeitig auch die Angebotspräsentation mit vorbereitet.

Die immense Bedeutung des allgemeinen Teils liegt – wie an den aufgezählten Schwerpunkten erkennbar wird – darin, dass sich hierin für den Anbieter die Chance ergibt, einerseits Vertrauen zu schaffen und andererseits darzustellen, was sein Angebot von denen der Mitbewerber unterscheidet, warum sich der Kunde also gerade für das vorliegende und gegen alle anderen Angebote entscheiden soll. Das angesprochene Vertrauen entsteht, indem der Anbieter mit seinen Ausführungen zu den genannten Schwerpunkten zeigt, dass er die Interessen seines Kunden ernst nimmt. In diesem Sinn schafft der Anbieter schon Vertrauen allein durch sein Bemühen, im Angebot an exponierter Stelle auf diese Schwerpunkte einzugehen. Vor dem Hintergrund, dass Anbieter und Kunde später während der Auftragsabwicklung als Auftragnehmer und Auftraggeber vertrauensvoll zusammenarbeiten sollen und nicht früh genug begonnen werden kann, diese Vertrauensbasis zu schaffen, ist diese Tatsache nicht hoch genug zu bewerten.

Verstärkt wird die Bedeutung des allgemeinen Teils zusätzlich noch dadurch, dass hiermit der landläufigen Meinung „Der niedrigste Preis entscheidet!" entgegengewirkt werden kann. Wie konnte diese Meinung entstehen? Bei Vergabeprozessen zeigt sich immer wieder, dass Angebote neben dem auf der ersten Angebotsseite befindlichen Preis die Vertragsbedingungen sowie den Liefer- und Leistungsumfang enthalten – nicht mehr und nicht weniger. Setzt man voraus, dass alle Anbieter ihrem Preis den gleichen Liefer- und Leistungsumfang zugrundegelegt haben, dann bleibt dem Kunden keine andere Wahl, als nach dem niedrigsten Preis zu entscheiden – er hat ja keine anderen Entscheidungskriterien zur Verfügung! Das ändert sich grundlegend, wenn Anbieter in ihren Angeboten im allgemeinen Teil auf die genannten Schwerpunkte eingehen. Dann entscheidet nicht mehr der niedrigste Preis, sondern der Kunde wählt das für ihn preis_werteste_ Angebot, d. h. insbesondere dasjenige, welches ihm das beste Preis-Leistungs-Verhältnis bietet und mit dem er sich gleichzeitig – emotional ausgedrückt – am wohlsten und sichersten fühlt.

Gerade für das Sicherheitsgefühl, also das Gefühl, bei einem der Anbieter „gut aufgehoben" zu sein, ist die Benennung von Gründen für die Zusammenarbeit mit dem Anbieter enorm wichtig. Haben Kunde und Anbieter zuvor bereits bei anderen Aufträgen erfolgreich zusammengearbeitet, bieten diese zurückliegenden Aufträge hervorragende Möglichkeiten für den Anbieter, Gründe für die erneute Zusammenarbeit im allgemeinen Teil des Angebots anzuführen. Ein solcher Grund könnte z. B. sein, dass ein umfangreicher Auftrag mit einem äußerst anspruchsvollen Zeitplan erfolgreich bewältigt wurde. Vor diesem Hintergrund haben Abwicklungs- bzw. Servicephase zurückliegender Aufträge eine hohe Bedeutung bei der Akquisition neuer Projekte, weil der Anbieter in diesen Phasen seine Leistungsfähigkeit und Zuverlässigkeit besonders unter Beweis stellen kann. Je besser der diesbezügliche Ruf des Anbieters ist, desto besser kann er dies im allgemeinen Teil des Angebots als Alleinstellungsmerkmal im Vergleich zu anderen Anbietern herausstellen, und um so höher sind daher seine Chancen bei der Auftragsvergabe.

7.3.2.3   Technischer Teil

Im technischen Teil des Angebotes werden – wie im Abschnitt 7.3.2.1 bereits erläutert – die angebotenen Lieferungen und Leistungen detailliert beschrieben. Basis dieser Beschreibung kann das vom Kunden bereitgestellte Lastenheft oder ein sogenanntes Leistungsverzeichnis (tabellenartige Auflistung der geforderten Lieferungen und Leistungen, Aufbau vgl. z. B. [77]) sein.[186] Insofern ist die Gliederung des technischen Teils bereits vorgegeben. Ferner bietet es sich an, die Beschreibung der Lieferungen und Leistungen als Vorstufe zum Lasten-/Pflichtenheft zu erarbeiten, um während der Abwicklungsphase die Erarbeitung des Pflichtenhefts (vgl. Abschnitt 3.3.4.2) schneller abschließen zu können, d. h. Zeit zu sparen.

---

186 Dabei ist zu beachten, dass in der Beschreibung der Kunde auf unklare Anforderungen aufmerksam gemacht und außerdem dargestellt wird, was nicht im Liefer- und Leistungsumfang enthalten ist (Ausschlüsse).

7.3.2.4 Kommerzieller Teil

Der kommerzielle Teil des Angebots enthält Vertragsbedingungen, mit denen Kunde und Anbieter sich u. a. zu folgenden Bedingungen vereinbaren:

- Liefer- und Leistungsumfang (wird detailliert meist im technischen Teil beschrieben, der dem Angebot als Anlage beigefügt ist; daher wird im Angebot meist auf die betreffende Anlage verwiesen),

- Preis[187] und Preisbasis (Festpreis, Aufwandspreis...),[188]

- Zahlungsbedingungen
  (Bsp. eines Zahlungsplans vgl. Anhang 10),

- Eigentumsvorbehalt,

- Lieferfrist, Termine,[189]

- Versandbedingungen und Liefervorbehalte
  (Exportbedingungen!),

- Abnahmeprozedur (Gefahrenübergang),

- Haftung bezüglich

  – Personen-, Sach- und Vermögensschäden,

  – Verzug,

  – Gewährleistung,

- Gewährleistungsfrist,

- Angebotsbindefrist,

- Gerichtsstand und anwendbares Recht.

> Allgemeine Vertrags-bedingun-gen

Außer dem Liefer- und Leistungsumfang, der abhängig vom Umfang der angefragten Lieferungen und Leistungen in den jeweiligen Angeboten immer wieder neu zu be-

---

187 Im Anlagenbau wird der Gesamtnettopreis oft in die Hauptkomponenten Hard- und Software, Engineering, Montage/Inbetriebsetzung aufgegliedert dargestellt. Nebenkosten sind – Hinweisen in Abschnitt 7.2.1 bzw. Abschnitt 7.2.5 folgend – zwar als eigenständige Komponente bei der Kostenermittlung mit zu berücksichtigen, werden aber im Angebot im Allgemeinen nicht als separate Preiskomponente Neben-„Kosten" aufgeführt, sondern nach in den Unternehmen jeweils geltenden Umlageschlüsseln auf die Preise der Hauptkomponenten umgelegt.

188 Es sind hierbei nicht nur Preis und Preisbasis zu vereinbaren, sondern auch Vereinbarungen zur Preisanpassung bei Änderungen von Lieferungen und Leistungen zu treffen.

189 Bei den Terminen sind nicht nur Liefer- bzw. Abnahmetermin zu vereinbaren, sondern auch der Termin für den als „Design-Freeze" bezeichneten Stichtag. Bis zu diesem Stichtag können vom Auftraggeber gewünschte Änderungen des Liefer- und Leistungsumfangs vom Auftragnehmer ohne Mehrkosten für den Auftraggeber berücksichtigt werden. Nach diesem Stichtag gilt das nicht mehr, d. h. Änderungen des Liefer- und Leistungsumfangs werden dem Auftraggeber nach den hierzu getroffenen Vereinbarungen bezüglich Preis und Preisbasis in Rechnung gestellt.

schreiben ist, sind die allgemeinen Vertragsbedingungen, zu denen der Anbieter seine Lieferungen und Leistungen am Markt anbietet, nahezu immer die gleichen. Das können vom Anbieter hierfür individuell ausgearbeitete allgemeine Vertragsbedingungen sein, häufig werden aber auch am Markt allgemein akzeptierte allgemeine Vertragsbedingungen verwendet. Hierfür typische Beispiele für den Anlagenbau sind:

- Allgemeine Bedingungen für Lieferungen und Leistungen der Elektroindustrie [78],
- Verdingungsordnung für Bauleistungen (VOB) [79],
- Verdingungsordnung für Leistungen (VOL) [80].

Der Idealfall wäre, dass die vom Anbieter in seinem Angebot zugrundegelegten Lieferbedingungen mit den Bestellbedingungen des Kunden übereinstimmen. Das ist jedoch im Allgemeinen nicht der Fall. Besonders strittig sind regelmäßig die Klauseln bezüglich Haftung sowie Gewährleistungsfrist. Im Rahmen der Vergabeverhandlungen einigen sich daher Kunde und Anbieter auf für beide Seiten akzeptable allgemeine Vertragsbedingungen, d. h. es entsteht ein Kompromiss. Sofern beide Vertragsparteien häufiger Verträge miteinander abschließen, kann ein solcher Kompromiss zur Grundlage eines von Kunde und Anbieter anzustrebenden Rahmenvertrags werden, auf dessen Basis künftige Verträge abgeschlossen werden. Dadurch können beide Vertragsparteien erheblich Zeit sparen, die sonst für im Regelfall sehr zähfließend verlaufende Verhandlungen zu den allgemeinen Vertragsbedingungen aufgewendet werden müsste.

Anhang

Anhang 1: Aufbau von Verbraucherabzweigen

Wie im Abschnitt 3.3.3.1 auf S. 42 bereits ausgeführt, werden Elektromotoren über in Schaltanlagen installierte Verbraucherabzweige mit Strom versorgt. Wie ebenfalls bereits erläutert, sind Verbraucherabzweige technische Einrichtungen, die alle zum Betrieb von Verbrauchern (z. B. Stellantriebe für Drosselstellglieder bzw. Arbeitsmaschinen) erforderlichen elektrischen Betriebsmittel – beginnend bei den Klemmen zum Anschluss an den Versorgungsstrang und endend an den Verbraucheranschlussklemmen – umfassen. Wesentliche elektrische Betriebsmittel eines Verbraucherabzweiges sind: Leitungsschutzschalter, Motorschutzrelais, Schütz.

Fasst man Leitungsschutzschalter sowie Motorschutzrelais in einem kompakten Gerät zusammen, dann wird dieses Motorschutzschalter genannt. Werden wiederum Motorschutzschalter sowie Schütz ebenfalls in einem Gerät vereint, dann heißt dieses Motorstarter oder Motorcontrolcenter (MCC).

Den Ausführungen auf S. 72 folgend, werden Verbraucherabzweige bei zu schaltenden elektrischen Leistungen bis 7,5 kW im Allgemeinen als Motorstarter, für darüber hinausgehende zu schaltende elektrische Leistungen als Motorcontrolcenter ausgeführt. Motorcontrolcenter vereinen wie Motorstarter in sich Motorschutzschalter sowie Schütz, sind aber im Vergleich zu Motorstartern als Kompakteinschub aufgebaut und ermöglichen außerdem einen umfangreicheren Informationsaustausch mit speicherprogrammierbarer Technik, wodurch z. B. Betriebsartenumschaltungen (Auto/Fern/Örtlich) oder zusätzlich Rückmeldungen über Prozessgrößen wie z. B. Verfahrwege oder Drehwinkel realisierbar sind.

Bei vergleichsweise geringer Anzahl von Antriebsmotoren (<10) ist der Einsatz von MCC von vornherein nicht wirtschaftlich, so dass in diesem Fall – sofern die zu schaltende elektrische Leistung bis zu 7,5 kW beträgt – platzsparend auf Hutschienen montierbare Motorstarter eingesetzt werden.

Sofern Bedarf bezüglich der mittels MCC verfügbaren zusätzlichen Leistungsmerkmale besteht und eine vergleichsweise hohe Anzahl von Antriebsmotoren (>>10) zu steuern ist, fällt – unabhängig von der zu schaltenden elektrischen Leistung – die Wahl auf MCC. Steht jedoch nicht genügend Platz für MCC-Schaltschränke zur Verfügung und beträgt die zu schaltende elektrische Leistung bis zu 7,5 kW, werden statt MCC, die als Kompakteinschübe in diesen Schaltschränken eingebaut werden müssten, platzsparend auf Hutschienen montierbare Motorstarter eingesetzt.

Die nachfolgende Darstellung zeigt exemplarisch den allgemeinen Aufbau von Verbraucherabzweigen und dient somit zur Veranschaulichung der erläuterten Zusammenhänge.

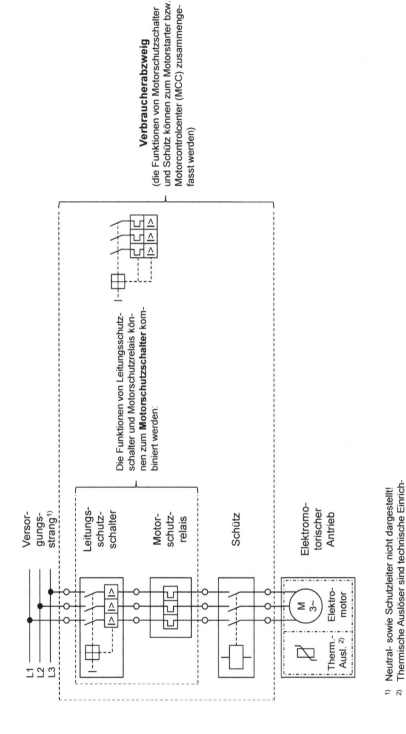

Versorgungsstrang[1]

Leitungsschutzschalter

Motorschutzrelais

Schütz

Elektromotorischer Antrieb

Verbraucherabzweig
(die Funktionen von Motorschutzschalter und Schütz können zum Motorstarter bzw. Motorcontrolcenter (MCC) zusammengefasst werden)

Die Funktionen von Leitungsschutzschalter und Motorschutzrelais können zum Motorschutzschalter kombiniert werden:

M 3~

Elektromotor

Therm.-Ausl. [2]

[1]   Neutral- sowie Schutzleiter nicht dargestellt!
[2]   Thermische Auslöser sind technische Einrichtungen, die Elektromotoren bei thermischen Überlastungen vom elektrischen Netz trennen.

Allgemeiner Aufbau eines Verbraucherabzweigs am Beispiel eines elektromotorischen Antriebs

Anhang 2: Strukturtabellen für das leittechnische Mengengerüst – Komponente „Informationserfassung"

Im Folgenden wird für die Komponente „Informationserfassung" exemplarisch die aus Bild 3-52 (vgl. S. 69) abzuleitende Strukturtabelle für die Prozessgröße „Stand" dargestellt (sowohl für Signalform „analog" als auch „binär"). Daraus lassen sich in ähnlicher Weise die Strukturtabellen für die weiteren in der *Verfahrenstechnik wesentlichen* Prozessgrößen

- Dichte (D),
- Durchfluss/Durchsatz (F), Durchflussverhältnis (FF) bzw. Durchflussmenge (FQ),
- Abstand/Länge/Stellung/Dehnung/Amplitude (G),
- Feuchte (M),
- Druck (P) bzw. Druckdifferenz (PD),
- Stoffeigenschaft/Qualitätsgrößen/Analyse (Q),
- Strahlungsgrößen (R),
- Geschwindigkeit/Drehzahl/Frequenz (S),
- Temperatur (T) bzw. Temperaturdifferenz (TD),
- Viskosität (V),
- Gewichtskraft/Masse (W)

ableiten (vgl. auch Bild 3-23 auf S. 40).

In die einzelnen (nicht gesperrten) Tabellenfelder ist jeweils die Anzahl der im Projekt benötigten Messeinrichtungen des entsprechenden Typs einzutragen. Bei binären Messverfahren bietet es sich an, in den Feldern zusätzlich jeweils in Klammern die Anzahl der erzeugten binären Signale mit anzugeben, um sie damit im leittechnischen Mengengerüst der Gerätekategorie SPS/PLS einfacher berücksichtigen zu können.[190] Felder, die nichtrelevante Kombinationen von Signalarten mit Kategorien (*kursiv* geschrieben) der Ebenen „Signalform", „Messverfahren" sowie „Art der Hilfsenergieversorgung" beschreiben, werden mit einer Sperrmarkierung versehen. Bei Eintragungen in die Spalte „örtlich" der Kategorie „Signalart" sind *keine* Angaben darüber erforderlich, ob es sich um ein analoges oder binäres Einheitssignal handelt,[191] d. h. parallele Angaben in den Spalten mit den Einheitssignalen und in der Spalte „örtlich" zum gleichen Messverfahren sind zulässig, wobei in der Spalte „örtlich" zusätzlich noch die Art der verwendeten Messeinrichtung angegeben werden kann.

---

190 Beispielsweise können mit einer einzigen konduktiven Messeinrichtung mehrere diskrete Füllstände gleichzeitig überwacht werden. Diese Messeinrichtung liefert daher mehrere binäre Signale.

191 Vgl. hierzu Erläuterungen in Fußnote 49 auf S. 68!

Gegebenenfalls sind den nachfolgenden Tabellen Zeilen zur Erfassung weiterer Messverfahren hinzuzufügen bzw. – um spezielle Kategorien-Kombinationen erfassen zu können – Messverfahren mehrfach aufzuführen. Das betrifft insbesondere Messverfahren, die der Signalform „binär" zugeordnet sind. So lässt sich z. B. der Fall berücksichtigen, dass konduktive Messverfahren zur binären Füllstandsmessung in einem Fall ein Binärsignal, in anderen Fällen jedoch mehrere Binärsignale liefern.

Prozessgröße: ...

Signal-form	Messverfahren	Art der Hilfs-energiever-sorgung	Signalart												
			(Signalform analog)					(Signalform binär)			soft-ware-mäßig	digi-tal *)	örtlich	
			0/4...20 mA		0...10 VDC		0,2...1 bar	0/24 VDC		0,2/1 bar				
			e.	n. e.	e.	n. e.		e.	n. e.				e.	n. e.
analog		elektrisch												
		pneumatisch												
		elektrisch												
		pneumatisch												
		elektrisch												
		pneumatisch												
binär		elektrisch												
		pneumatisch												
		elektrisch												
		pneumatisch												
		elektrisch												
		pneumatisch												

   e.: eigensichere Ausführung
n. e.: nicht eigensichere Ausführung
   *) In dieser Spalte Art der digitalen Signalübertragung (z. B. HART-Kommunikation, Profibus etc.) eintragen!

Zur Strukturtabelle für die Prozessgröße „Stand" wird nachfolgend eine allgemeine Strukturtabelle als Vorlage bereitgestellt.

Prozessgröße: Stand (L)

Signal-form	Messverfahren	Art der Hilfs-energiever-sorgung	Signalart (Signalform analog) 0/4...20 mA e.	n. e.	0...10 VDC e.	n. e.	0,2...1 bar	(Signalform binär) 0/24 VDC e.	n. e.	0,2/1 bar	soft-ware-mäßig	digi-tal *)	örtlich e.	n. e.
analog	mechanisch (Lot-system)	elektrisch												
		pneumatisch												
	hydrostatisch (Bo-dendruckmessung)	elektrisch												
		pneumatisch												
	hydrostatisch (Ein-perlmethode)	elektrisch												
		pneumatisch												
	Verdrängerprinzip	elektrisch												
		pneumatisch												
	Auftriebsprinzip	elektrisch												
		pneumatisch												
	kapazitiv	elektrisch												
	Ultraschall	elektrisch												
	Radar	elektrisch												
	Laser	elektrisch												
	radiometrisch	elektrisch												

e.: eigensichere Ausführung
n. e.: nicht eigensichere Ausführung
*) In dieser Spalte Art der digitalen Signalübertragung (z. B. HART-Kommunikation, Profibus etc.) eintragen!

Prozessgröße: Stand (L)

Signal-form	Messverfahren	Art der Hilfs-energiever-sorgung	Signalart (Signalform analog) 0/4...20 mA e.	n. e.	0...10 VDC e.	n. e.	0,2...1 bar	(Signalform binär) 0/24 VDC e.	n. e.	0,2/1 bar	soft-ware-mäßig	digi-tal *)	örtlich e.	n. e.
binär	mechanisch (Lot-system)	elektrisch												
	mechan. (Schwim-merschalter)	elektrisch												
		pneumatisch												
	hydrostatisch (Druckschalter)	elektrisch												
		pneumatisch												
	kapazitiv	elektrisch												
		pneumatisch												
	konduktiv	elektrisch												
		pneumatisch												
	Schwingsonde	elektrisch												
	Ultraschall	elektrisch												
	optoelektronisch (z. B. Infrarot)	elektrisch												
	radiometrisch	elektrisch												

e.: eigensichere Ausführung
n. e.: nicht eigensichere Ausführung
*) In dieser Spalte Art der digitalen Signalübertragung (z. B. HART-Kommunikation, Profibus etc.) eintragen!

Anhang 3: Strukturtabellen für das leittechnische Mengengerüst – Komponente „Informationsausgabe"

Wie auf S. 69 bereits ausgeführt, ist Komponente „Informationsausgabe" aus Sicht des Signalflusses nach Komponente „Informationsverarbeitung" angeordnet. Es läge daher nahe, sie erst nach Behandlung von Komponente „Informationsverarbeitung" zu betrachten. Für die Erarbeitung des leittechnischen Mengengerüstes ist es jedoch sinnvoller, Komponente „Informationsausgabe" vor Komponente „Informationsverarbeitung" zu behandeln, weil erst nach Bearbeitung der Komponenten „Informationserfassung" und „Informationsausgabe" Anzahl und Art der in Komponente „Informationsverarbeitung" zu verarbeitenden Signale bekannt sind. Wie auf S. 69 f. bereits erläutert, ist im Lieferumfang der Prozessleittechnik die leittechnische Einbindung der Stellgeräte (umfasst Ansteuerung mit entsprechenden Signalen sowie Verarbeitung der Signale der Stellgliedrückmeldungen) enthalten. Die Informationen, ob im Lieferumfang der Prozessleittechnik z. B. die kompletten Stellgeräte, lediglich Stellantriebe oder keinerlei Stellgeräte enthalten sind (vgl. ausführliche Fallunterscheidung auf S. 69) bzw. wie Steller, Stellantrieb und/oder Stellglied spezifiziert sind, werden in den Strukturtabellen in den dafür vorgesehenen Tabellenfeldern eingetragen (entweder mittels ausführlicher Angaben oder Verweis auf entsprechende Unterlagen wie z. B. Verbraucherstellenblätter, Dokumente zur Ventilauslegung, …).

Im Folgenden werden diese Strukturtabellen dargestellt, wobei in die Tabelle für die Gerätekategorie *„Drosselstellglied mit Stellantrieb als Stellgerät"* und die Tabelle für die Gerätekategorie *„Arbeitsmaschine mit Stellantrieb als Stellgerät"* unterschieden wird. In die einzelnen (nicht gesperrten) Tabellenfelder der Spalten *„Signalart"* [192] bzw. „Anzahl NE" ist jeweils die Anzahl im Projekt benötigter Stellgeräte des jeweiligen Typs einzutragen, wobei in der Gerätekategorie *„Drosselstellglied mit Stellantrieb"* bei Signalform *„binär"* sinnvollerweise zusätzlich der Typ des Stellantriebs (z. B. elektromotorisch, elektromagnetisch) mit anzugeben ist. Bei der Zubehörkategorie „Stellgliedrückmeldung" (SGRM) bietet es sich an, in den Feldern zusätzlich jeweils

- Art, in der die Stellgliedrückmeldung realisiert wird (z. B. Widerstandsferngeber oder mechanische Endlagenschalter) sowie
- in Klammern Anzahl der erzeugten binären Signale

mit anzugeben, um sie damit im leittechnischen Mengengerüst der Gerätekategorie *SPS/PLS* einfacher berücksichtigen zu können. Felder, die nichtrelevante Kombinationen von Signalarten mit Kategorien (kursiv geschrieben) der Ebenen „Signalform", „Art der Hilfsenergieversorgung" sowie „Zubehör" beschreiben, werden mit einer Sperrmarkierung versehen. Bei Eintragungen in die Spalte „örtlich" der Kategorie *„Signalart"* sind Angaben, ob es sich z. B. um ein analoges 0/4…20 mA- oder binäres 0/24 VDC-Einheitssignal handelt, nicht zwingend erforderlich, d. h. parallele Angaben in den Spalten mit den Einheitssignalen und in der Spalte „örtlich" zum gleichen Zubehör sind zulässig. In den Strukturtabellen werden folgende Abkürzungen verwendet:

---

192 Zur besseren Strukturierung und Unterscheidung wurde in der Spalte „Signalart" auf die Kategorie „Signalform" Bezug genommen, obwohl diese Kategorie schon als eigenständige Spalte existiert.

A:	Analogsignal	MCC:	Motorcontrolcenter[193]
A/B:	Analog-/Binärsignal	MS:	Motorstarter[194]
B:	Binärsignal	MSS:	Motorschutzschalter[193]
DR-EP:	Druckregler (elektropneumatisch)	NE:	Einrichtung für Noteingriff
DR-P:	Druckregler (pneumatisch)	SGRM:	Stellgliedrückmeldung
DS-EP:	Druckschalter (elektropneumatisch)	SR-E:	Stellungsregler (elektrisch)
DS-P:	Druckschalter (pneumatisch)	SR-EP:	Stellungsregler (elektro.-pn.)
FU:	Frequenzumrichter	SR-P:	Stellungsregler (pneumatisch)
KR/SS:	Koppelrelais/Schaltschütz	VA:	Verbraucherabzweig[194]

Gerätekategorie „Drosselstellglied mit Stellantrieb als Stellgerät"

Signalform	Art der Hilfsenergieversorgung des Stellantriebs	Zubehör [1]		Signalart										
				(Signalform analog)					(Signalform binär)				örtlich	
				0/4...20 mA		0...10 VDC		0,2...1 bar	0/24 VDC		0,2/1 bar	software-mäßig	digital [2]		
				e.	n. e.	e.	n. e.		e.	n. e.				e.	n. e.
analog	elektrisch	ohne													
		SR-E/MSS/VA (MS bzw. MCC)		3)	3)	3)	3)								
		SGRM	A												
			B												
			A/B												
	pneumatisch	ohne													
		SR-EP													
		SR-P													
		SGRM	A	4)	4)	4)	4)	5)					4)	4)	
			B						4)	4)	5)				
			A/B	4)	4)	4)	4)	5)	4)	4)	5)		4)	4)	
binär	elektrisch	ohne													
		KR/SS/VA (MS/MCC)							6)	6)					
		SGRM													
	pneumatisch	ohne													
		DS-E													
		DS-P													
		SGRM							4)	4)	5)			4)	
Spezifikation Drosselstellglied:		7)													
Spezifikation Stellantrieb:		7)													

1) Zubehör wird hier aus Sicht der leittechnischen Einbindung (Ansteuerung Stelleinrichtungen, Verarbeitung von Signalen der Stellgliedrückmeldungen) betrachtet. Gehören zum Lieferumfang Stellantriebe sowie Stellglieder der Stelleinrichtungen, werden diese in entsprechenden Zeilen der Strukturtabelle gesondert spezifiziert.

2) In dieser Spalte Art der digitalen Signalübertragung (z. B. HART-Kommunikation, Profibus etc.) eintragen!

3) In diese Felder Anzahl bzw. Art des Zubehörs (SR-E/MSS/VA als MS bzw. MCC – meist Lieferumfang des Schaltanlagenlieferanten) eintragen!

4) Nur relevant, wenn die Stellgliedrückmeldung (SGRM) elektrisch realisiert wird.

5) Nur relevant, wenn die Stelleinrichtung mit einem pneumat. Signal angesteuert und die Stellgliedrückmeldung (SGRM) pneumat. realisiert wird.

6) In diesen Feldern neben Anzahl bzw. Art des Zubehörs (KR/SS/VA als MS bzw. MCC – SS/VA meist im Lieferumfang des Schaltanlagenlieferanten enthalten) zusätzlich die Art des Stellantriebs (elektromotorisch bzw. –magnetisch) angeben!

7) Gehören zum Lieferumfang Stellantriebe und/oder Stellglieder der Stelleinrichtungen, hier die Spezifikationen von Drosselstellgliedern (entfällt, wenn nur Stellantriebe zu liefern sind) bzw. Stellantrieben eintragen oder auf entsprechende Unterlage verweisen, anderenfalls können diese Zeilen entfallen. Für die Spezifikationen zweckmäßigerweise so viele Zeilen vorsehen, wie unterschiedliche Stellglieder bzw. Stellantriebe zu spezifizieren sind!

---

193 Erläuterungen im Anhang 1 beachten!

194 Verbraucherabzweige (vgl. Erläuterungen in Fußnote 34 auf S. 42) werden bis zu 7,5 kW zu schaltender elektrischer Leitung als Motorstarter, darüber hinaus als Motorcontrolcenter ausgeführt (Erläuterungen von S. 72 und Anhang 1 beachten).

Gerätekategorie „Arbeitsmaschine mit Stellantrieb als Stellgerät"

Signalform	Art der Hilfsenergieversorgung des Stellantriebs	Zubehör 1)		0/4...20 mA e.	0/4...20 mA n.e.	0...10 VDC e.	0...10 VDC n.e.	0,2...1 bar	0/24 VDC e.	0/24 VDC n.e.	0,2/1 bar	software-mäßig	digital 2)	örtlich e.	örtlich n.e.
				(Signalform analog)					(Signalform binär)						
analog	elektrisch	ohne													
		FU, MSS		3)	3)	3)	3)								
		SGRM	A												
			B												
			A/B												
	pneumatisch	ohne													
		DR-E													
		DR-P													
		SGRM	A	4)	4)	4)	4)	5)					4)	4)	
			B						4)	4)	5)				
			A/B	4)	4)	4)	4)	5)	4)	4)	5)		4)	4)	
binär	elektrisch	ohne													
		VA (MS/MCC)							6)	6)					
		SGRM													
	pneumatisch	ohne													
		DS-E													
		DS-P													
		SGRM							4)	4)	5)		4)		

Spezifikation Arbeitsmaschine:	7)
Spezifikation Stellantrieb:	7)

1)   Zubehör wird hier aus Sicht der leittechnischen Einbindung (Ansteuerung Stelleinrichtungen, Verarbeitung von Signalen der Stellgliedrückmeldungen) betrachtet. Gehören zum Lieferumfang Stellantriebe sowie Stellglieder der Stelleinrichtungen, werden diese in entsprechenden Zeilen der Strukturtabelle gesondert spezifiziert.

2)   In dieser Spalte Art der digitalen Signalübertragung (z. B. HART-Kommunikation, Profibus etc.) eintragen!

3)   In diese Felder Anzahl bzw. Art des Zubehörs (FU, MSS – meist im Lieferumfang des Schaltanlagenlieferanten enthalten) eintragen!

4)   Nur relevant, wenn die Stellgliedrückmeldung (SGRM) elektrisch realisiert wird.

5)   Nur relevant, wenn die Stelleinrichtung mit einem pneumat. Signal angesteuert und die Stellgliedrückmeldung (SGRM) pneumat. realisiert wird.

6)   In diesen Feldern neben Anzahl bzw. Art des Zubehörs (MS/MCC – meist im Lieferumfang des Schaltanlagenlieferanten enthalten) zusätzlich die Art des Stellantriebs (elektromotorisch bzw. –magnetisch) angeben!

7)   Gehören zum Lieferumfang Stellantriebe und/oder Stellglieder der Stelleinrichtungen, hier die Spezifikationen von Arbeitsmaschinen (entfällt, wenn nur Stellantriebe zu liefern sind) bzw. Stellantrieben eintragen oder auf entsprechende Unterlage verweisen, anderenfalls können diese Zeilen entfallen. Für die Spezifikationen zweckmäßigerweise so viele Zeilen vorsehen, wie unterschiedliche Stelleinrichtungen bzw. Stellantriebe zu spezifizieren sind!

Anhang 4: Strukturtabellen für das leittechnische Mengengerüst – Komponente „Informationsverarbeitung"

Im Folgenden werden die Strukturtabellen für die Komponente „Informationsverarbeitung" dargestellt. Aus Gründen der Übersichtlichkeit wird jede der zugehörigen Gerätekategorien einzeln betrachtet.[195]

Gerätekategorie „SPS/PLS"

Die Strukturtabelle für die Gerätekategorie „SPS/PLS" ist in eine Tabelle für SPS- bzw. PLS-Hardware sowie eine Tabelle für Bedien- und Beobachtungseinrichtungen unterteilt. In diesen Strukturtabellen braucht die Ebene „Art der Hilfsenergieversorgung" nicht mit berücksichtigt zu werden, weil diese Ebene nur die Kategorie „elektrisch" enthält.

In die einzelnen (nicht gesperrten) Tabellenfelder der Spalte *„Signalart"* ist jeweils die Anzahl der im Projekt benötigten Analogeingänge, Analogausgänge, Binäreingänge sowie Binärausgänge des jeweiligen Signaltyps einzutragen. In der Spalte „Anzahl der Baugruppen" wird die Anzahl von Baugruppen eines konkreten Baugruppentyps eingetragen (vgl. Legende zur Strukturtabelle). Für *Bedien- und Beobachtungseinrichtungen* ist in der Spalte *„Anzahl"* jeweils die Anzahl der pro Gerätetyp benötigten gleichartigen Geräte einzutragen. Gegebenenfalls ist in den Tabellen zur Berücksichtigung verschiedener Ausführungsformen desselben Gerätetyps der betreffende Gerätetyp mehrfach aufzuführen. In der Spalte „Bemerkung" können bei besonderer Ausführungsart Eigenschaften wie

- Ausführung als Industrie-PC,
- Ausführung als Embedded-PC,
- Eignung für den Einsatz im explosionsgeschützten Bereich etc.

vermerkt werden.

In der Strukturtabelle werden folgende Abkürzungen verwendet:

AE: Analogeingang,
AA: Analogausgang,
BE: Binäreingang,
BA: Binärausgang,
CPU: Central Processing Unit (Zentrale Verarbeitungseinheit),
KB: Kommunikationsbaugruppe (z. B. für Profibusanschluss),
SB: Spezialbaugruppe (vgl. Erläuterungen auf S. 77),
STRVG: Stromversorgung.

Gerätekategorien „Separate Wandler" sowie „Rechenglieder"
Die Darstellung dieser Gerätekategorie erfolgt zum einen in der Tabelle für die Kategorie „Separate *Wandler"* (S. 239) und zum anderen in der Tabelle für die Kategorie *„Rechenglieder"* (S. 239).

In den Strukturtabellen für separate Wandler werden jeweils folgende Abkürzungen verwendet: E: Eingangssignal, A: Ausgangssignal, HEV: Hilfsenergieversorgung.

---

195 Die Bezeichnungen von Kategorien sind in den zugehörigen Strukturtabellen *kursiv* geschrieben.

Gerätekategorie „SPS/PLS": SPS-/PLS-Hardware

Allgemeiner Baugruppentyp	Signalart																			Anzahl Baugruppen							
	(Signalform analog)											(Signalform binär)								STRVG	CPU	AE	AA	BE	BA	KB	SB
	0/4...20 mA				0...10 VDC				Widerstandsthermometer	Thermoelement	Widerstandsferngeber	0/24 VDC				Zähleingabe	Relaisausgang	Impulsausgabe	digital 1)								
	p.	n.p.	e.	n.e.	p.	n.p.	e.	n.e.				p.	n.p.	e.	n.e.												
STRVG																				2)							
CPU																					2)						
AE																						2)					
AA																							2)				
BE																								2)			
BA																									2)		
KB																										2)	
SB																											3)

p. : potentialgetrennt
n. p.: nicht potentialgetrennt
e. Anschluss eigensicherer Betriebsmittel
n. e. Anschluss nicht eigensicherer Betriebsmittel
1) In dieser Spalte Art der digitalen Signalübertragung (z. B. Profibus, Modbus+, CAN-Bus etc.) eintragen!
2) In diese Felder sind jeweils die benötigten *konkreten* Baugruppentypen (z. B. Analogbaugruppe mit 8 potentialgetrennten Analogeingängen oder Binärbaugruppe mit 32 potential-getrennten Binäreingängen) sowie deren Anzahlen einzutragen. Werden zur Abdeckung der Kanalzahl eines bestimmten *allgemeinen* Baugruppentyps (z. B. Analogeingabe) mehrere verschiedene konkrete Baugruppentypen benötigt (z. B. AE mit sowohl potential- als auch nicht potentialgetrennten Analogeingängen), so sind in das entsprechende Tabellenfeld mehrere entsprechende konkrete Baugruppentypen in der jeweils benötigten Anzahl einzutragen.
3) In diese Felder sind jeweils die benötigten *konkreten* Baugruppentypen (z. B. Antriebssteuerung, Regelung, Verarbeitung nichtstandardisierter Signale) sowie deren Anzahlen einzutragen.

Gerätekategorie „SPS/PLS": Bedien- und Beobachtungseinrichtungen

Gerätetyp		Anzahl	Bemerkung (z. B. Betriebssystem, Konfigurier- und Parametriersoftware, besondere Ausführungsart, Sonderzubehör)
Operator-Panel			
Bedien- und Beobachtungsrechner (einschl. Tastatur, Maus, Bildschirm)			
Prozessdatenverabeitungsrechner (einschl. Tastatur, Maus, Bildschirm, Drucker)			
Konfigurier- und Parametriereinrichtung	stationär (Desktop-PC einschl. Tastatur, Maus, Bildschirm)		
	mobil (Laptop)		

Tabelle „Separate Wandler".[196] In die einzelnen (nicht gesperrten) Tabellenfelder der Spalte *„Signalart"* sind jeweils die Signalarten von Eingangs- bzw. Ausgangssignal, Art der Hilfsenergieversorgung des separaten Wandlers sowie Anzahl der im Projekt benötigten gleichartigen Geräte einzutragen. Für jeden Wandlertyp ist dabei jeweils eine Spalte vorgesehen.

Tabelle „Rechenglieder" (S. 239): Bei Rechengliedern ist in der Spalte *„Signalart"* jeweils die Anzahl der im Projekt benötigten gleichartigen Geräte einzutragen. Für jeden Rechengliedtyp ist jeweils eine Zeile vorgesehen.

---

196 Analog-/Digital- bzw. Digital/Analogwandler sind von dieser Gerätekategorie nicht erfasst, weil sie hier nicht als eigenständige Geräte sondern als Elemente von Baugruppen der Gerätekategorie „SPS/PLS" betrachtet werden.

Gerätekategorie „Separate Wandler"

Signal-form	Art der Hilfsenergiever-sorgung E/A	Potentialtrennung/Eigen-sicherheit	Signalart			
			Signalart E bzw. A / HEV / Anzahl *)			
			1	2		n
analog	E elektrisch, A elektrisch	potential-getrennt	E eigensicher	**)			
			A eigensicher				
			E/A eigens.				
			nicht eigens.				
		nicht potentialgetrennt					
	E elektrisch, A pneumatisch	E eigensicher					
		E nicht eigensicher					
	E pneumatisch A elektrisch	A eigensicher					
		A nicht eigensicher					
	E pneumatisch A pneumatisch						
binär	E elektrisch, A elektrisch	potential-getrennt	E eigensicher				
			A eigensicher				
			E/A eigens.				
			nicht eigens.				
		nicht potentialgetrennt					
	E elektrisch, A pneumatisch	E eigensicher					
		E nicht eigensicher					
	E pneumatisch A elektrisch	A eigensicher					
		A nicht eigensicher					
	E pneumatisch A pneumatisch						

*) Für jeden Wandlertyp ist jeweils eine Spalte vorgesehen.
**) In diese Felder sind jeweils die Signalarten des betrachteten Wandlertyps, Art der Hilfsenergierversorgung sowie die Anzahl einzutragen.

Gerätekategorie „Rechenglieder"

Lfd.-Nr.	Signal-form	Art der Hilfenergieversorgung		Signalart ***)		
		Gerät **)	E/A	0/4…20 mA	0…10 VDC	0,2…1 bar
1 *)	analog		elek-trisch			
2						
"						
m						
1 *)			pneu-ma-tisch			
2						
"						
n						

*) Für jeden Rechenglied-Typ ist jeweils eine Zeile vorgesehen.
**) In die entsprechenden Tabellenfelder ist die Art der Hilfsenergieversorgung des Gerätes (z. B. 230 VAC, 24 VDC, 1,4 bar) einzutragen.
***) In die entsprechenden Tabellenfelder sind jeweils der Rechenglied-Typ (z. B. Quadrierglied, Radizierglied) sowie die benötigte Anzahl einzutragen.

Gerätekategorie „Kompaktregler"

In den einzelnen (nicht gesperrten) Tabellenfeldern der Spalte *„Signalart"* [197] ist jeweils die Anzahl der pro Kompaktregler zu verarbeitenden analogen/binären Eingangs- bzw. analogen/binären Ausgangssignale des jeweiligen Signaltyps einzutragen. Daraus ergeben sich bestimmte Signalkonfigurationen. In der Spalte „Anzahl gleichartiger Geräte entsprechend der definierten Signalkonfiguration" kann anschließend eingetragen werden, wieviele gleichartige Geräte im Projekt benötigt werden. Jede Signalkonfiguration ist somit einem bestimmten Kompaktreglertyp gleichzusetzen. Daher ist für jede Signalkonfiguration jeweils ein Zeilenblock vorgesehen.

In der Strukturtabelle werden folgende Abkürzungen verwendet:

R: Widerstandsferngeber,   W: Widerstandsthermometer,

Th: Thermoelement.

Gerätekategorie „Kompaktregler"

Lfd. Nr. bzw. HEV	Signalform	Art der Hilfsenergieversorgung für die Eingangs-/Ausgangssignale	Signalart [1)]											Anzahl gleicher Geräte entsprechend der definierten Signalkonfiguration
			(Signalform analog)						(Signalform binär)					
			0/4...20 mA		0...10 VDC		0,2...1 bar	R, Th, W	0/24 VDC		Relaisausgang	0,2/1 bar	digital [2)]	
			p.	n. p.	p.	n. p.			p.	n. p.				
1 [3)] <...>[4)]	analog	elektrisch	Eingangssignale											
			Ausgangssignale											
	binär	elektrisch	Eingangssignale											
			Ausgangssignale											
2 [3)] <...>[4)]	analog	pneumatisch	Eingangssignale											
			Ausgangssignale											
3 [3)] hilfsenergielos	analog	< Regelgröße eintragen >												

p. :   potentialgetrennt
n. p.:   nicht potentialgetrennt
[1)]   Durch Markieren (z. B. Ankreuzen) der entsprechenden Tabellenfelder wird die Signalkonfiguration definiert.
[2)]   In dieser Spalte Art der digitalen Signalübertragung (z. B. Profibus, Modbus+, CAN-Bus etc.) eintragen!
[3)]   Es sind soviele Blöcke einzufügen, wie unterschiedliche Signalkonfigurationen definiert werden.
[4)]   An dieser Stelle Art der Hilfsenergieversorgung des Kompaktreglers (z. B. 1,4 bar, 230 VAC, 24 VDC etc.) eintragen!

---

197 Zur besseren Strukturierung und Unterscheidung wurde in der Spalte „Signalart" auf die Kategorie „Signalform" Bezug genommen, obwohl diese Kategorie schon als eigenständige Spalte existiert.

Anhang 5: Beispiel eines Verkabelungskonzepts bei Automatisierung mit Prozessleitsystem (PLS)

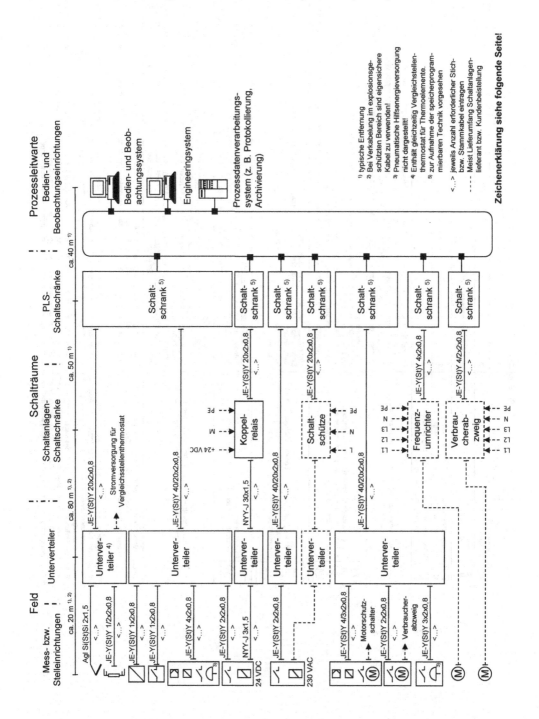

Zeichenerklärung für Verkabelungskonzept

Symbol/Erläuterung	Anzahl Adern im Stichkabel a)
∨ Thermoelement	2
Widerstandsthermometer (Anschluss in 2-, 3- bzw. 4-Leiterschaltung)	2, 3, 4 (je nach realisierter Schaltung)
Analoge Messeinrichtung (z. B. Standmessung, Positionsmessung für Stellgliedrückmeldung)	2
Binäre Messeinrichtung (z. B. Grenzsignalgeber, Endlagenschalter für Stellgliedrückmeldung)	2
(M) Elektromotorischer Stellantrieb für Arbeitsmaschine (Typical 1a, 1b, 1c)	Stichkabel Frequenzumrichter (FU) → Schaltschrank bei Ansteuerung mittels Frequenzumrichter: **8** (EIN, AUS, +24 VDC, 0 VDC, Rückmeldung EIN bzw. AUS, 2 Adern für analoges elektrisches Eingangssignal); Stichkabel Verbraucherabzweig (VA) b) → Schaltschrank bei Ansteuerung mittels Verbraucherabzweig: **8** (Links- (LL) bzw. Rechtslauf (RL), +24 VDC, 0 VDC, Rückmeldg. LL bzw. RL, optional: 2 Adern Rückmeldg. Stromaufnahme); Stromversorgungskabel Stellantrieb → FU/VA: Meist Lieferumfang Schaltanlagenlieferant oder Kundenbeistellung.
Analoges Drosselstellglied mit elektromotorischem Stellantrieb, binärer sowie analoger Stellgliedrückmeldung und elektrischer Stellungsregler und (Typical 2a, 2b)	Stichkabel Stelleinrichtung → Unterverteiler: **8** Eingangssignal elektrischer Stellungsregler: 2 (analoges elektrisches Einheitssignal); Stellgliedrückmeldung: 5 (+24 VDC, Rückmeldung AUF bzw. ZU, 2 Adern für analoges elektrisches Einheitssignal); Reserve: 1 (optional für Rückmeldung des thermischen Auslösers nutzbar); Stromversorgungskabel Stellantrieb → Motorschutzsch.: Meist Lieferumfang Schaltanlagenlieferant oder Kundenbeistellung. c)
Analoges Drosselstellglied mit pneumatischem Stellantrieb, binärer sowie analoger Stellgliedrückmeldung und elektropneumatischem Stellungsregler (Typical 3)	Stichkabel Stelleinrichtung → Unterverteiler: **8** Eingangssignal elektropneumat. Stellungsregler: 2 (analoges elektrisches Einheitssignal); Stellgliedrückmeldung: 5 (+24 VDC, Rückmeldung AUF bzw. ZU, 2 Adern für analoges elektrisches Einheitssignal); Reserve: 1.
(M) Binäres Drosselstellglied mit elektromotorischem Stellantrieb und binärer Stellgliedrückmeldung (Typical 4)	Stichkabel Stelleinrichtung → Unterverteiler: **4** (Stellgliedrückmeldung: +24 VDC, Rückmeldung AUF bzw. ZU, Reserve - optional für Rückmeldg. des therm. Auslösers nutzbar); Stichkabel Verbraucherabzweig → Schaltschrank: 4 (0 VDC, AUF, ZU, Reserve); Stromversorgungskabel Stellantrieb → Verbraucherabzweig: Meist Lieferumfang Schaltanlagenlieferant oder Kundenbeistellung.
Binäres Drosselstellglied mit elektromagnetischem Stellantrieb sowie binärer Stellgliedrückmeldung (Typical 5a, 5b)	**Variante 24 VDC:** Stichkabel Stelleinrichtung → Unterverteiler (Stellgliedrückmeldg.): **4** (+24 VDC, Rückmeldg. AUF bzw. ZU, Reserve) Stromversorgungskabel Stellantrieb → Unterverteiler → Koppelrelais d) M, PE und für jeden Stellantrieb +24 VDC. Stammkabel Koppelrelais → Schaltschrank: 0 VDC und für jeden Stellantrieb Binärsignal "AUF"/"ZU". **Variante 230 VAC:** Stichkabel Stelleinrichtung → Unterverteiler (Stellgliedrückmeldg.): **4** (+24 VDC, Rückmeldg. AUF bzw. ZU, Reserve); Strg.-kabel Stellantrieb → Unterverteiler → Schaltschütze: Meist Lieferumfang Schaltanlagenlieferant oder Kundenbeistellung. Stammkabel Schaltschütze → Schaltschrank: 0 VDC und für jeden Stellantrieb Binärsignal "AUF"/"ZU".
Binäres Drosselstellglied mit pneumatischem Stellantrieb (einschließlich elektropneumatischem Druckschalter) sowie binärer Stellgliedrückmeldung (Typical 6a, 6b)	Stichkabel Stelleinrichtung → Unterverteiler: **6** (AUF/ZU, 0 VDC, +24 VDC, Rückmeldg. AUF bzw. ZU, Reserve) Bei Ansteuerung mittels Koppelrelais vgl. binäres Drosselstellglied mit elektromagnetischem Stellantrieb, Variante 24 VDC!

a) Stichkabel führen im Feld von Mess- bzw. Stelleinrichtungen zu Unterverteilern sowie in Unterverteilungen zu Unterverteilern sowie in Schalträumen von Frequenzumrichtern bzw. Verbraucherabzweigen zu Schaltschränken, in denen speicherprogrammierbare Technik installiert ist. *Die Angaben zur Aderanzahl sind Richtwerte, d. h. projektspezifische Abweichungen sind möglich!*

b) Ob der Verbraucherabzweig als Motorstarter oder MCC ausgeführt wird, hängt im Allgemeinen von der zu schaltenden elektrischen Leistung ab. Motorstarter werden meist bis 7,5 kW zu schaltende Leistung eingesetzt.

c) Entfällt der Stellungsregler, so ist anstelle des Kabels zwischen Stellantrieb und Motorschutzschalter ein Stromversorgungskabel zwischen Stellantrieb und VA (meist Lieferumfang Schaltanlagenlieferant oder Kundenbeistellung) sowie ein vieradriges Stichkabel zwischen VA und Schaltschrank (0 VDC, AUF, ZU, Reserve) bzw. sechsadriges Stichkabel zwischen Stelleinrichtung und Unterverteiler (+24 VDC, Rückmeldung AUF bzw. ZU, 2 Adern für analoges elektrisches Einheitssignal, optional: Rückmeldung des thermischen Auslösers) vorzusehen!

d) Koppelrelais und Stromversorgungskabel entfallen, wenn die Stelleinrichtung direkt an Relaisausgänge speicherprogrammierbarer Technik angeschlossen wird!

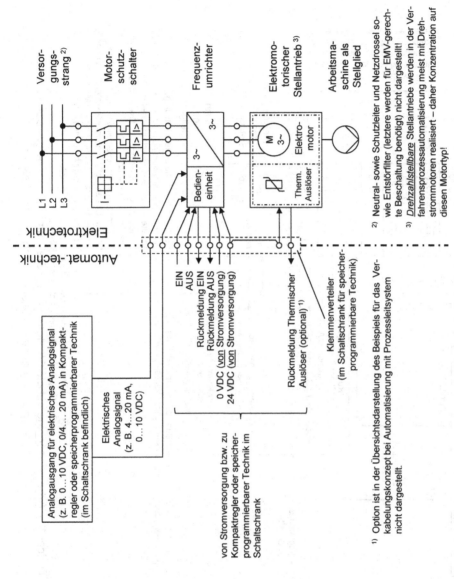

Typical 1a): <u>Arbeitsmaschine mit elektromotorischem Stellantrieb</u>, *analog*

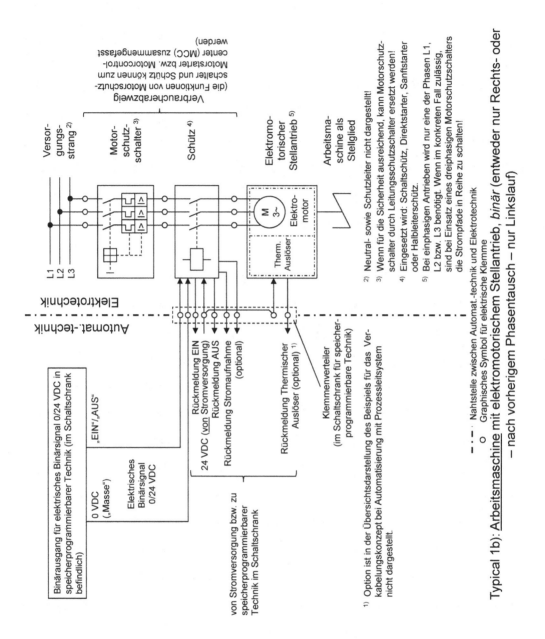

Versorgungsstrang [2]

Motorschutzschalter [3]

Schütz [4]

Verbraucherabzweig (die Funktionen von Motorschutzschalter und Schütz können zum Motorstarter bzw. Motorcontrolcenter (MCC) zusammengefasst werden)

Elektromotorischer Stellantrieb [5]

Arbeitsmaschine als Stellglied

L1
L2
L3

M 3~

Elektromotor

Therm. Auslöser

Elektrotechnik

Automat.-technik

Rückmeldung EIN (von Stromversorgung)

Rückmeldung AUS

Rückmeldung Stromaufnahme (optional)

24 VDC (von Stromversorgung)

Rückmeldung Thermischer Auslöser (optional) [1]

Klemmenverteiler (im Schaltschrank für speicherprogrammierbare Technik)

Binärausgang für elektrisches Binärsignal 0/24 VDC in speicherprogrammierbarer Technik (im Schaltschrank befindlich)

„EIN"/„AUS"

0 VDC („Masse")

Elektrisches Binärsignal 0/24 VDC

von Stromversorgung bzw. zu speicherprogrammierbarer Technik im Schaltschrank

[1] Option ist in der Übersichtsdarstellung des Beispiels für das Verkabelungskonzept bei Automatisierung mit Prozessleitsystem nicht dargestellt.

[2] Neutral- sowie Schutzleiter nicht dargestellt!

[3] Wenn für die Sicherheit ausreichend, kann Motorschutzschalter durch Leitungsschutzschalter ersetzt werden!

[4] Eingesetzt wird: Schaltschütz, Direktstarter, Sanftstarter oder Halbleiterschütz.

[5] Bei einphasigen Antrieben wird nur eine der Phasen L1, L2 bzw. L3 benötigt. Wenn im konkreten Fall zulässig, sind bei Einsatz eines dreiphasigen Motorschutzschalters die Strompfade in Reihe zu schalten!

– · – · – Nahtstelle zwischen Automat.-technik und Elektrotechnik
o Graphisches Symbol für elektrische Klemme

Typical 1b): Arbeitsmaschine mit elektromotorischem Stellantrieb, *binär* (entweder nur Rechts- oder – nach vorherigem Phasentausch – nur Linkslauf)

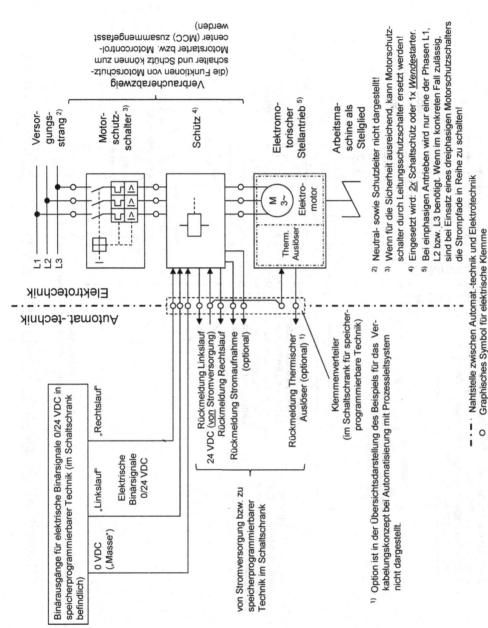

Versorgungs-strang [2]

Motor-schutz-schalter [3]

Schütz [4]

Elektromotorischer Stellantrieb [5]

Arbeitsmaschine als Stellglied

Verbraucherabzweig
(die Funktionen von Motorschutz-schalter und Schütz können zum Motorstarter bzw. Motorcontrol-center (MCC) zusammengefasst werden)

Elektrotechnik

Automat.-technik

Binärausgänge für elektrische Binärsignale 0/24 VDC in speicherprogrammierbarer Technik (im Schaltschrank befindlich)

0 VDC („Masse")

„Linkslauf"

„Rechtslauf"

Elektrische Binärsignale 0/24 VDC

24 VDC (von Stromversorgung)

Rückmeldung Linkslauf
Rückmeldung Rechtslauf
Rückmeldung Stromaufnahme (optional)

Rückmeldung Thermischer Auslöser (optional) [1]

Klemmenverteiler (im Schaltschrank für speicher-programmierbare Technik)

von Stromversorgung bzw. zu speicherprogrammierbarer Technik im Schaltschrank

[1] Option ist in der Übersichtsdarstellung des Beispiels für das Ver-kabelungskonzept bei Automatisierung mit Prozessleitsystem nicht dargestellt.

[2] Neutral- sowie Schutzleiter nicht dargestellt!

[3] Wenn für die Sicherheit ausreichend, kann Motorschutz-schalter durch Leitungsschutzschalter ersetzt werden!

[4] Eingesetzt wird: 2x Schaltschütz oder 1x Wendestarter.

[5] Bei einphasigen Antrieben wird nur eine der Phasen L1, L2 bzw. L3 benötigt. Wenn im konkreten Fall zulässig, sind bei Einsatz eines dreiphasigen Motorschutzschalters die Strompfade in Reihe zu schalten!

- · - Nahtstelle zwischen Automat.-technik und Elektrotechnik

O   Graphisches Symbol für elektrische Klemme

Typical 1c): Arbeitsmaschine mit elektromotorischem Stellantrieb, *binär* (sowohl Rechts- als auch Linkslauf)

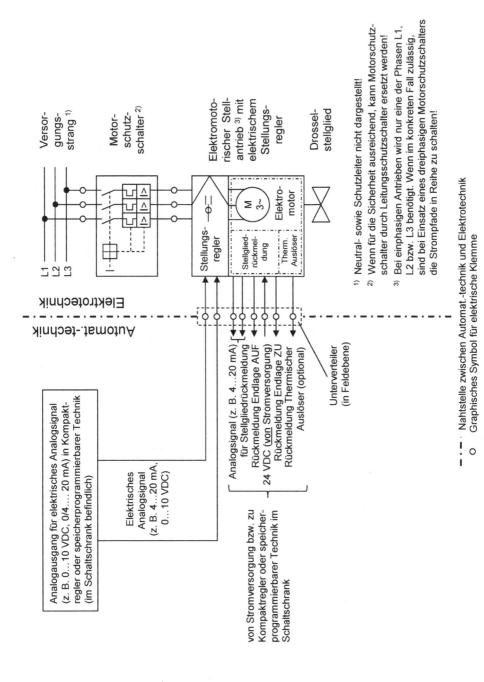

Versorgungsstrang [1]

Motorschutzschalter [2]

Elektromotorischer Stellantrieb [3] mit elektrischem Stellungsregler

Drosselstellglied

Stellungsregler

M 3~ Elektromotor

Stellgliedrückmeldung

Therm. Auslöser

L1
L2
L3

Elektrotechnik

Automat.-technik

Analogausgang für elektrisches Analogsignal (z. B. 0...10 VDC, 0/4.... 20 mA) in Kompaktregler oder speicherprogrammierbarer Technik (im Schaltschrank befindlich)

Elektrisches Analogsignal (z. B. 4...20 mA, 0...10 VDC)

von Stromversorgung bzw. zu Kompaktregler oder speicherprogrammierbarer Technik im Schaltschrank

Analogsignal (z. B. 4...20 mA) für Stellgliedrückmeldung
Rückmeldung Endlage AUF
24 VDC (von Stromversorgung)
Rückmeldung Endlage ZU
Rückmeldung Thermischer Auslöser (optional)

Unterverteiler (in Feldebene)

[1] Neutral- sowie Schutzleiter nicht dargestellt!

[2] Wenn für die Sicherheit ausreichend, kann Motorschutzschalter durch Leitungsschutzschalter ersetzt werden!

[3] Bei einphasigen Antrieben wird nur eine der Phasen L1, L2 bzw. L3 benötigt. Wenn im konkreten Fall zulässig, sind bei Einsatz eines dreiphasigen Motorschutzschalters die Strompfade in Reihe zu schalten!

– · – · · Nahtstelle zwischen Automat.-technik und Elektrotechnik

O   Graphisches Symbol für elektrische Klemme

Typical 2a): Drosselstellglied mit elektromotorischem Stellantrieb, *analog*, Var. 1

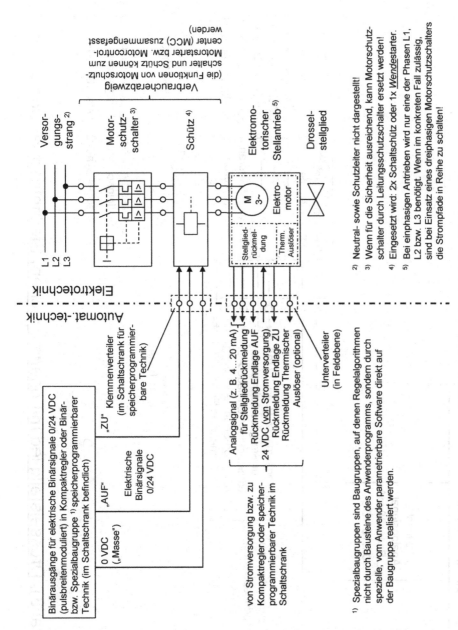

Typical 2b): *Drosselstellglied mit elektromotorischem Stellantrieb, analog,* Var. 2

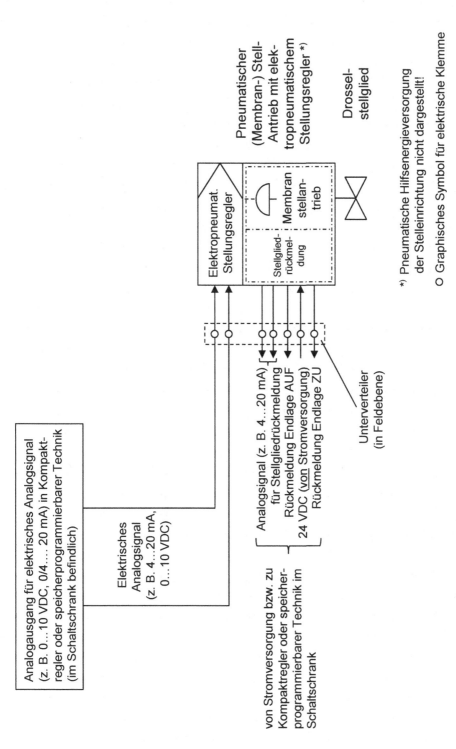

Typical 3): Drosselstellglied mit pneumatischem Stellantrieb, *analog*

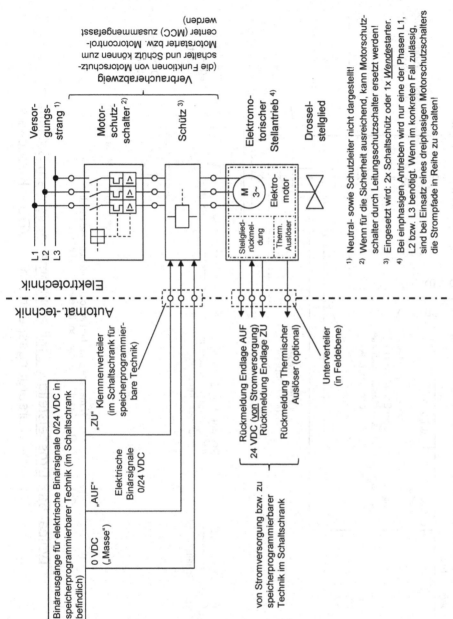

Typical 4): __Drosselstellglied mit elektromotorischem Stellantrieb__, *binär*

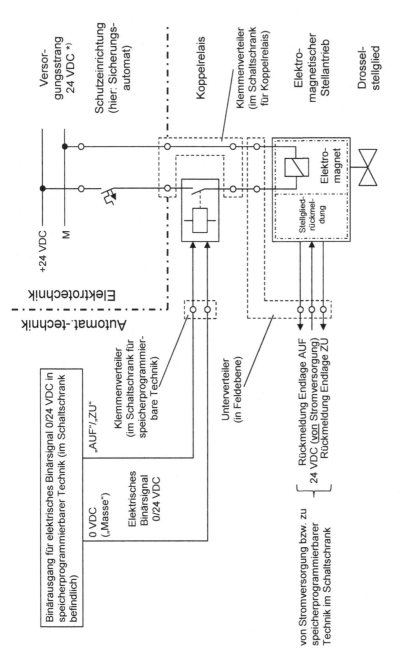

Typical 5a): **Drosselstellglied mit elektromagnetischem Stellantrieb,** *binär,* **Variante „Versorgungsspannung 24 VDC – Koppelrelais"**

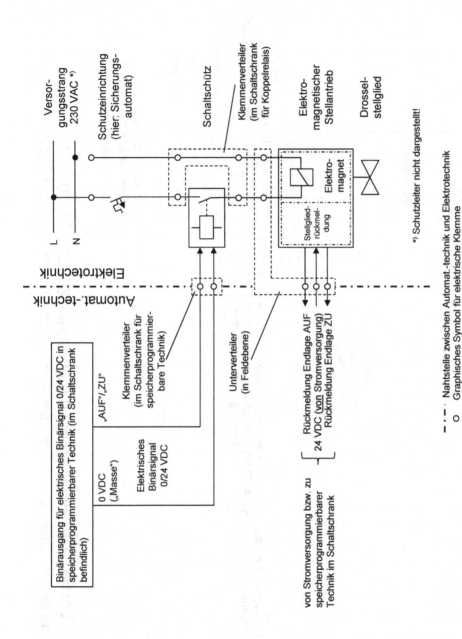

Typical 5b): Drosselstellglied mit elektromagnetischem Stellantrieb, *binär*, Variante „Versorgungsspannung 230 VAC – Schaltschütz"

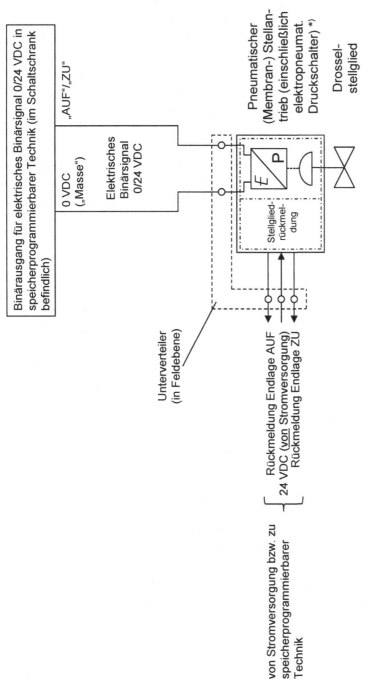

Binärausgang für elektrisches Binärsignal 0/24 VDC in speicherprogrammierbarer Technik (im Schaltschrank befindlich)

„AUF"/„ZU"

0 VDC („Masse")

Elektrisches Binärsignal 0/24 VDC

Pneumatischer (Membran-) Stellantrieb (einschließlich elektropneumat. Druckschalter) *)

Drossel-stellglied

Stellglied-rückmel-dung

E   P

Unterverteiler (in Feldebene)

Rückmeldung Endlage AUF
24 VDC (von Stromversorgung)
Rückmeldung Endlage ZU

von Stromversorgung bzw. zu speicherprogrammierbarer Technik

*) Pneumatische Hilfsenergieversorgung der Stelleinrichtung nicht dargestellt!

O Graphisches Symbol für elektrische Klemme

Typical 6a): Drosselstellglied mit pneumatischem Stellantrieb, *binär*, Variante „Direktanschluss an speicherprogrammierbare Technik"

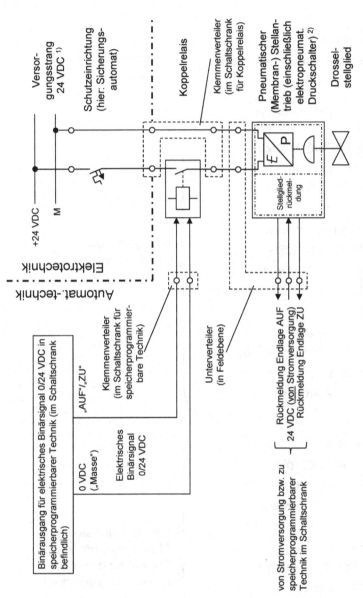

Typical 6b): Drosselstellglied mit pneumatischem Stellantrieb, *binär*, Variante „Koppelrelais"

(In Übersichtsdarstellung des Beispiels für das Verkabelungskonzept bei Automatisierung mit Prozessleitsystemen nicht mit enthalten – Verkabelung ist *analog* zu Typical 5a aufzubauen!)

Anhang 6: Verallgemeinertes Beispiel zur örtlichen Gliederung

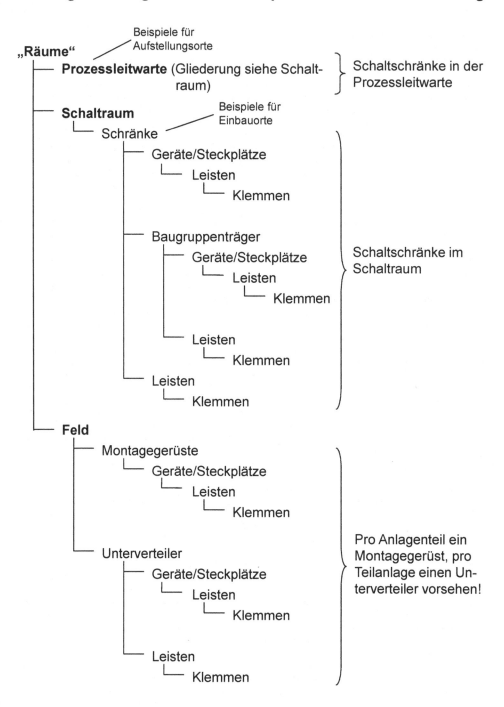

Anhang 7: Ausgewählte Symbole für Funktionspläne der Ab-laufsteuerung nach DIN EN 60848 (GRAFCET) [49]

Allgemeiner Aufbau einer Ablaufkette

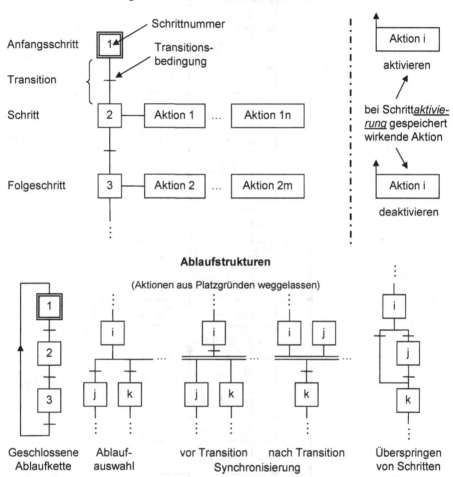

Zeitabhängige Weiterschaltbedingungen bzw. Aktionen

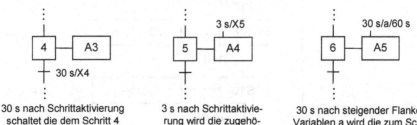

30 s nach Schrittaktivierung schaltet die dem Schritt 4 folgende Transition

3 s nach Schrittaktivie-rung wird die zugehö-rige Aktion ausgeführt

30 s nach steigender Flanke der Variablen a wird die zum Schritt 6 gehörige Aktion ausgeführt und 60 s nach fallender Flanke der Variablen a beendet

Beispiel: Darstellung des Steueralgorithmus' nach Bild 3-129 (vgl. S. 177) mittels Symbolik für Funktionspläne der Ablaufsteuerung nach DIN EN 60848:

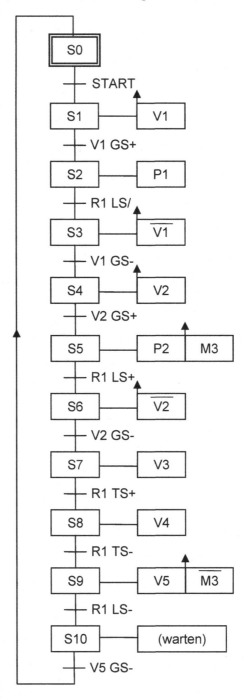

Anhang 8: Ausgewählte Befehle der Fachsprache „AWL" nach DIN EN 61131-3 [50]

Befehlsart	Befehl	Modifizierer	Bedeutung
Bitbefehle	LD	N *)	Laden eines Operanden
	ST		Speichern eines Operanden bzw. Zwischenergebnisses
	S		setzt booleschen Operanden auf „1"
	R		setzt booleschen Operanden auf „0" zurück
	AND	N, (	Boolesche UND-Verknüpfung
	&		
	OR		Boolesche ODER-Verknüpfung
	XOR		Boolesche Exklusiv-ODER-Verknüpfung
Arithmetik-befehle	ADD	(	Addition
	SUB		Subtraktion
	MUL		Multiplikation
	DIV		Division
Vergleichs-befehle	GT	(	Vergleich: > (Greater Than)
	GE		Vergleich: ≥ (Greater or Equal than)
	EQ		Vergleich: = (EQual)
	NE		Vergleich: <> (Not Equal)
	LE		Vergleich: ≤ (Less or Equal than)
	LT		Vergleich: < (Less Than)
Ablaufbefehle	JMP		Unbedingter Sprung zur Sprungmarke
		C	Bedingter Sprung zur Sprungmarke, wenn Bedingung erfüllt
		N	Bedingter Sprung zur Sprungmarke, wenn Bedingung nicht erfüllt
	CAL		Unbedingter Aufruf eines Funktionsbausteins
		C	Bedingter Aufruf eines Funktionsbausteins, wenn Bedingung erfüllt
		N	Bedingter Aufruf eines Funktionsbausteins, wenn Bedingung nicht erfüllt
	RET		Unbedingter Rücksprung von Funktion oder Funktionsbaustein
		C	Bedingter Rücksprung von Funktion oder Funktionsbaustein, wenn Bedingung erfüllt
		N	Bedingter Rücksprung von Funktion oder Funktionsbaustein, wenn Bedingung nicht erfüllt
	)		Klammer schließen

*) „N" bedeutet Negation

Anhang 9: Überblick zum Aufbau der Fachsprache „AS" nach DIN EN 61131-3 [50]

Aufbau des Grundsymbols „Schritt & Transition" zum Aufbau von Ablaufketten

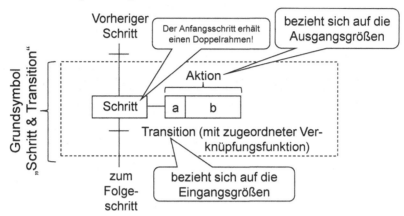

Erläuterungen zu Feld „a" bzw. Feld „b" einer Aktion

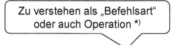

Zu verstehen als „Befehlsart"
oder auch Operation *)

a: Feld zum Eintragen des Bestimmungszeichens
(siehe auch nachfolgende Tabelle),
b: Feld zum Eintragen der Aktionsvariablen

Ausgangsgröße, auf die
sich die Operation *) bezieht

*) Nicht zu verwechseln mit dem in Abschnitt 3.4.2 auf S. 134 für den prozessmodellbasierten
Entwurf von Steueralgorithmen eingeführten Begriff „Operation"!

Auswahl häufig verwendeter Bestimmungszeichen im Feld „a" einer Aktion

Bestimmungs-zeichen	Erläuterung
N Nicht gespeicherte Aktion	Bei aktivem Schritt ist der Operand gleich Eins, nach Übergang zum nachfolgenden Schritt gleich Null.
S Gespeicherte Aktion (Setzen)	Bei Schritt-Aktivierung wird der Operand gleich Eins und bleibt solange gleich Eins, bis er in einem nachfolgenden Schritt zurückgesetzt wird.
R Gespeicherte Aktion (Rücksetzen)	Bei Schritt-Aktivierung wird der Operand gleich Null und bleibt solange gleich Null, bis er in einem nachfolgenden Schritt wieder gesetzt wird.
L Zeitbegrenzte Aktion (Time Limited)	Bei aktivem Schritt ist der Operand gleich Eins für eine Zeitdauer.
D Zeitverzögerte Aktion	Verzögert nach der Schritt-Aktivierung wird der Operand gleich Eins.

Anhang 10: Empfehlung zur Angebotsgliederung

<Absenderanschrift>

<Kundenanschrift>

Angebot ....
Angebotsnummer ....

<Datum>

Sehr geehrte Damen und Herren,
nachfolgend erhalten Sie, wie vereinbart, unser Angebot ....

Das Angebot enthält alle Komponenten für Einführung und Einsatz ....

Unser Angebot im Überblick

Die Aufgabe
Am Standort werden..........
Als problematisch erweist sich hierbei..........
Hauptproblem ist..........
Darüber hinaus soll..........

Um dieses Ziel erreichen zu können, sind ....
Aufgrund der Vielzahl dabei zu berücksichtigender Aspekte (....) bietet sich der Einsatz von ... an.

Die Lösung aus einer Hand
Unsere Lösung umfasst folgende Komponenten:

- ....,
- ....,

Mit diesen Komponenten werden ....
Die ausführliche Beschreibung der angebotenen Lieferungen und Leistungen finden Sie im technischen Teil des Angebots (siehe Anlage...).

Die angebotene Lösung führen wir in folgenden Schritten ein:

1. ....,
2. ....,

Die Investition

Für eine Investition in Höhe von .... können Sie unsere Lösung einsetzen. Auf Basis unserer Erfahrungswerte liegt die Amortisationszeit unserer Lösungen zwischen ... und ... Jahren.

Der Wert unserer Lösung

Der Einsatz unserer Lösung wird einen erheblichen geschäftlichen Nutzen bieten können, weil

- ....,
- ....,

Die Vorteile einer Zusammenarbeit mit ...

Folgende Gründe sprechen für eine Realisierung des Projektes mit unserem Unternehmen:

- ....,
- ....,

Die ausführliche Beschreibung des Liefer- und Leistungsumfangs sowie die allgemeinen Vertragsbedingungen entnehmen Sie bitte dem nachfolgenden Angebotsteil.

Wir hoffen, dass unser Angebot Ihren Wünschen entspricht und sehen Ihrer Antwort erwartungsvoll entgegen. Für Fragen steht Ihnen .... jederzeit gerne zur Verfügung.

Mit freundlichen Grüßen

Anlage: Beschreibung des Liefer- und Leistungsumfangs sowie allgemeine Vertragsbedingungen

Anlage

Beschreibung des Liefer- und Leistungsumfangs sowie allgemeine Vertragsbedingungen für

<Gegenstand des Angebots>

- **Beschreibung des Liefer- und Leistungsumfangs**

Aufgabenstellung — z. B. Lastenheft einbinden oder darauf verweisen

Allgemeines Lösungskonzept

Detaillierte Beschreibung des Liefer- und Leistungsumfangs

...bzgl. Hard-/Software, Engineering, Montage/Inbetriebsetzung und ggf. Service

(wo sinnvoll, mit Projektierungsunterlagen wie z. B. R&I-Fließschema, EMSR-Stellenliste, leittechnischem Mengengerüst, EMSR-Geräteliste etc. untersetzen)

- **Allgemeine Vertragsbedingungen**

<Allgemeine Klauseln>

Preis und Preisbasis

Zahlungsbedingungen

Zahlungsplan: — Beispiel!

10%	Auftragserteilung
50%	Ereignis 2
40%	Ereignis 3

Eigentumsvorbehalt

Lieferfrist, Termine

Versandbedingungen und Liefervorbehalte

Abnahmeprozedur

Haftung

Gewährleistungsfrist

Angebotsbindefrist

Gerichtsstand und anwendbares Recht

Literaturverzeichnis

[1] **Hofmann, D.; Janschek, K.:** *Prozessautomatisierung – ein ganzheitlicher Ausbildungsansatz.* DVD, Technische Universität Dresden, Institut für Automatisierungstechnik, Dresden: 1997.

[2] **Habiger, E.:** *open automation – Fachlexikon 2011/2012.* Berlin, Offenbach: VDE Verlag GmbH, 2011.

[3] **Habiger, E.:** *A&D-Lexikon 2007.* München: publish-industry Verlag, 2007.

[4] **VDI/VDE 3694:** *Lastenheft/Pflichtenheft für den Einsatz von Automatisierungssystemen.* Berlin: Beuth Verlag, 2014.

[5] **DIN EN ISO 10628:** *Fließbilder verfahrenstechnischer Anlagen.* Berlin: Beuth Verlag, 2001.

[6] **DIN 2429:** *Graphische Symbole für technische Zeichnungen; Rohrleitungen.* Berlin: Beuth Verlag, 1995.

[7] **DIN 28004-4:** *Fließbilder verfahrenstechnischer Anlagen: Kurzzeichen.* Berlin: Beuth Verlag, 1988.

[8] **DIN 19227:** *Graphische Symbole und Kennbuchstaben für die Prozeßleittechnik.* Berlin: Beuth Verlag, 1993.

[9] **DIN EN 62424:** *Darstellung von Aufgaben der Prozessleittechnik – Fließbilder und Datenaustausch zwischen EDV-Werkzeugen zur Fließbilderstellung und CAE-Systemen.* Berlin: Beuth Verlag, 2010.

[10] **Bindel, Th.; Hofmann, D.:** R&I-Fließschema nach DIN 19227 und DIN EN 62424. Wiesbaden: Springer Essentials, 2016.

[11] **Samal, E.; Becker, W.:** *Grundriss der praktischen Regelungstechnik.* München, Wien: Oldenbourg Verlag, 1996.

[12] **DIN EN 61508:** *Funktionale Sicherheit sicherheitsbezogener elektrischer/elektronischer/programmierbarer elektronischer Systeme.* Berlin: Beuth Verlag, 2011.

[13] **DIN EN 61511:** *Funktionale Sicherheit – Sicherheitstechnische Systeme für die Prozessindustrie.* Berlin: Beuth Verlag, 2005.

[14] **Heim, M. J.:** *Füllstandmesstechnik. Reihe atp-Praxiswissen kompakt, Bd. 3.* München: Oldenbourg Industrieverlag, 2006.

[15] **Huhnke, D.:** *Temperaturmesstechnik. Reihe atp-Praxiswissen kompakt, Bd. 4.* München: Oldenbourg Industrieverlag, 2006.

[16] **Brucker, A.:** *Durchflussmesstechnik. Reihe atp-Praxiswissen kompakt, Bd. 5.* München: Oldenbourg Industrieverlag, 2008.

[17] **Strohrmann, G.:** *Messtechnik im Chemiebetrieb.* München: Oldenbourg Industrieverlag, 2004.

[18] **Strohrmann, G.:** *Automatisierungstechnik, Band 1 (Grundlagen, analoge und digitale Prozessleitsysteme).* München, Wien: Oldenbourg Verlag, 1990.

[19] **Strohrmann, G.:** *Automatisierungstechnik, Band 2 (Stellgeräte, Strecken, Projektabwicklung).* München, Wien: Oldenbourg Verlag, 1991.

[20] **VDI/VDE 2173:** *Strömungstechnische Kenngrößen von Stellventilen und deren Bestimmung.* Berlin: Beuth Verlag, 2007.

[21] **Töpfer, H. (Hrsg.):** *Automatisierungstechnik aus Herstellersicht.* Radeburg: Vetters GmbH, 1996.

[22] **Eube, L.; Illge, R.:** *Membranstellventile.* Reihe „Automatisierungstechnik" (Bd. 89), Berlin: Verlag Technik, 1969.

[23] **Schnell, G.; Wiedemann, B.:** *Bussysteme in der Automatisierungs- und Prozesstechnik.* Wiesbaden: Vieweg+Teubner, 2008.

[24] **Stein, G.; Bettenhäuser, W.; Schulze, H.; Strüver, M.; Vogler, G.:** *Automatisierungstechnik in der Maschinentechnik.* München, Wien: Carl Hanser Verlag, 1993.

[25] **Siemens AG:** *Katalog CA 01 (Version vom Oktober 2007).* Im Internet erreichbar unter: https://mall.automation.siemens.com/de/guest/ (Abruf am 01.02.2009)

[26] **Zickert, G.:** *Elektrokonstruktion.* 2. Auflage, München: Fachbuchverlag Leipzig im Carl Hanser Verlag, 2009.

[27] **DIN EN 60617:** *Graphische Symbole für Schaltpläne – Teil 12: Binäre Elemente.* Berlin: Beuth Verlag, 1997.

[28] **DIN 40719:** *Schaltungsunterlagen.* Berlin: Beuth Verlag, 1992.

[29] **DIN 6779:** *Kennzeichnungssystematik für technische Produkte und technische Produktdokumentation.* Berlin: Beuth Verlag, 1995.

[30] **DIN 61346:** *Strukturierungsprinzipien und Referenzkennzeichnung.* Berlin: Beuth Verlag, 1997.

[31] **Seidel, St.:** *Beitrag zur Synthese hybrider Steuerungssysteme am Beispiel des Experimentierfeldes „Prozessautomatisierung".* Diplomarbeit, Technische Universität Dresden, Institut für Automatisierungstechnik, Dresden: 2003.

[32] **Zander, H.-J.:** *Logischer Entwurf binärer Systeme.* Berlin: Verlag Technik, 1989.

[33] **Oberst, E.:** *Entwurf von Kombinationsschaltungen.* Reihe Automatisierungstechnik (Bd. 123). Berlin: Verlag Technik, 1972.

[34] **König, R.; Quäck, L.:** *Petri-Netze in der Steuerungstechnik.* Berlin: Verlag Technik, 1988.

[35] **Zander, H.-J.:** *Entwurf von Ablaufsteuerungen für ereignisdiskrete Prozesse auf der Basis geeigneter Steuerstreckenmodelle.* In: Automatisierungstechnik 53 (2005), Heft 3, S. 140-150.

[36] **Zander, H.-J.:** *Eine Methode zum prozessmodellbasierten Entwurf von Steueralgorithmen für parallele ereignisdiskrete Prozesse.* In: Automatisierungstechnik 55 (2007), Heft 11, S. 580-593.

[37] **Zander, H.-J.:** *Steuerung ereignisdiskreter Prozesse: Neuartige Methoden zur Prozessbeschreibung und zum Entwurf von Steueralgorithmen.* Wiesbaden: Springer Vieweg, 2015.

[38] **Weiser, T.:** *Untersuchungen zur Optimierung von Steueralgorithmen in der Papierindsutrie am Beispiel von Papiermaschinen.* Diplomarbeit, Hochschule für Technik und Wirtschaft Dresden (FH), Dresden: 2008.

[39] **Hofmann, D.; Beyer, D.**: *Entwurf binärer Steuerungen – ein prozessmodellbasierter Ansatz am Beispiel des ereignisdiskreten Kreisprozesses „Cycle".* In: Scientific Report, International Conference, Mittweida: 2005.

[40] **Hofmann, D.; Schwenke C.**: *Entwurf fehlersicherer binärer Steuerungen am Beispiel des ereignisdiskreten Prozesses Global Automation Teacher (GATE).* In: Scientific Report, International Conference, Mittweida: 2005.

[41] **Bindel, Th.**: *Prozessmodellbasierter Steuerungsentwurf – ein Ansatz zur Bewältigung von Migrationsaufgaben.* In: Fachwissenschaftliches Kolloquium "Angewandte Automatisierungstechnik in Lehre und Forschung" am 14./15. Februar 2008 an der Hochschule Harz, Wernigerode: 2008.

[42] **Beyer, D.**: *Entwicklung und Validierung moderner Regelungs- und Steuerungskonzepte für die Lehr- und Forschungsanlage „Cycle".* Studienarbeit, Technische Universität Dresden, Institut für Automatisierungstechnik, Dresden: 2005.

[43] **Becker, N.; Grimm, W. M.; Piechottka, U.**: *Vergleich verschiedener PI(D)-Regler Einstellregeln für aperiodische Strecken mit Ausgleich.* In: Automatisierungstechnische Praxis 41 (1999), Heft 12, S. 39-46.

[44] **DIN 19226**: *Regelungs- und Steuerungstechnik.* Berlin: Beuth Verlag, 1994.

[45] **Lutz, H.; Wendt, W.**: *Taschenbuch der Regelungstechnik.* Frankfurt am Main: Verlag Harri Deutsch, 2002.

[46] **Reinisch, K.**: *Analyse und Synthese kontinuierlicher Steuerungs- und Regelungssysteme.* Berlin: Verlag Technik, 1996.

[47] **Franze, J.**: *Entwicklung und Validierung moderner Regelungs- und Steuerungskonzepte für die Lehr- und Forschungsanlage „PCSSIMATIC – advanced".* Diplomarbeit, Technische Universität Dresden, Institut für Automatisierungstechnik, Dresden: 2007.

[48] **Strejc, V.**: *Approximation aperiodischer Übertragungscharakteristiken.* In: Regelungstechnik 7 (1959), S. 124-128.

[49] **DIN EN 60848**: *GRAFCET, Spezifikationssprache für Funktionspläne der Ablaufsteuerung.* Berlin: Beuth Verlag, 2002.

[50] **DIN EN 61131-3**: *Speicherprogrammierbare Steuerungen.* Berlin: Beuth Verlag, 1994.

[51] **Dose, W.-D.**: *Explosionsschutz durch Eigensicherheit.* Braunschweig, Wiesbaden: Vieweg Verlag, 1993.

[52] **Pigler, F.**: *EMV und Blitzschutz leittechnischer Anlagen.* Berlin, München: Siemens Aktiengesellschaft, 1990.

[53] **DIN EN ISO 5199**: *Technische Anforderungen an Kreiselpumpen Klasse II (ISO 5199: 2002); Deutsche Fassung EN ISO 5199:2002.* Berlin: Beuth Verlag, 2003.

[54] **Gremmel, H. (Hrsg.)**: *Schaltanlagen.* ABB-Taschenbuch (10. Auflage), Berlin: Cornelsen Verlag, 1999.

[55] **Will, D.; Gebhardt, N.**: *Hydraulik – Grundlagen, Komponenten, Systeme.* Wiesbaden: Springer Fachmedien, 2014.

[56] **Autorengemeinschaft:** *Grundlagen und Komponenten der Fluidtechnik – Hydraulik.* Mannesmann Rexroth GmbH, Lohr a. Main: 1991.

[57] **Berg, G. F.:** *Anwendung der Hydraulik in der Automatisierungstechnik.* Reihe Automatisierungstechnik (Bd. 37), Berlin: Verlag Technik, 1973.

[58] **DIN ISO 1219:** *Fluidtechnik – graphische Symbole und Schaltpläne.* Berlin: Beuth Verlag, 2012.

[59] **VDI/VDE 2180:** *Sicherung von Anlagen der Verfahrenstechnik mit Mitteln der Prozessleittechnik (PLT).* Berlin: Beuth Verlag, 2007.

[60] **Heinemann, Th.; Vargas, A.:** *Handbuch für die Prozesstechnik – Theorie und Praxis.* Esslingen: Festo & Co. KG.

[61] *Elex V – Verordnung über elektrische Anlagen in explosionsgefährdeten Räumen* (veröffentlicht im Bundesgesetzblatt)

[62] **DIN EN 60079:** *Explosionsfähige Atmosphäre.* Berlin: Beuth Verlag, ab 2007.

[63] **DIN EN 60079-1:** *Explosionsfähige Atmosphäre – Teil 1: Geräteschutz durch druckfeste Kapselung „d“. (IEC 60079-1:2007); Deutsche Fassung EN 60079-1:2007.* Berlin: Beuth Verlag, 2008.

[64] **DIN EN 60079-11:** *Explosionsfähige Atmosphäre – Teil 11: Geräteschutz durch Eigensicherheit „i“ (IEC 60079-11:2006); Deutsche Fassung EN 60079-11:2007.* Berlin: Beuth Verlag, 2007.

[65] **DIN EN 60079-18:** *Explosionsfähige Atmosphäre – Teil 18: Geräteschutz durch Vergusskapselung „m“ (IEC 60079-18:2009 + Corrigendum 2009); Deutsche Fassung EN 60079-18:2009.* Berlin: Beuth Verlag, 2010.

[66] **DIN EN 60529:** *Schutzarten durch Gehäuse (IP-Code) (IEC 60529:1989+A1: 1999; Deutsche Fassung EN 60529:1991+A1:2000).* Berlin: Beuth Verlag, 2000.

[67] *Script. Funktionale Sicherheit in der Prozessautomatisierung – Risikoreduzierung durch SIL-Klassifizierung.* ABB Automation Products GmbH, Alzenau: Mai 2004.

[68] **Herold, M.:** *Entwicklung eines Berechnungsprogrammes zum Nachweis der SIL-gerechten Projektierung von MSR-Kreisen.* Diplomarbeit, Berufsakademie Bautzen: 2011.

[69] Handbuch *SILence.* HIMA Paul Hildebrandt GmbH & Co KG, Industrieautomatisierung, Brühl: 2003.

[70] Maier, H.-P.: *Whitepaper – SIL sicher und effizient umsetzen.* Endress+Hauser GmbH, Weil am Rhein: 2016.

[71] Simulationssoftware MATLAB simulink.The MathWorks Inc.: 2009.

[72] Simulationssoftware *WinFACT.* Ingenieurbüro Kahlert GmbH, Hamm: 2009.

[73] *Simulationssoftware WinMOD 5.* Mewes & Partner GmbH, Hennigsdorf: 2009.

[74] *CAE-System EPLAN.* Eplan Software und Service GmbH & Co. KG, Mohnheim am Rhein: 2009.

[75] *CAE-System PRODOK.* Rösberg Engineering Ingenieurgesellschaft mbH für Automation, Karlsruhe: 2009.

[76] **Gutermuth, G.; Hausmanns, Ch.:** *Kostenstruktur und Untergliederung von Automatisierungsprojekten.* In: Automatisierungstechnische Praxis 49 (2007), Heft 11, S. 84-92.

[77] **Trogisch, A.:** *RLT-Anlagen – Leitfaden für die Planungspraxis.* Heidelberg: Verlag C. F. Müller, 2001.

[78] *Allgemeine Bedingungen für Lieferungen und Leistungen der Elektroindustrie.* Zentralverband Elektrotechnik und Elektronikindustrie (ZVEI) e. V., Stand 2005.

[79] *Verdingungsordnung für Bauleistungen (VOB).* Köln: Bundesanzeiger-Verl., 2000.

[80] *Verdingungsordnung für Leistungen (VOL).* Köln: Bundesanzeiger-Verl., 2000.

Sachwortverzeichnis